高等学校测绘工程系列教材

现代测绘导航典型实验教程

主编 章 迪
参编 贾剑钢 罗喻真 申丽丽 张万威
　　 张文颖 王爱学 石 淼 张 敏

武汉大学出版社

图书在版编目(CIP)数据

现代测绘导航典型实验教程/章迪主编. —武汉:武汉大学出版社,2023.1
高等学校测绘工程系列教材
ISBN 978-7-307-22868-9

Ⅰ.现… Ⅱ.章… Ⅲ.测绘—地理信息系统—高等学校—教材 Ⅳ.P208

中国版本图书馆 CIP 数据核字(2022)第 018625 号

责任编辑:鲍 玲　　责任校对:李孟潇　　版式设计:马 佳

出版发行:武汉大学出版社　(430072　武昌　珞珈山)
(电子邮箱:cbs22@whu.edu.cn 网址:www.wdp.com.cn)
印刷:武汉图物印刷有限公司
开本:787×1092　1/16　印张:21.25　字数:501 千字
版次:2023 年 1 月第 1 版　　2023 年 1 月第 1 次印刷
ISBN 978-7-307-22868-9　　定价:45.00 元

版权所有,不得翻印;凡购买我社的图书,如有质量问题,请与当地图书销售部门联系调换。

前　言

近年来，测绘导航技术快速发展，涌现出诸多新理论、新设备、新方法，大大超出了传统测绘学科的范畴。传统的测绘学科细分为大地测量学与测量工程、摄影测量与遥感、地图制图学与地理信息工程几个二级学科。新时代的测绘科技和社会经济发展，要求我们的知识和技能不再局限于某一个方向。

在学科交融愈演愈烈、知识体系日趋庞杂，而学制并无增加的情况下，如何有效提高人才培养质量，成为当前高等教育必须解决的一道课题。基于多年的教学科研经验，编者们一致认为，通过实验对理论知识进行检验，在实践中加深理解乃至激发创新灵感，是一种十分必要且有效的模式。

一直以来，测绘都是一个重视实践的学科。但是过去的观念中，对于实践的界定可能过于片面，容易简化为在野外操作几种仪器的过程。因而相比于理论，实践受到的重视往往不够。实际上，技术设计、数据采集、数据处理、编程开发这几个维度的能力，都应得到全面的训练。"纸上得来终觉浅，绝知此事要躬行"。实践的作用是不可替代的。对于初学者而言，实验过程往往充满了挑战，因为它意味着要花费不少的时间和精力进行探索。但是，随着实验的推进，重重困难被逐步克服，最终获得理想的成果，乐趣和成就感油然而生，而知识和技能则成为这一过程的自发产物。多年的教学经验告诉我们，在指导实验的过程中，仅仅告知实验步骤是不够的，为何要这样做、如何做得更好才是关键。

本书共有20章，每章对应一个实验。其中，第1~5章，主要介绍空间与重力基准建立方面的实验；第6~13章，主要讲解空间数据采集与产品生成方面的实验；第14~16章，主要涉及导航制导与重力方面的实验；第17~20章，主要介绍编程开发的几个案例。我们期望通过上述典型实验，触类旁通，帮助读者尽可能全面地接触现代测绘导航中的诸多关键技能。

由于作者水平有限，书中的纰漏在所难免，还望广大读者不吝赐教。欢迎加入本书的QQ交流群936784376，也可将意见发往邮箱：dzhang@sgg.whu.edu.cn。

编　者
2021年9月于珞珈山下星湖之畔

目 录

第1章　GNSS 静态相对定位数据采集实验 …………………………………………… 1
第2章　GNSS 静态相对定位数据处理实验 …………………………………………… 11
第3章　数字水准仪二等水准测量实验 ………………………………………………… 35
第4章　陀螺方位测量实验 ……………………………………………………………… 48
第5章　重力控制测量实验 ……………………………………………………………… 57
第6章　GNSS 网络 RTK 测量实验 …………………………………………………… 66
第7章　全站仪碎部测量实验 …………………………………………………………… 78
第8章　无人机数字摄影测量正射影像采集实验 ……………………………………… 87
第9章　无人机数字摄影测量空中三角测量实验 ……………………………………… 100
第10章　无人机数字摄影测量产品生成实验 ………………………………………… 121
第11章　无人机倾斜摄影测量实验 …………………………………………………… 143
第12章　三维激光扫描及建模实验 …………………………………………………… 158
第13章　多波束声呐水下地形测量实验 ……………………………………………… 180
第14章　惯导器件确定性误差标定实验 ……………………………………………… 199
第15章　载体位置姿态测量实验 ……………………………………………………… 213
第16章　重力加密测量实验 …………………………………………………………… 228
第17章　基于地图 API 的 WebGIS 开发实验 ………………………………………… 240
第18章　Fortran 调用 C++函数读取 grib 文件实验 ………………………………… 263
第19章　位置监控微信小程序开发实验 ……………………………………………… 286
第20章　基于 Flask 的 Web 服务开发实验 …………………………………………… 312

第1章 GNSS 静态相对定位数据采集实验

1.1 实验目的

掌握 GNSS 静态相对定位数据采集的方法和流程。

1.2 实验原理

GNSS(Global Navigation Satellite System)即全球导航卫星系统,是对中国的 BDS、美国的 GPS、俄罗斯的 GLONASS 及欧盟的 GALILEO 等卫星导航系统的统称(见图 1.1)。

中国BDS
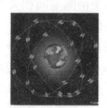
俄罗斯GL ONASS
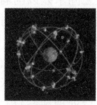
美国GPS

欧盟GAL ILEO

图 1.1 主要导航卫星系统星座示意图

GNSS 单点定位的原理是空间距离后方交会。如图 1.2 所示,$S_1 \sim S_4$ 代表导航卫星,P 代表待定点。

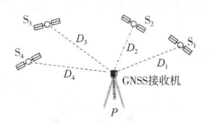

图 1.2 GNSS 单点定位原理

在待定点 P 上架设 GNSS 接收机,通过接收、解码卫星信号从而测定其到任一颗卫星 S_i 的空间距离 D_i,该观测值可表达为 P 点坐标 (X_P, Y_P, Z_P) 与卫星坐标 (X^i, Y^i, Z^i) 的

1

函数：

$$D_i = \sqrt{(X_P - X^i)^2 + (Y_P - Y^i)^2 + (Z_P - Z^i)^2} + c \cdot T_P \tag{1.1}$$

式中，(X^i, Y^i, Z^i) 可根据导航电文或精密星历计算；c 为光速，T_P 为接收机钟差。

在上述关系式中，一共有 4 个未知数（3 个坐标分量、1 个接收机钟差）。因此理论上只要有 4 个距离观测值，就可列出 4 个方程，从而联立解求出这 4 个未知数。实际上各个卫星导航系统都会有冗余设计，因此同一时刻观测到的卫星数目将大大超过 4 个，对于多系统接收机，目前可同时接收 20~30 颗卫星。这时可采用最小二乘算法解算出待定点坐标的最优解。这就是单点定位的基本原理。

但单点定位的精度一般仅能达到米级，远远不能满足大部分测绘工作的需求。这是什么原因呢？这是因为式(1.1)成立的前提是接收机测得的 D_i 为直线距离，而实际中会存在多种误差，这些误差从性质来分可分为系统误差和偶然误差；从误差来源来分可分为与卫星相关、与接收机相关和与传播路径相关，包括卫星轨道误差、卫星钟差、相对论效应、接收机钟差、接收机天线相位偏差、测量噪声、电离层延迟、对流层延迟和多路径误差等，其中对流层延迟和电离层延迟的影响最大，可达数十米甚至数百米。这些误差导致接收机测得的 D_i 不再为直线距离。因而要获得高精度定位结果，必须设法消除或削弱掉这些误差。如对于大部分的系统误差，可以采取模型法、求差法或二者结合的方法进行处理。所谓求差法是在观测值之间求差以削弱甚至消除空间相关性较强或时间相关性较强的误差，采用此种方法的定位模式也称为相对定位。

根据定位解算时坐标未知数设定方式，相对定位又可以分为静态相对定位（所有观测时刻对应同一坐标未知数）和动态相对定位（每一观测时刻设定新的坐标未知数）。静态相对定位通常采用后处理方式，精度可达毫米乃至亚毫米级；动态相对定位则根据需要可采取 RTK（实时动态）或 PPK（后处理动态）模式，二者都可达到厘米级精度，但 PPK 精度比 RTK 稍高。当然，以上精度都是指以载波相位为观测值的情况。如果采用伪距码作为差分观测值，那么精度将低 1~2 个数量级。

GNSS 静态相对定位的原理如图 1.3 所示，注意其中的箭头，表明获得的是观测点之间的相对位置关系，又称为基线，其实质为两点间的三维坐标差，这与单点定位是有区别的。当然，如果两点中有一个为已知点，并且其已知坐标是 ECEF（地心地固坐标系）下的，那么此时也可以直接解算出另一点的 ECEF 坐标。实际应用中，往往基线的两端都是

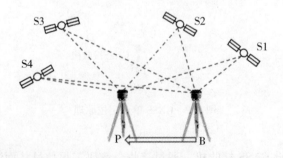

图 1.3 GNSS 静态相对定位原理

待定点；或者已知点的坐标是独立坐标系下的，但以上两种情况都不会给解算造成困难，因为此时仍可以对基线两端的点进行单点定位，所获得的坐标精度虽然只有米级，但对于一般等级（C级及以下）的基线解算的初始坐标来说已经完全够用了。

用两台相距较近（请思考：如果相距太远会怎么样？）的接收机进行一定时间的同步观测（称为一个时段），便可获得二者间高精度的基线解。为什么要同步观测一定时间呢？这主要是因为采用相位观测值会存在整周模糊度的问题，而且每颗卫星的整周模糊度是各不相同的，因此仅仅一个历元（观测时刻）的相位观测数据无法解算出这么多的未知数。但同一颗卫星在信号没有发生中断和没有产生周跳的前提下，其不同历元的整周模糊度是保持不变的，因此可以联立多个历元的观测方程对待定点坐标和各卫星的整周模糊度进行求解。此外，长时间观测还能进一步削弱偶然误差的影响，从而提高结果的可靠性。

由于GNSS观测精度高、可全天候作业，且不要求控制点间地面通视，因此大范围、高等级的大地或工程控制网，通常都采用GNSS静态相对定位方式。一个控制网中通常包含很多个控制点，如果使用两台接收机同步观测，一个时段只能获得1条基线，显然这样效率非常低。为了提高效率，通常会采用尽可能多的接收机进行同步观测。但往往实际上很难一次性收集到与控制点数量相当的接收机，一般也没有必要。因此，进行GNSS静态相对定位测量，通常要根据控制点数量、接收机数量和外业交通状况，对外业观测进行合理的规划，实现精度、可靠性、成本、效率的最优配置。

需要注意的是，相对定位虽然能削弱大部分的误差，但对于一些空间或时间相关性较小的误差是无能为力的，如不同站点的多路径误差通常并不会因为相对定位而减弱（除非造成多路径误差的观测环境非常接近，但这种可能性极低）。因此，每个点的观测环境的选择至关重要，应尽量避开信号遮挡、电磁干扰和多路径效应严重的位置。

1.3 实验工具

GNSS静态相对定位测量通常采用测地型接收机，有分体机和一体机两种形式。分体机的接收机和天线是独立的单元，需要用电缆进行连接，其信号接收和抗干扰能力较好，如天宝NetR9、徕卡GM30、华测P5等属于此类，多用于参考站；一体机将接收机和天线封装在一个封闭的外壳中，使用较为便捷，对于绝大部分工程项目而言，其精度是完全足够的。本实验使用的华测i80 GNSS接收机属于一体机，其外观如图1.4所示。

图1.4　华测i80 GNSS接收机外观

华测 i80 主板具有 220 通道,能接收 BDS、GPS、GLONASS、GALILEO 和 SBAS 信号,最高数据输出率为 20Hz,静态标称精度平面为±(2.5+0.5ppm)mm、高程为±(5+0.5ppm)mm,内置 WiFi、蓝牙、NFC、电台和网络模块,并配备了电子气泡和温度传感器。

除了接收机,实验中还需要用到电子手簿、三脚架、基座、卷尺等附件,如图 1.5 所示。

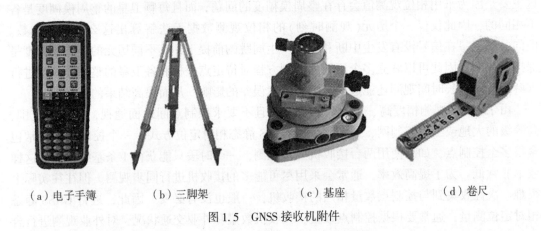

(a)电子手簿　　　(b)三脚架　　　(c)基座　　　(d)卷尺

图 1.5　GNSS 接收机附件

1.4　技术规范

(1)北京测绘设计研究院 CJJ/T 73—2019. 卫星定位城市测量技术规范[S]. 北京:中国建筑工业出版社, 2019.

(2)国家测绘局测绘标准化研究所,国家测绘局第一大地测量队,等. GB/T 18314—2009. 全球定位系统(GPS)测量规范[S]. 北京:中国标准出版社, 2009.

1.5　实验步骤

实验总体流程如图 1.6 所示。

1)第一步:选点

选点就是确定在哪些地方设置控制点。选点主要应遵循以下几个原则:①尽量覆盖整个测区;②观测条件好;③地质条件稳定;④便于施测。从控制网的全局来看,控制点的分布要尽可能覆盖整个测区,整体上形成控制,不能集中在某个角落,而忽略其他的区域;并且相邻控制点的距离应尽可能的均匀,平均距离要符合相应控制网等级的要求。另外,有的可能还要在控制网中引入一些已知点,这些已知点可能是 CORS(卫星导航连续运行参考站)站点、地方/独立坐标系已知点等,数量一般在 2 个以上,且已知点的分布也应尽量覆盖整个控制网。

从具体的控制点位来说,要认真审查其观测条件,使得在这个点位上架设的接收机能观测到足够数量、图形分布好的卫星,并且卫星信号没有大的干扰。此外,控制点的地质

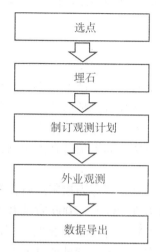

图 1.6 GNSS 静态相对定位测量流程图

条件稳定,才能便于保存,否则付出辛勤劳动测得的点位容易发生位移或遭受破坏,导致前功尽弃。便于施测的地点具备以下特征:交通便利、易于上点,便于架设仪器,也便于后续拓展使用(如使用全站仪进行导线测量等)。

选点时可充分利用谷歌地球、百度地图等电子地图,这些地图不仅能帮助我们合理规划点位的分布,还可以通过高分辨率卫星影像、街景图等对点位的观测条件做出初步的、大致的判断。但我们不能只看地图,因为地图有时效性和局限性,还必须亲自到实地去踏勘。踏勘的时候,要重点查看 15°以上高度截止角是否有成片的障碍物。如图 1.7 所示的两种场景就很不好,很可能出现卫星数不足、周跳频繁的情况。另外,控制点 200m 内不要有高压电线、微波站、雷达站等电磁干扰源;远离水面、金属板等对电磁波信号有强烈

图 1.7 典型不良观测条件示例

反射作用的地形、地物，以免造成严重的多路径误差。这些条件如果都能很好地满足，那么就可以将该点位确定下来。

2）第二步：埋石

埋石通常指在地面或建筑上埋设稳固的标志，作为测量的标记。标石、中心标志的样式和埋设工艺根据控制网的等级不同会有不同的技术要求（可参考 CJJ/T 73—2019 附录 F 和 GB/T 18314—2009 附录 B.3）。埋石时要将点名在标石上以压印、金属牌等方式标记出来。国际惯例是四个字符，通常为英文字母、数字或它们的组合。书写时，字头应大致朝向北方，字迹要清晰美观、易于辨认。如果是已有控制点，其标石完整且观测条件符合要求，那么可以直接利用。

不管是新埋的点，还是已有的点，选定为控制点后，都应该填写相应的"点之记"（可参考 CJJ/T 73—2019 附录 G 和 GB/T 18314—2009 附录 B.1），描述点的地理位置（重点是概略经纬度，可通过智能手机的 GNSS 定位功能获取）、拴距（与周边地物的相对关系），并在周围明显地物上做好指示标志，便于后续外业观测和联测时使用；并绘制"点位环视图"（可参考 GB/T 18314—2009 附录 B.2），描述障碍物情况，还可以用手机拍一圈全景照片，这将有利于后续数据分析。所有控制点都埋石完成后，即可进入下一步。

3）第三步：制订观测计划

观测计划主要解决以下几个问题：①投入多少设备和人员？②测多少个时段？③每个时段测多长时间？④每个时段，每台接收机在哪个控制点上？⑤仪器观测时，采样率、高度截止角、DOP 限制等参数该如何设置？

假设控制点数是 N，接收机数是 X，平均重复设站数的要求是 S（相关要求见 CJJ/T 73—2019 表 5.4.2 或 GB/T 18314—2009 表 5），那么，最小时段数 K_{min} 可由下式计算

$$K_{min} = \text{ceil}\left(\frac{N \cdot S}{X}\right) \tag{1.2}$$

其中，ceil( ) 函数表示要取大于或者等于指定表达式的最小整数。注意：相邻的两个同步图形之间的公共点不少于两个，即应形成边连式（2 个公共点）甚至是网连式（3 个或更多公共点）。可在地图上进行推演，以获得最优的搬站方案。观测计划制订好后，最好以表格的形式列出每一时段每个控制点上的小组安排。

此外，要约定好观测时的参数配置，如卫星高度截止角、时段长度、采样间隔等，在满足规范的基础上，可根据实际需要提出更高要求。表 1.1 列出了 CJJ/T 73—2019 中规定的 GNSS 测量各等级作业基本技术要求，实习过程中可根据实习场地的实际情况选取恰当的等级，部分要求如平均重复设站数、时段长度可适当提高要求，以确保每一位同学得到充分的锻炼。

4）第四步：外业观测

外业观测用到的设备主要包括 GNSS 接收机、三脚架、基座和卷尺。实习中，通常每个队观测一个完整的控制网，一个队包括若干实习小组，每个小组负责一套设备。每个队应有一个统一调度的指挥人员。外业人员出发之前，各小组要认真检查以下事项：①接收机和手簿功能是否正常，电量是否充足，可用存储空间是否足够；②三脚架的各个架腿是否牢固；③基座的对中误差、水准管偏差是否合格；④量高的卷尺是否完好。

表1.1　　　GNSS测量各等级作业基本技术要求（CJJ/T 73—2019）

项目	级别				
	二等	三等	四等	一级	二级
卫星高度截止角(°)	≥15	≥15	≥15	≥15	≥15
有效观测同类卫星数(颗)	≥4	≥4	≥4	≥4	≥4
平均重复设站数(个)	≥2.0	≥2.0	≥2.0	≥1.6	≥1.6
时段长度(min)	≥90	≥60	≥45	≥30	≥30
采样间隔(s)	10~30	10~30	10~30	10~30	10~30
PDOP值	<6	<6	<6	<6	<6

查阅点之记到达预定的控制点位，必要时可借助导航软件。核对点名无误后（因实习时控制点较为密集，尤其应仔细核对，防止张冠李戴），对中整平，对中误差应该小于3mm。将天线的定向标志指向磁北方向；如果没有明显的定向标志但全网天线型号是一致的，可以约定特定的标记作为指向标志，然后从互成120°的三个方向量取天线高，注意在使用三脚架架设仪器时，天线高一般是从地面控制点中心标志量取到ARP（天线参考点）上的斜高。不同类型的设备其ARP的位置各不相同，有的是在天线上标有特殊标记，应查阅仪器说明书确定，如华测i80配有专用的量高片，量高片外沿即为ARP，如图1.8所示。

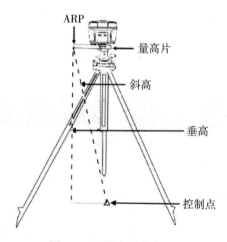

图1.8　天线高量取方法

天线高读数应精确至毫米，三次读数的较差不应大于3mm，否则应重新测量，取三次读数的平均值作为测前天线高，记录在"外业观测记录表"（样式可参考CJJ/T 73—2019附录H或GB/T 18314—2009附录D）上。

下面以华测i80一体式接收机为例，介绍某一个控制点上的具体观测步骤。这里只扼要地列出关键性操作说明,关于仪器操作的更多详细描述,可以参阅仪器说明书。不同仪器的操作流程是相似的,应学会举一反三。

首先,分别长按接收机和手簿的电源键,使二者接通电源;进入手簿系统的桌面后,点击 LandStar 软件的图标。

接下来,连接手簿和接收机。

在 LandStar 软件的主界面,如图 1.9 所示,点击下方"配置"标签,点击"连接","设备类型"选"智能 RTK","连接方式"选"蓝牙",检查"目标蓝牙"后面显示的接收机 SN 号("GNSS-"后面的数字)是否为要连接的接收机,注意 SN 号标在接收机的背面。若否,则点击"目标蓝牙"后面的蓝牙图标,弹出已配对的蓝牙设备列表,检查是否有要连接的接收机 SN 号,如果没有则选择下方的"管理蓝牙",此时"可用设备"会列出搜索到的可用蓝牙设备,找到当前要连接接收机的 SN 号,选择"配对",配对成功后,返回已配对的蓝牙设备列表,点击对应的 SN 号,此时 SN 号会出现在"目标蓝牙"的后面。

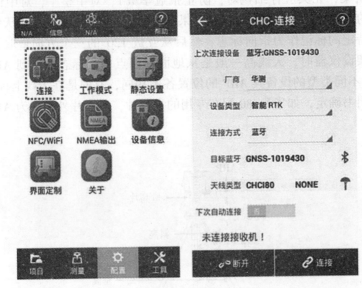

图 1.9 连接界面

然后,选择"天线类型",天线类型也在接收机背面有标记,一定不要选错,点击后面的天线图标,从列表中选择"CHCI80 NONE",这一行会变成蓝色,表示选中,点击下方的"选择",天线类型就选好了。"下次自动连接"的含义是下次打开 LandStar 软件时是否自动连接当前选择的这个接收机。点击右下方的"连接"。稍等片刻,会提示连接成功或失败。连接成功后,点击软件顶部第二个"信息"图标,可以查看接收机的 SN 号,左边第一个图标可以查看接收机电量,左边第三个可以查看当前接收到的卫星信息。

接下来,设置静态观测的参数。如图 1.10 所示,点击"静态设置","启动记录静态"选择"是";"存储格式"选"HCN";"数据自动记录"选择"否",否则点名和天线高不能存储到观测值里。"采样间隔"选择"10s","高度截止角"填"10 度"(后续数据处理时可以根据需要更改为更大的值)，"记录时段"是指过了多长时间后自动停止记录，因此可以尽量选长一点，比如默认的"1440"，这样实际观测时间可以人为控制。接下来，依次输入"站点名称""天线高"，"天线高获取方式"按实际情况选择"斜高"或"垂高"(三脚架通常量斜高，观测墩量垂高)。

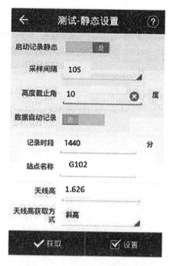

图 1.10　静态设置界面

最后，点击右下角的"设置"。此时接收机开始记录，记录灯开始按照设置的采样间隔闪烁。

观测人员确认接收机开始正常记录后，应将接收机编号、开始记录时间等信息发送给指挥人员。指挥人员将最晚的开始记录时间，加上最低观测时长，得到该时段统一的关机时间，群发给各观测小组。

各观测小组在观测期间，应密切关注接收机的工作状态，遇到异常情况要及时处理并向指挥人员进行通报，必要时重新开始观测，此时所有同步的接收机也应相应顺延关机时间。到了预定的关机时间后，长按电源键关闭接收机。再次从三个互成 120°的方向量取天线高，互差小于 3mm 后，取平均值作测后天线高，再与测前天线高比较，二者差值也应小于 3mm，将测后天线高记录在"外业观测记录表"上；否则应重新量取，直至满足要求。测前、测后天线高取平均值作为该时段该点最终的天线高。

然后搬站，重复前述的实验步骤，直到所有的控制点都观测完成。

5) 第五步：数据导出

由于华测 i80 接收机具有内置 WiFi 通信模块，可以方便地导出观测数据。将电脑连接接收机 WiFi 热点，打开电脑的浏览器，输入网址 ftp：//192.168.1.1，用户名和密码均输入 ftp 进行登录，如图 1.11 所示。

登录成功后，将看到多个以 yyyymmdd(yyyy 代表年，mm 代表月，dd 代表日)格式命名的文件夹，进入对应时间的文件夹，根据文件名(以点名开头)即可快速找到预导出的

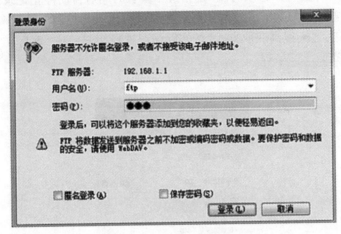

图 1.11　ftp 登录界面

数据,下载到电脑上即可。

1.6　思考题

(1)多台接收机为何一定要进行同步观测?如果不同步观测会有什么影响?
(2)当同一个控制点要连续观测两个或更多的时段时,是一直保持不动、连续进行观测好,还是各个时段间重新进行对中整平和开关机操作好?为什么?

1.7　推荐资源

(1)GNSS 日历工具(http://www.gnsscalendar.com/);
(2)华测设备参考资料(http://www.huace.cn/)。

1.8　参考文献

(1)李征航,黄劲松.GPS 测量与数据处理[M].第三版.武汉:武汉大学出版社,2016.
(2)黄劲松,李英冰.PS 测量与数据处理实习教程[M].武汉:武汉大学出版社,2010.

(章迪)

第 2 章 GNSS 静态相对定位数据处理实验

2.1 实验目的

掌握 GNSS 静态数据处理的方法和流程。

2.2 实验原理

GNSS 静态相对定位数据处理，主要包括基线解算和网平差两大过程，需要借助专业软件来完成。基线解算软件中，较为知名的有美国麻省理工学院研制的 GAMIT、瑞士伯尔尼大学研制的 BERNESE、中国武汉大学研发的 PANDA 等；很多 GNSS 仪器厂商也提供了配套的数据处理软件，如美国天宝公司的 TBC、瑞士徕卡公司的 LGO、日本拓普康公司的 TopconTools 等，这些软件除了可以进行基线解算，一般也附带网平差功能，但大多没有按照我国的规范要求设计，因此网平差往往还需借助专用的平差软件来完成，如武汉大学研制的 COSA GPS、PowerADJ 等。国产仪器厂商配套的 GNSS 数据处理软件如华测导航的 CGO、中海达的 HGO 等，功能日臻完善，基本可以满足实习教学的需要。

2.2.1 基本数学模型

基线向量的含义可用两测站 m、n 之间的三维空间直角坐标差来表达：

$$b_{mn} = [\Delta X_{mn} \quad \Delta Y_{mn} \quad \Delta Z_{mn}]^T \tag{2.1}$$

外业数据采集得到的是两测站上接收机记录的卫星观测值，要通过对观测值进行解算才能获得上述基线向量。基线向量的解算模型多采用站星双差观测值。假设基线两端的测站分别为 m、n，则卫星 j 与参考卫星 i 之间双差相位观测值可表示为：

$$\nabla\Delta\varphi_{mn}^{ij}(t) = \Delta\varphi_{mn}^{j}(t) - \Delta\varphi_{mn}^{i}(t) = \varphi_n^j(t) - \varphi_m^j(t) - \varphi_n^i(t) + \varphi_m^i(t) \tag{2.2}$$

式中，$\nabla\Delta$ 为双差算子，Δ 为单差算子，$\varphi_m^i(t)$ 表示 t 时刻测站 m 对卫星 i 的载波相位观测值。根据两测站双差相位观测值，与两测站坐标参数所表示的空间距离间的等价关系，并考虑无周跳的历元间整周模糊度保持不变的特性，可以列出误差方程，从而求得两测站间的基线向量(推导过程详见教材)。

基线解算模式可分为单基线解(一次解算一条基线)、多基线解(一次解算同一个时段中的所有独立基线)和整体解(一次解算所有时段中的所有独立基线)三种。本实验采用单基线解模式，这也是绝大多数仪器厂商软件所采用的模式。

GNSS 网平差以上述解得的基线向量为观测值，其观测方程为：

$$\begin{bmatrix} \Delta X_{mn} \\ \Delta Y_{mn} \\ \Delta Z_{mn} \end{bmatrix} + \begin{bmatrix} V_{\Delta X_{mn}} \\ V_{\Delta Y_{mn}} \\ V_{\Delta Z_{mn}} \end{bmatrix} = \begin{bmatrix} \hat{X}_n \\ \hat{Y}_n \\ \hat{Z}_n \end{bmatrix} - \begin{bmatrix} \hat{X}_m \\ \hat{Y}_m \\ \hat{Z}_m \end{bmatrix} \tag{2.3}$$

据此可进一步列立误差方程，按间接平差原理解算，详细的公式推导过程请参阅相应教材，本实验教程中不再赘述。

2.2.2 基线质量指标

基线解算完成后，应对其进行质量控制。质量控制指标包括统计学指标（如 RMS、RATIO）和测量规范给出的指标（如重复基线长度较差、环闭合差）。前者多针对单条基线，而后者一般基于多条基线。在工程应用中，测量规范给出的指标是必须满足的；统计学指标则并无严格的限差标准，但通过基线间同一指标的横向比较，便可得知不同基线孰优孰劣。例如，在重复基线较差或环闭合差超限时，面对众多基线，初学者往往感到无从下手。实际上，借助 RMS 和 RATIO，我们可以更快地确定应优先重算的基线，从而起到事半功倍的效果。

2.2.2.1 RMS

RMS(Root Mean Square)的含义为均方根误差，其定义式为：

$$\mathrm{RMS} = \sqrt{\frac{V^\mathrm{T} V}{n}} \tag{2.4}$$

式中，V 表示观测值残差，n 为观测值总数。显然，RMS 越小，表明该基线解算的内符合精度越高。

2.2.2.2 Ratio

Ratio 表示在估计整周模糊度参数时，采用搜索算法获得的多组整周模糊度参数解中，次最优解对应的单位权方差与最优解对应的单位权方差的比值，定义式为：

$$\mathrm{Ratio} = \frac{\sigma_{0\text{次最优}}^2}{\sigma_{0\text{最优}}^2} \tag{2.5}$$

式中，单位权方差 $\sigma_0^2 = \dfrac{V^\mathrm{T} P V}{r}$，$P$ 为观测值的权阵，r 为多余观测数。RATIO 值越大，表明模糊度最优解的可靠性越高。

2.2.2.3 相邻点间基线精度指标

相邻点间基线精度指标 σ 按下式计算：

$$\sigma = \sqrt{a^2 + (bd)^2} \tag{2.6}$$

式中，a 为固定误差，b 为比例误差，d 为相邻点间的实际平均距离(km)。关于 a、b 的取值，GB/T 18314—2009 规定按接收机的标称精度确定，而 CJJ/T 73—2019 规定按控制网等级确定，在数据处理过程中可以比较二者效果的异同。

2.2.2.4 复测基线长度较差

同名基线的多次测量值，其两两间基线长度较差 d_S 应小于一定的限差：

$$d_S = \sqrt{\Delta X^2 + \Delta Y^2 + \Delta Z^2} \leqslant 2\sqrt{2}\sigma \tag{2.7}$$

式中，ΔX、ΔY 和 ΔZ 为复测基线的分量较差；σ 为对基线测量中误差的要求。

2.2.2.5 同步环闭合差

所谓同步环，是指构成多边形的各条基线均是同一时段测得的。采用同一种数学模型解算的基线，网中任何一个三边同步环闭合差应满足如下要求：

$$\begin{cases} W_X \leqslant \dfrac{\sqrt{3}}{5}\sigma \\ W_Y \leqslant \dfrac{\sqrt{3}}{5}\sigma \\ W_Z \leqslant \dfrac{\sqrt{3}}{5}\sigma \\ W_S = \sqrt{W_X^2 + W_Y^2 + W_Z^2} \leqslant \dfrac{3}{5}\sigma \end{cases} \tag{2.8}$$

2.2.2.6 异步环或附合路线坐标闭合差

GNSS 网外业基线预处理结果，其独立环或附合路线坐标闭合差应满足：

$$\begin{cases} W_X \leqslant 2\sqrt{n}\,\sigma \\ W_Y \leqslant 2\sqrt{n}\,\sigma \\ W_Z \leqslant 2\sqrt{n}\,\sigma \\ W_S = \sqrt{W_X^2 + W_Y^2 + W_Z^2} \leqslant 2\sqrt{3n}\,\sigma \end{cases} \tag{2.9}$$

式中，n 为闭合环边数。

2.2.2.7 无约束平差基线分量改正数

无约束平差基线分量改正数的绝对值（$V_{\Delta X}$，$V_{\Delta Y}$，$V_{\Delta Z}$）应满足如下要求：

$$\begin{cases} V_{\Delta X} \leqslant 3\sigma \\ V_{\Delta Y} \leqslant 3\sigma \\ V_{\Delta Z} \leqslant 3\sigma \end{cases} \tag{2.10}$$

式中，σ 为对基线测量中误差的要求。若无约束平差基线分量改正数超出限差要求，则认为所对应基线向量或其附近的基线向量可能存在质量问题。

2.2.2.8 约束平差基线分量改正数

约束平差基线分量改正数与无约束平差的同一基线相应改正数的较差的绝对值（$dV_{\Delta X}$，$dV_{\Delta Y}$，$dV_{\Delta Z}$）应满足如下要求：

$$\begin{cases} dV_{\Delta X} \leqslant 2\sigma \\ dV_{\Delta Y} \leqslant 2\sigma \\ dV_{\Delta Z} \leqslant 2\sigma \end{cases} \tag{2.11}$$

式中，σ 为相应级别规定的基线的精度。

2.3 实验工具

本实验以华测的静态数据处理软件 CGO（CHC Geomatics Office）为例进行讲解，当前最新版本为 2.2.0.86，可在华测导航的官方网站"下载中心"栏目中下载，地址为：http：//www.huace.cn/technology/down。

2.4 技术规范

（1）北京市测绘设计研究院.CJJ/T 73—2019.卫星定位城市测量技术规范[S].北京：中国建筑工业出版社，2019.

（2）国家测绘局测绘标准化研究所，国家测绘局第一大地测量队，等.GB/T 18314—2009.全球定位系统（GPS）测量规范[S].北京：中国标准出版社，2009.

2.5 实验步骤

实验总体步骤如图 2.1 所示。

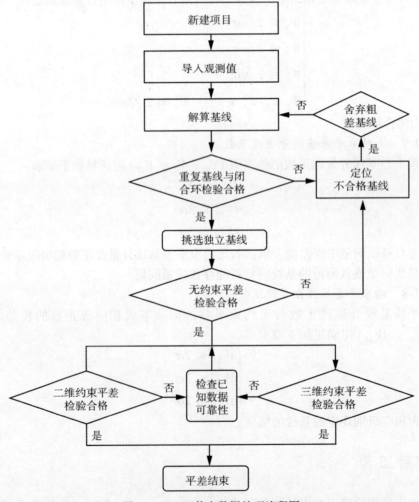

图 2.1 GNSS 静态数据处理流程图

下面以 CGO 软件为例，讲解 GNSS 静态数据处理的实验步骤。不同的软件，在菜单设置、具体操作上会有所差异，但总的流程是类似的，要学会举一反三。

1）第一步：新建项目

这一步主要是配置项目的名称、坐标系、控制网等级等一些基本属性。

打开 CGO 软件，在"开始"菜单下，点击"新建"，输入项目名称，点击"位置"后面的浏览图标"…"，选择合适的项目存放位置。点击"确认"，如图 2.2 所示。

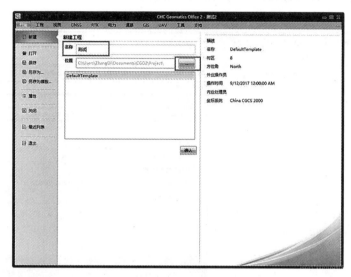

图 2.2　新建项目

选择"工程"菜单，点击"坐标系统"图标，点击"坐标系统名称"后面的浏览图标"…"，出现坐标系管理器窗体，如图 2.3 所示，点击"新建"，在"坐标系列表"中，将出现的"自定

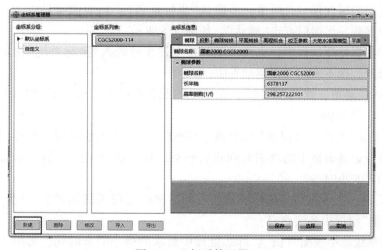

图 2.3　坐标系管理器

义"修改为坐标系名称，推荐命名格式为"椭球名称-中央子午线"，如"CGCS2000-114"，表示国家2000基准下、以114°经线为中央子午线的高斯平面直角坐标系。

相应的在右侧的"椭球"标签下，选择对应的椭球名称，这里选择"国家2000CGS2000"椭球。切换到"投影"，"方法"选择"横轴墨卡托投影"，并在"投影参数"的"中央子午线"中输入中央子午线（根据项目实际地理位置合理确定），如图2.4所示。然后点击"保存"，则将该坐标系统存入系统中，以后其他项目也可以选择这个坐标系。点击"选择"，表示将该坐标系设置为当前项目的坐标系。

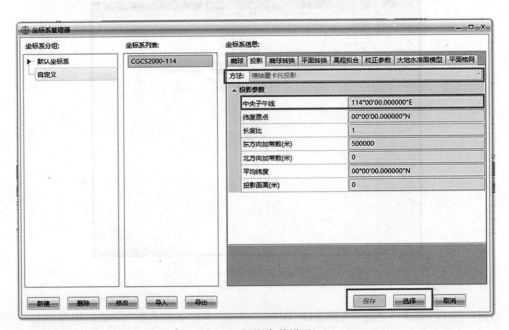

图 2.4 投影参数设置

此时，返回到属性窗口，可进一步确认"坐标系名称"后的选项是否正确，并可核对椭球、投影等参数，无误后点击"确认"，如图2.5所示。

在随后的数据处理过程中，也可以随时按上述步骤进入"坐标系统"菜单，对坐标系统参数进行修改。接下来配置控制网等级。

点击"GNSS"菜单，点击"配置"，在弹出的配置窗口中，包含了"时间系统""高级""控制网等级"三个页面。

在"时间系统"页面，可以选择 GPSW、GPST、UTC 或当地时间。选择当地时间，将更有利于与外业记录表格中的观测时间进行核对；如果选择 UTC，则显示的观测时间将与北京时间相差8小时。

"高级"页面，主要包括基线生成规则、同名测站处理规则和同步/异步环搜索规则。"基线生成规则"组框中各项含义：

➢ "静态基线最小观测时长"：静态处理中要求的最小同步时间，可用于屏蔽一些时间极短的同步基线。

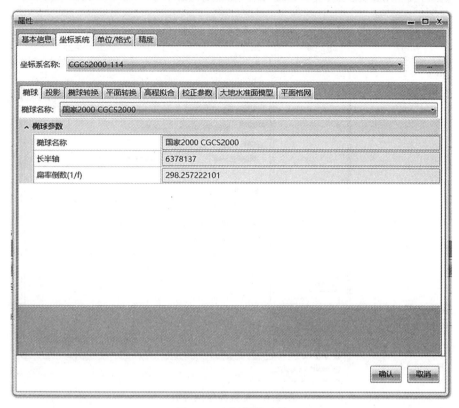

图 2.5 坐标属性确认

➢ "动态基线最小观测时长"：后处理动态(PPK)中要求的最小同步时间；
➢ "基线最大长度"：基线长度若超过该值，则不组成基线。

"同名测站处理规则"组框中"点位距离阈值"含义：两个同名点之间距离超过该阈值，则会提醒是否需要合并同名点。

"同/异步环搜索规则"中"最小同步时长"：只有同步观测时间大于该阈值的基线，才会允许参与构成闭合环。

在"控制网等级"页面，如图 2.6 所示，可在"等级名称"下拉框中根据项目要求选择合适的等级，实习一般选择"城市二级"。也可以根据项目需要，自定义精度指标。

2) 第二步：导入观测值

这一步是将 GNSS 外业观测所采集的数据导入到软件中，以便进行处理。

CGO 支持观测值的格式包括(见图 2.7)：

➢ 华测观测文件(＊.HCN)；
➢ RINEX 观测文件(＊.?? O，＊.OBS)；
➢ RINEX 压缩观测文件(＊.?? D)；
➢ RINEX 广播星历文件(＊.?? N；＊.?? G；＊.?? C；＊.?? L；＊.?? P)；
➢ NOVATEL 观测文件(＊.NOV)；

图 2.6 配置控制网等级

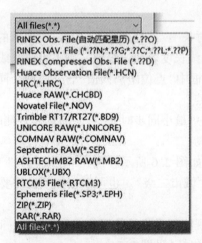

图 2.7 支持的观测值格式

➢ TRIMBLE RT17/RT27 观测文件（＊.BD9）；
➢ UNICORE 原始文件（＊.UNICORE）；
➢ Septentrio 原始文件（＊.SEP）；

➢ UBLOX 观测文件(*.UBX);
➢ ASHTECHMB2 原始文件(*.MB2);
➢ RTCM3 文件(*.RTCM3);
➢ 精密星历文件(*.SP3;*.EPH)。

点击"GNSS"菜单下的"导入",打开导入数据对话框,如图 2.8 所示,选择 GNSS 静态数据采集实验中导出的观测值文件,点击"打开"。如果是华测接收机的数据,可以直接导入后缀名为".HCN"的二进制格式;如果是其他接收机的数据,可以通过随机软件转换为 rinex 格式后再导入,注意广播星历文件(*.??N;*.??G;*.??C;*.??L;*.??P)的主文件名应与观测文件(*.??O)保持一致,否则将无法自动匹配,需要单独导入。

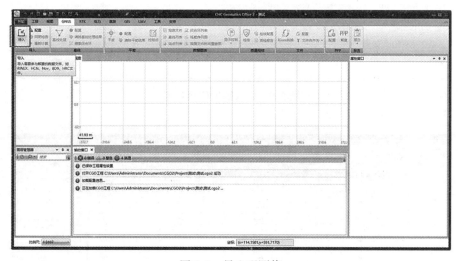

图 2.8 导入观测值

点击导入后,弹出导入数据信息列表,如图 2.9 所示,第一列"使用"勾选框可以设置是否使用某一个观测文件,后面依次列出了文件名、测站名、开始/结束时间、时间段(观测时长)、量测天线高、天线厂商、天线类型、量测方式、接收机 S/N 等信息,其中测站名、量测天线高、天线类型、量测方式等信息可以手动修改。此时,应对照外业观测记录表,逐一核对各观测文件的信息是否正确,必要时再进行修改。核对无误后点击"确定",完成观测值的导入。

此时,软件主界面左侧的"工作空间"会出现点、基线、闭合环、导入的文件等节点,点击左侧的三角形标识可以打开或折叠相关子集。"工作空间"下方的"层管理器"中可显示站点、基线图层,基线解算后显示误差椭球面图层。

"工作空间"右侧会出现"视图"和"GNSS"两个工具栏,前者提供整个控制网的视图;后者列出了 GNSS 数据处理的大部分功能选项。

观测值导入完成后,各观测文件的相关属性信息仍可修改,方法为:点击"GNSS"工具栏,选择"观测文件列表",如图 2.10 所示在右侧出现的列表信息中,点击鼠标左键可

导入文件

使用	文件名	测站	开始时间	结束时间	时间段	量测天线高(m)	天线厂商	天线类型	量测方式	接收机/SN	接收机类型
☑	G100242X2.H	G100	2020-08-29 23:28:22	2020-08-30 00:45:02	01:16:40.000	1.2970	CHCNav	CHCI80	天线斜高	1005149	CHC I80
☑	G102243B.HC	G102	2020-08-30 01:17:12	2020-08-30 02:37:22	01:20:10.000	1.4420	CHCNav	CHCI80	天线斜高	1005145	CHC I80
☑	g103243B.HC	g103	2020-08-30 01:28:32	2020-08-30 02:36:52	01:08:20.000	1.3860	CHCNav	CHCI80	天线斜高	1005152	CHC I80
☑	G104242X.HC	G104	2020-08-29 23:30:12	2020-08-30 00:45:02	01:14:50.000	1.3045	CHCNav	CHCI80	天线斜高	1005143	CHC I80
☑	G104243B.HC	G104	2020-08-30 01:17:42	2020-08-30 02:34:42	01:17:00.000	1.3850	CHCNav	CHCI90	天线斜高	3238084	CHC I90
☑	G105243H.HC	G105	2020-08-30 07:27:22	2020-08-30 08:35:42	01:08:20.000	1.5120	CHCNav	CHCI90	天线斜高	3238084	CHC I90
☑	G106242X.HC	G106	2020-08-29 23:31:52	2020-08-30 00:45:42	01:13:50.000	1.4820	CHCNav	CHCI90	天线斜高	3238084	CHC I90
☑	G106243B.HC	G106	2020-08-30 01:21:52	2020-08-30 02:35:52	01:14:00.000	1.2530	CHCNav	CHCI80	天线斜高	1005143	CHC I80
☑	G106243H.HC	G106	2020-08-30 07:27:42	2020-08-30 08:36:02	01:08:20.000	1.4700	CHCNav	CHCI80	天线斜高	1005149	CHC I80
☑	G107243J.HC	G107	2020-08-30 09:02:42	2020-08-30 10:21:22	01:18:40.000	1.3860	CHCNav	CHCI80	天线斜高	1005149	CHC I80
☑	G109243J.HC	G109	2020-08-30 09:08:02	2020-08-30 10:15:02	01:07:00.000	1.4670	CHCNav	CHCI90	天线斜高	3238084	CHC I90
☑	G110243H.HC	G110	2020-08-30 07:28:12	2020-08-30 08:35:22	01:07:10.000	1.3350	CHCNav	CHCI80	天线斜高	1005145	CHC I80
☑	g110243J.HCI	g110	2020-08-30 09:06:42	2020-08-30 10:16:22	01:09:40.000	1.4360	CHCNav	CHCI80	天线斜高	1005152	CHC I80
☑	g111243H.HC	g111	2020-08-30 07:29:12	2020-08-30 08:36:52	01:07:40.000	1.4230	CHCNav	CHCI80	天线斜高	1005152	CHC I80
☑	G111243J.HC	G111	2020-08-30 09:03:52	2020-08-30 10:15:22	01:11:30.000	1.4310	CHCNav	CHCI80	天线斜高	1005145	CHC I80
☑	g112242X3.H	g112	2020-08-29 23:38:32	2020-08-30 00:47:22	01:08:50.000	1.3770	CHCNav	CHCI80	天线斜高	1005152	CHC I80
☑	G112243B.HC	G112	2020-08-30 01:26:42	2020-08-30 02:36:22	01:09:40.000	1.3270	CHCNav	CHCI80	天线斜高	1005149	CHC I80
☑	G113242X.HC	G113	2020-08-29 23:30:32	2020-08-30 00:45:02	01:14:30.000	1.4650	CHCNav	CHCI80	天线斜高	1005145	CHC I80

重置　确定　取消

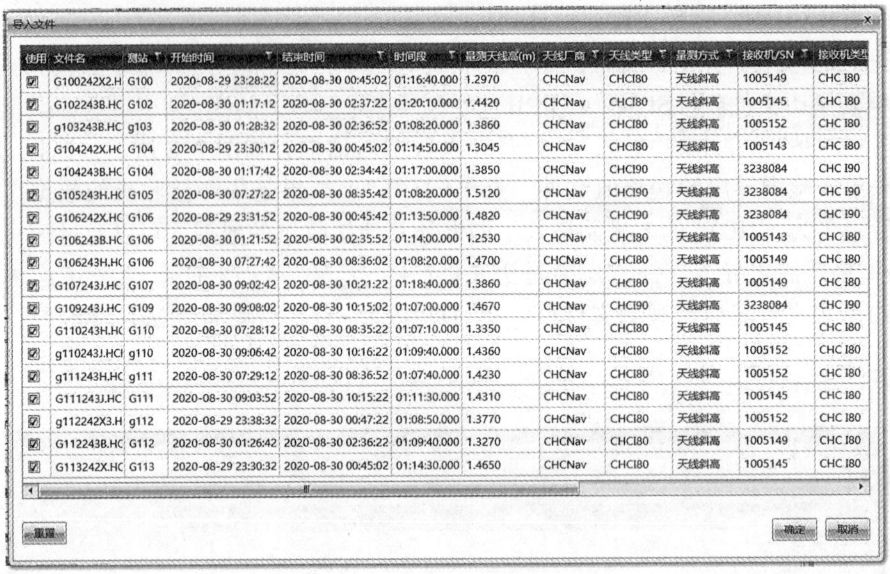

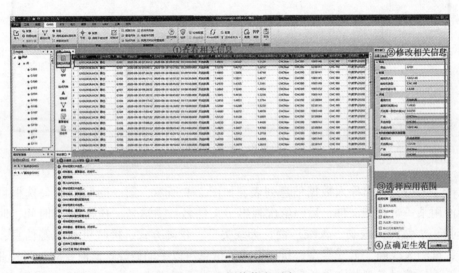

图 2.9　导入数据信息列表

图 2.10　观测值信息列表

选中某一行(整行呈现较深的背景色)，按住键盘 Ctrl 键或 Shift 键点选则可以选中多行。此时在右侧的“属性”窗口中，可以查看并修改测站名称、天线类型、天线量测方式等，并可勾选将哪些修改后的内容应用到特定范围，其中可勾选内容包括：量测天线高、天线类型、量高方式、天线高一致性补偿、输出天线高量测方式、输出天线类型，后两项是针对输出 rinex 文件而言的；应用范围包括“当前文件”“同名测站文件”“选中的文件”“所有文件”，可根据需要对观测信息进行单个或批量更新。注意：批量更新(应用范围选择不止一个文件)一定要谨慎,尤其是天线高等信息通常不应该进行批量更新。

在观测文件列表中,还可以点击鼠标右键,弹出的菜单中包括多项功能,如图2.11所示,其中较为常用的包括:

> "检核配置""检验所有文件""检验选中文件""查看质检报告":可对观测文件进行质量检核,在处理超限基线时,将有助于找到观测条件较差的点。
> "查看原始文件":以记事本的方式查看rinex格式文件。
> "查看原始文件夹":打开观测文件所在的文件夹。
> "RINEX配置""转换成RINEX文件""文件合并为":可转换为指定版本的rinex文件。
> "观测数据图""(精密)单点定位离散图""跟踪卫星图":可查看测站的(精密)单点定位离散图、跟踪卫星图和卫星信号图。

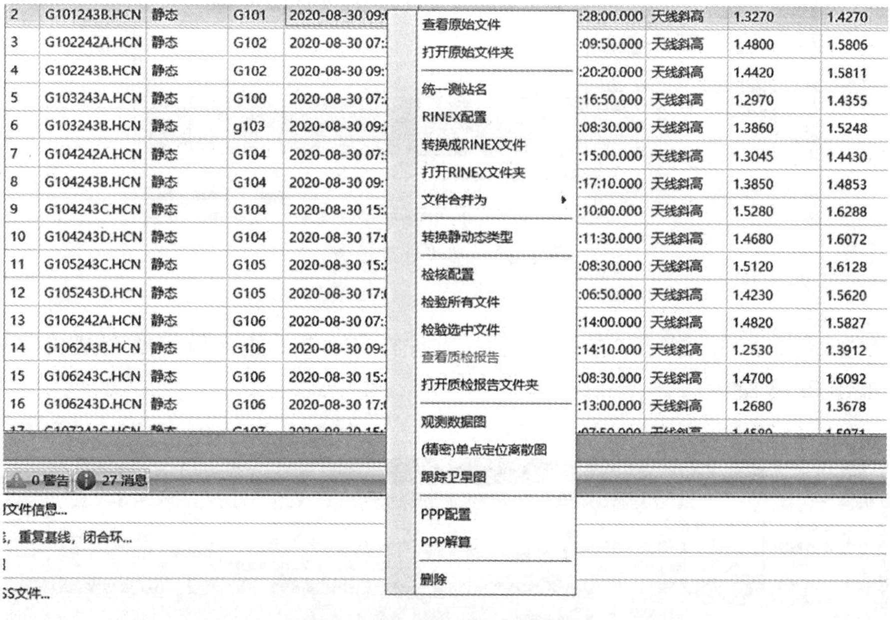

图2.11 观测文件右键菜单

3)第三步:解算基线

这一步主要是为了获取点和点之间同步观测的基线向量。

点击"GNSS"菜单下工具栏"基线处理"右侧的"配置",在弹出的"基线处理设置"窗口中,如图2.12所示主要修改高度截止角、采样间隔和卫星系统,其余参数通常最开始采用默认配置,对所有基线进行批量解算。当后续进行基线质量检核和平差处理过程中需要对某些基线进行重新处理时,可以再修改某些参数的默认配置。其中高度截止角一般设置为10°或15°,过小将导致严重的对流层误差,当然,如果实际外业数据采集时设置的本来就是10°或15°,那么设置更小的值将没有意义;采样间隔设置为与外业数据采集时的一致,如10s或15s,不建议采用默认的30s,因为间隔偏大,将降低数据利用率,增加周跳检测难度；卫星系统一般建议勾选 GPS 和 BDS，当某些不合格基线的卫星数较少或几何分布较差(PDOP 值较大)时，可尝试增加 GLONASS 和 GALILEO 进行解算，与原结果比较后再确定最优方案。

图 2.12　基线处理设置

设置完成后，点击工具栏"基线处理"，软件将自动开始逐条解算所有基线(单基线解模式)，如图 2.13 所示。

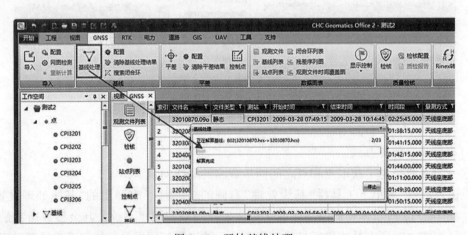

图 2.13　开始基线处理

基线解算完成后，可点击"GNSS"工具栏的"基线"按钮查看基线列表，展示了各条基线的基本信息，包括基线 ID、基线类型、起点、终点、解算类型(对应配置中的"观测值/最佳值")、利用率、同步时间、Ratio、RMS、合格、Dx、Std. D(x)、Dy、Std. D(y)、

Dz、Std. D(z)、距离、是否使用。在列表中单击鼠标左键选择某条基线，右侧属性窗口可查看基线属性以及整数解的情况，如图 2.14 所示。

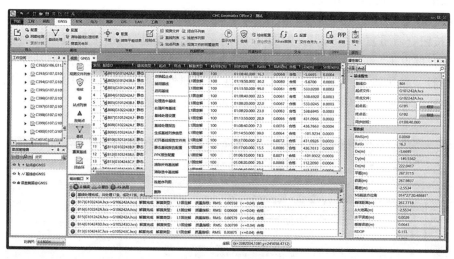

图 2.14　基线列表

通常来说，基线解算后的 Ratio 值越大越好、RMS 越小越好。但这两个指标在我国的规范中没有给出严格的判定标准，某条基线是否合格，主要是根据后续的闭合环、重复基线和平差改正数来判断。

点击"视图"，如图 2.15 所示，可以看到解算完的基线变为绿色。在"图层管理器"中，可以通过点击左侧的眼睛图标显示或隐藏特定的标记，包括站点、基线和误差椭圆。

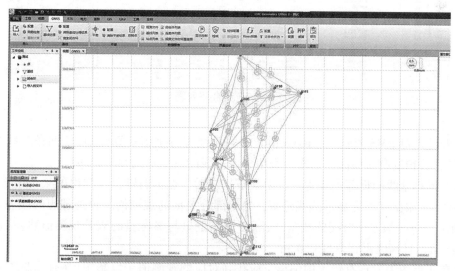

图 2.15　基线视图

4）第四步：重复基线与闭合环检验

这一步主要是为了对解算得到的基线进行初步的质量检核，以便用户重新解算乃至剔除某些质量差、精度低的基线。

点击"GNSS"工具栏（可通过双击"工作空间"中的"基线"或"闭合环"节点打开）的"重复基线"按钮查看重复基线列表，如图 2.16 所示，"基线组"列出了每组两条同名基线的差值情况，可点击"质量"进行排序后快速排查出不合格的重复基线。点击基线组左边的空心三角形，展开基线，点击某条基线，可在右边属性窗口中查看其 RMS 值和 Ratio 值。闭合环检验的方法类似，闭合环包括同步环和异步环，如图 2.17 所示。

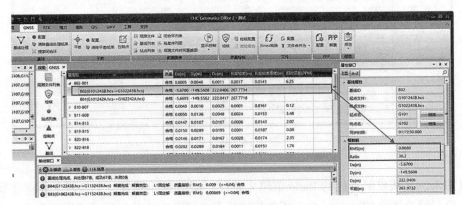

图 2.16　重复基线列表

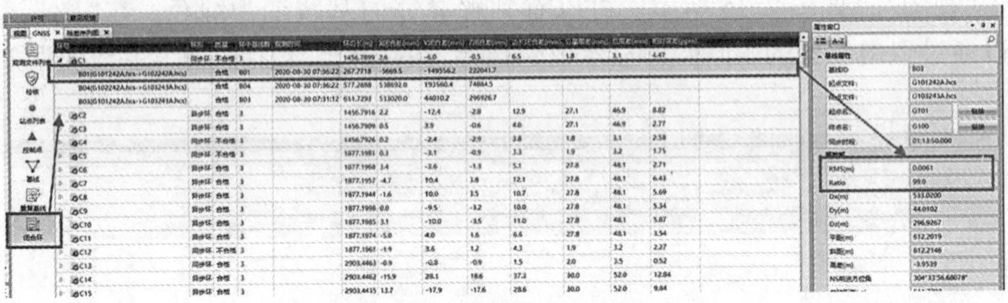

图 2.17　闭合环列表

一般优先对 RMS 值较大、Ratio 值较小的基线进行重新解算（也可能两条基线都要重新解算），若精度有所提高，再次检查包含该基线的重复基线和闭合环。

重新解算基线的推荐步骤为：选中某条基线后，点击右键，在弹出的菜单中选择"残差序列图"，根据其下方显示的残差图，禁用部分卫星的观测值。较为理想的残差图如图 2.18 所示，每一颗卫星对应的残差（实际为该颗卫星与参考星的双差观测值残差）应围绕 0 上下波动，且幅值不宜超过 0.02m。

如在残差图中发现有较大的偏离，应找到对应的观测值予以禁用（按住鼠标左键在上方蓝色观测值位置画出带叉的红色矩形，若错选则可右键点击该红色矩形，并选择"恢复被删除的数据"）。点击残差图右上角的"上一个""下一个"按钮可以逐一查看某一颗卫

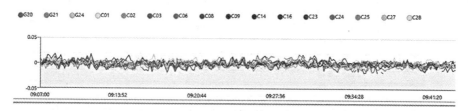

图 2.18 较为理想的残差图

星,"全部"则显示所有卫星的残差。如果某颗卫星的残差在整个观测期间一直偏大,则可以在上方的"启用"列,将这颗卫星前面的勾选去掉,则该卫星观测值不再参与该条基线的解算,如图 2.19 所示。

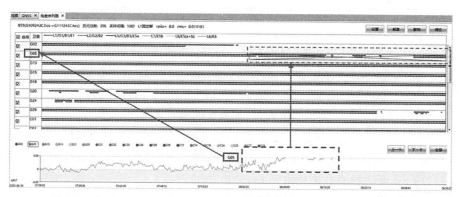

图 2.19 较为理想的残差图

在对所有卫星的残差都进行检查,并对异常的观测值予以禁用后,可以重新解算该条基线。可先通过残差图上方或右侧属性窗口查看一下当前的 Ratio 值和 RMS 值,然后点击上方的"解算"按钮,此时,只有这条基线会被重新解算,如图 2.20 所示。解算完成后,"残差序列图"会更新,这时可查看 Ratio 值和 RMS 值是否有所改善。并可继续结合残差图进行观测值的禁用,直到效果满意为止。

有时,仅仅禁用观测值还不能达到理想效果,可进一步对基线解算参数进行调整,点击"残差序列图"右上方的"设置"按钮,在弹出的"基线处理设置"窗口中,调整部分参数,包括:

➢ 高度截止角,可以适当地调高或调低,但最低不宜低于 10°,否则将引入较大的大气折射误差;最高不宜超过 25°,否则将会降低观测值的利用率,并损害高程方向的重复性和可靠性。

➢ 最小历元数,载波相位若因不连续而出现周跳,则常常影响基线处理的质量,因此,通常应该将其剔除。在基线处理过程中,软件会将观测连续历元数不超过最小历元数的数据段剔除,默认值为 5,可以适当增大。

➢ "观测值/最佳值",如果基线在 5km 以下,且电离层活动较为平缓,可选择 L1 或

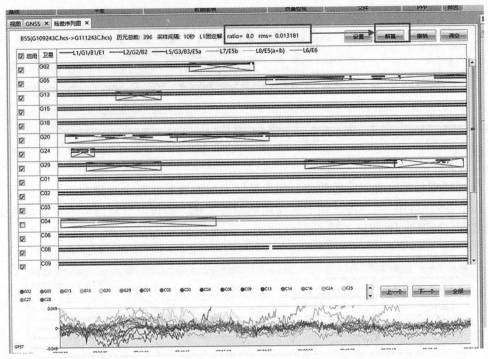

图 2.20 基线重新解算

(L1+L2)；如果基线在 5km 以上，或电离层活动较为剧烈(如低纬度地区夏季的中午时段)，可选择消电离层组合 LC。

- 星历，可选模式包括广播星历和精密星历。一般长距离基线采用精密星历可提高基线解算精度，短基线采用广播星历即可满足要求。使用广播星历时，基线长度默认设置小于 200km；使用精密星历，基线长度默认设置小于 2000km。
- 卫星系统，可以勾选 GPS、GLONASS、BDS、GALILEO 中的一个或多个，上述步骤中我们采用了 GPS+BDS 的模式，卫星的数量和分布通常是足够的，但若某些基线的共视卫星仍然较少，则可以尝试增加 GLONASS 和/或 GALILEO，对比前后的效果。

以上是"常用设置"中的参数，在"处理程序""大气模型"和"高级"中的选项也可以影响基线解算的结果，但实习通常都是短基线，不建议作修改。感兴趣的同学可以留待后续加以学习和研究。

对于观测质量特别差的个别基线，可以予以禁用或删除(CGO 对禁用的基线仍然进行重复基线和闭合环检验)，使之不参与重复基线和闭合环检验，但删除的基线比例不宜超过 20%。此外，如果与某一个点相关联的基线，绝大部分难以处理合格，如能排除仪器故障的因素，那么可基本判断是该点的观测条件太差导致的。这一点可通过对该点的观测文件进行质量检查予以确认，方法是在"GNSS"工具栏下的观测文件列表中，右键点击其观测文件，在弹出的菜单中选择"检验选中文件"，待检验完成后，再在鼠标右键菜单中选择"查看质检报告"，如图 2.21 所示。

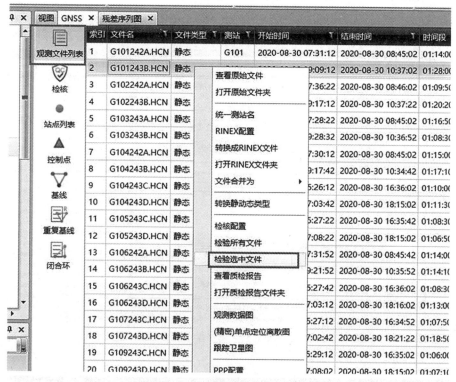

图 2.21 对观测文件进行质量检验

如果质检报告显示该点各卫星的多路径误差普遍偏大，或者数据利用率普遍偏低，则应舍弃该点，必要时应另选新点代替，并进行补测。

5）第五步：三维无约束平差

这一步主要是为了评价整个控制网的内符合精度，探测粗差、消除控制网在几何上的一些矛盾。

平差之前，一般应进行独立基线的提取，主要目的是防止平差后的精度"虚高"。一般遵循以下原则：①尽量选取解算质量较好的基线；②尽量选取边长较短的基线；③选取的基线应构成闭合的图形；④选取能构成边数较少的异步环的基线。在实际操作中，将不参与平差的基线禁用即可。

点击"GNSS"菜单下、"平差"右侧的"配置"，如图 2.22 所示，在弹出的"平差设置"窗体中，"不合格基线是否参与平差"设置为"否"。"网络参考因子"一开始可以取默认值10，后续可根据平差提示进行修改。"自由网平差"一般选择"秩亏自由网平差"，表示不引入任何起算数据。如果控制网中有高精度的 ECEF（地心地固坐标系）已知点，则可以选择"固定任一点"，并从下拉列表中选择其点名，同时还应提前在"控制点"中输入其已知的 ECEF 三维坐标。

然后，点击"GNSS"菜单下"平差"按钮，在弹出的窗体中，选择"手动-自由网平差"，并点击右侧的"平差"按钮，如图 2.23 所示。

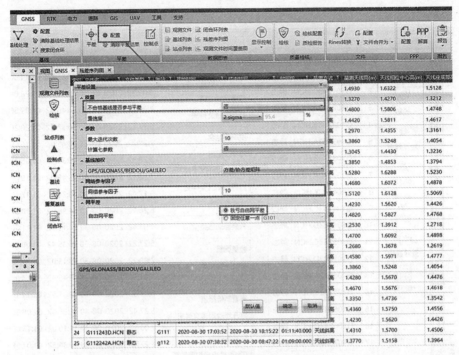

图 2.22 平差配置

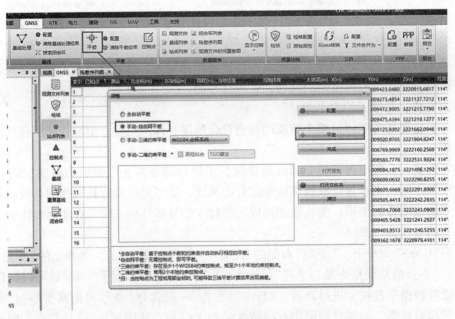

图 2.23 执行三维无约束平差

观察程序下方的"输出窗口",其消息是按照时间顺序自下而上排列的,若有"自由网平差:x2 卡方检验不合格"的提示,如图 2.24 所示,则可按照其上方提示"建议将网络参考因子改为×××"，将"平差"→"配置"中的"网络参考因子"更改为其建议值，并再次进行"手动-自由网平差"，直至提示"自由网平差：x2卡方检验合格"为止。

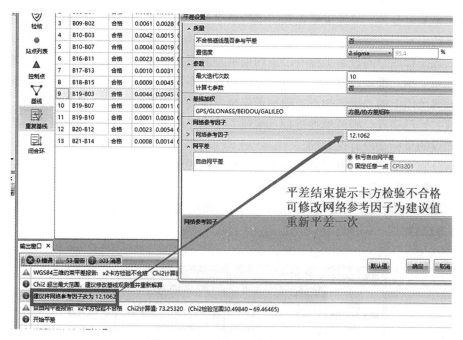

图 2.24　重新设置网络参考因子

若提示"自由网平差：x2 卡方检验合格"字样，则可点击"自由网平差报告"，在打开的网页中，找到"平差后基线检核结果"，对改正数超限的基线（报告中会以红色字体显示）应重新进行解算（可根据基线代号查找），如图 2.25 所示，方法见上一步骤。

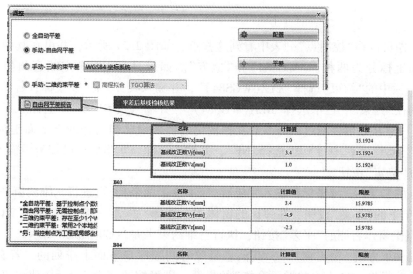

图 2.25　检查基线改正数

对于重新解算、平差后改正数仍然超限严重的基线，可以禁用或删除后重新进行平差，但数据剔除率不宜大于20%。

6）第六步：约束平差

约束平差可分为三维约束平差和二维约束平差，取决于平差时对已知点坐标的约束方式。三维约束平差的观测量是经三维无约束平差检核过的原始基线向量，约束量是已知点的三维大地坐标或空间直角坐标。二维约束平差的观测量是已经投影至项目所设置的平面直角坐标系下的二维基线向量，约束量是已知点的平面坐标。如果同时有两个以上的三维已知点和两个以上的二维已知点，则一般先做三维约束平差，再做二维约束平差；如果仅有三维或二维已知点，则可单独进行三维或二维约束平差。约束时，通常采取强约束，即认为已知点的坐标是没有误差的。

下面分别介绍三维约束平差和二维约束平差的步骤。

（1）三维约束平差：

在"GNSS"工具栏中点击"站点列表"，将已知点逐一选中，单击鼠标右键，在菜单中选择"转为控制点"，如图2.26所示。

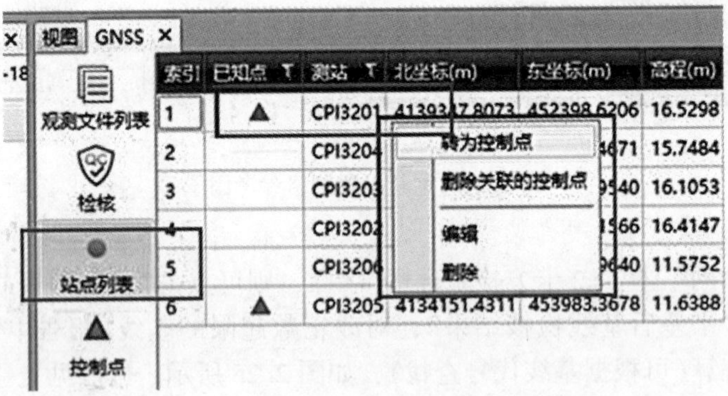

图2.26 设置已知点

然后，便可以在"控制点"列表中看到这些点，如图2.27所示，并可在其中输入已知坐标。已知坐标分为两种，"WGS84"和"地方"。如果具有ECEF空间直角坐标，则在"WGS84"一栏中的"约束"选择"XYZ(WGS84)"，并输入其X、Y、Z坐标；若已知的是大地坐标，则在"约束"一栏中选择"BLH(WGS84)"，并输入其B、L、H坐标。实际上，X、Y、Z和B、L、H是可以通过椭球参数互相转化的。如果已知的是地方平面坐标（独立坐标），则在"地方"一栏中"约束"选择"NE"，并输入其北、东坐标。已知坐标输入完毕后，点击右下方"确定"按钮。

已知点的ECEF三维坐标都输入完成后（应不少于两个），可进行三维约束平差。点击"GNSS"菜单下的"平差"按钮，在弹出的窗体中，选择"手动-三维约束平差（WGS84坐标系统）"，点击窗体右侧的"平差"按钮，执行三维约束平差，如图2.28所示。

观察程序下方的"输出窗口"，其消息是照时间顺序自下而上排列的，若有"WGS84三维约束平差报告：x2卡方检验不合格"的提示，则可按照其上方提示"建议将网络参考

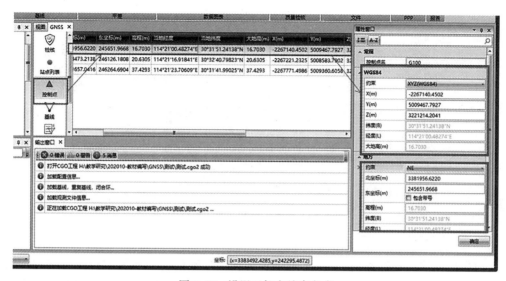

图 2.27 设置已知点约束方式

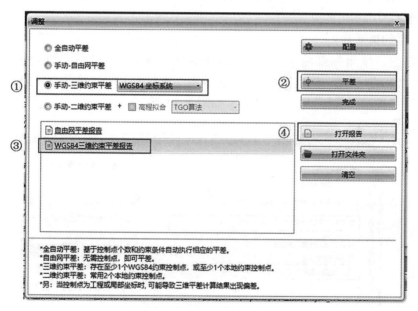

图 2.28 执行三维约束平差

因子改为×××",将"平差"→"配置"中的"网络参考因子"更改为其建议值,并再次进行"手动-三维约束平差",直至提示"WGS84 三维约束平差报告:x2 卡方检验合格"为止。此时选中"WGS84 三维约束平差报告",点击"打开报告",找到"WGS84 系统平差基线"→"形式 2",检查基线的三维约束平差改正数与三维无约束平差改正数之差 dVDX、dVDY、dVDZ 是否超限,如图 2.29 所示。

对改正数超限的基线(报告中会以红色字体显示)应检察基线质量,必要时重新进行

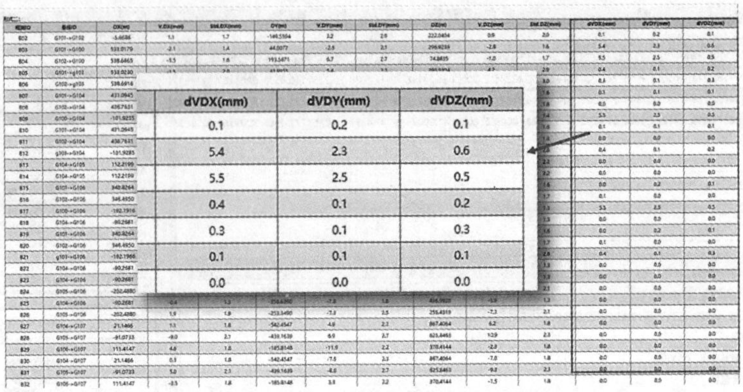

图 2.29 检查三维基线改正数之差

解算(可根据基线代号查找),方法见上一步骤;如果确认基线质量本身没有问题,则多半是约束的已知点坐标与实际测量的控制网不兼容。可考虑只约束一部分已知点,平差后获得未约束的已知点坐标,与其已知坐标比较,如果差值较大的,应怀疑其已知坐标的可靠性,在平差时可不再约束。

(2)二维约束平差:

已知点的二维坐标都输入完成后(应不少于两个),可进行二维约束平差。点击"GNSS"菜单下的"平差"按钮,在弹出的窗体中,选择"手动-二维约束平差",点击窗体右侧的"平差"按钮,执行二维约束平差,如图 2.30 所示。

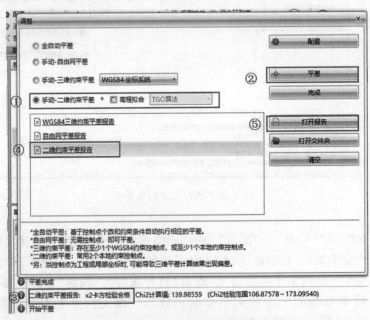

图 2.30 执行二维约束平差

观察程序下方的"输出窗口"，其消息是照时间顺序自下而上排列，若有"二维约束平差报告：x2 卡方检验不合格"的提示，则可按照其上方提示的"建议将网络参考因子改为×××"，将"平差"→"配置"中的"网络参考因子"更改为其建议值，并再次进行"手动-二维约束平差"，直至提示"二维约束平差报告：x2 卡方检验合格"为止。此时选中"二维约束平差报告"，点击"打开报告"，找到"当地坐标系统下的平差基线"，检查二维基线的无约束平差改正数与约束平差改正数之差是否合格，如图 2.31 所示。

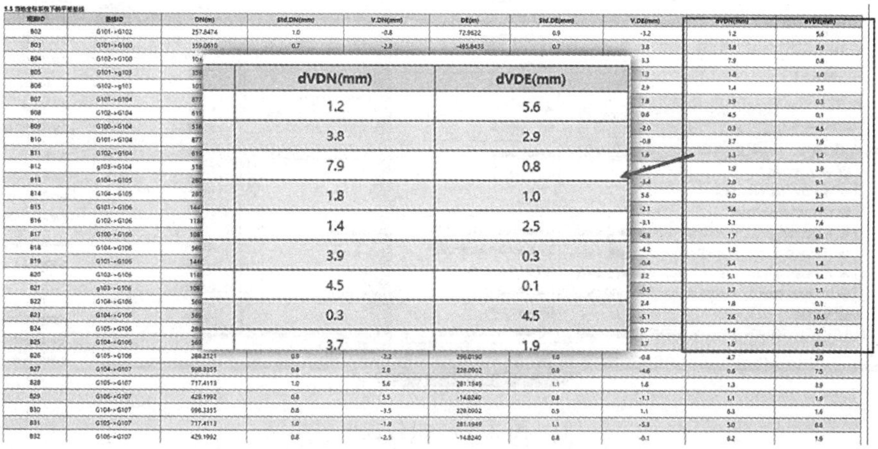

图 2.31 检查二维基线改正数之差

如果有超限的情况，且确认基线质量本身没有问题，则多半是约束的已知点坐标与实际测量的控制网不兼容。可考虑只约束一部分已知点，平差后获得未约束已知点的坐标，与其已知坐标比较，如果差值较大的，应怀疑其已知坐标的可靠性，在平差时可不再约束。

如果没有超限，则二维约束平差至此结束，可以对平差报告中的"同步环解算结果和检核指标""异步环解算结果和检核指标""平差后基线检核结果""转换参数""当地坐标系统下的平差基线""当地坐标系统下平面坐标""最弱边和最弱点统计"等信息进行提取、统计和分析（注意，不是简单的复制、粘贴）。

此外，还可以通过点击"GNSS"菜单下的"报告"按钮，生成各种格式的报告，如"闭合环报告""重复基线报告""网平差报告"等，如图 2.32 所示。还可以输出科傻基线数据交换文件，以供科傻 GPS 软件读取。

2.6 思考题

（1）异步环超限可能是哪些原因导致的？请将原因尽可能多地列举出来。
（2）约束平差不合格该如何处理？

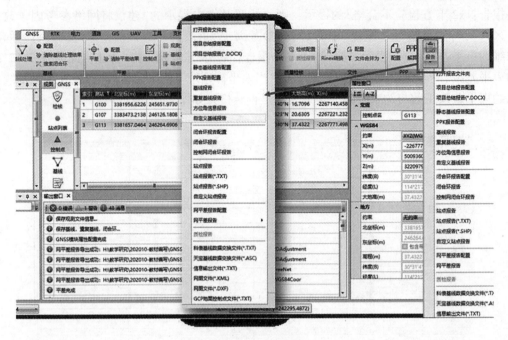

图 2.32 报告选项

2.7 推荐资源

(1) GNSS 日历工具(http：//www.gnsscalendar.com/)；

(2) 武汉大学 IGS 数据中心(http：//www.igs.gnsswhu.cn)。

2.8 参考文献与资料

(1) 董大南，陈俊平，王解先. GNSS 高精度定位原理[M]. 北京：科学出版社，2018.

(2) 李征航，黄劲松. GPS 测量与数据处理[M]. 第三版. 武汉：武汉大学出版社，2016.

(3) 黄劲松，李英冰. GPS 测量与数据处理实习教程[M]. 武汉：武汉大学出版社，2010.

(4) 华测 GNSS 软硬件参考资料(http：//www.huace.cn)。

(章迪)

第3章 数字水准仪二等水准测量实验

3.1 实验目的

掌握使用数字水准仪进行二等水准测量的方法和流程。

3.2 实验原理

如图3.1所示,若已知A点的高程H_A,求未知点B的高程H_B。首先测出A点与B点之间的高差h_{AB},则B的高程为:

$$H_B = H_A + h_{AB} \tag{3.1}$$

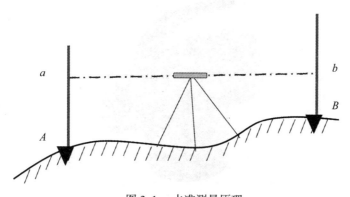

图3.1 水准测量原理

测出高差h_{AB}的原理如下:在A,B两点各竖立一根水准尺,并在A、B两点间安置一架水准仪,根据水准仪提供的水平视线在水准尺上读数。设水准测量的前进方向是由A点向B点,则规定A点为后视点,其水准尺读数为a,称为后视读数;B点为前视点,其水准尺读数为b,称为前视读数。则A、B两点的高差为:

$$h_{AB} = a - b \tag{3.2}$$

于是B的高程H_B可按下式计算:

$$H_B = H_A + (a - b) \tag{3.3}$$

数字水准仪将用人眼观测读数转化为由光电设备自动探测水平视轴的水准尺读数,从而实现水准观测的自动化。数字水准仪在望远镜光路中增加了分光镜和光电探测器

(CCD),采用条码水准尺和图像处理系统构成了光机电测量一体化结构,水准尺的分划采用条纹编码。线阵光电探测器将水准尺上的条码图像用电信号传送给信息处理机,经过处理后即可求得水平视线的水准尺读数和视距差。

3.3 实验工具

3.3.1 水准仪

二等水准测量通常采用水准仪和水准尺,有光学和数字两种形式。

光学水准仪由望远镜、水准器和基座三个主要部分组成,配套使用专用精密水准尺,采用人工读数,内置有光学测微器,可直接读取水准尺一个分划格的百分之一单位,从而保证读数精度高。

相较于光学水准仪,数字水准仪具有操作简单、读记快捷的特点,能够降低作业的劳动强度,实现水准测量内外业一体化。常见的数字水准仪有天宝 DINI03、徕卡 DNA03、科力达 KL07 等。

本实验示例使用的是科力达 KL07 型数字水准仪,其外观如图 3.2 所示。

图 3.2 科力达 KL07 数字水准仪外观

其主要技术指标如表 3.1 所示。

表 3.1 科力达 **KL07 技术指标**

指标含义		指标值
高程测量精度(每千米往返测标准差)	电子读数	0.7mm
	光学读数	2.0mm
距离测量精度	电子读数	$D \leqslant 10\text{m}$:10mm;$D > 10\text{m}$:$D \times 0.001$

续表

指标含义		指标值
测程	电子读数	1.8~105m
最小显示	高差	0.1mm/0.01mm
	距离	0.1/1cm
测量时间		一般<3s
望远镜	放大倍率	32×
	分辨率	3″
	视场角	1°20′
	视距乘常数	100
	视距加常数	0
补偿器	类型	磁阻尼摆式补偿器
	补偿范围	>±12′
	补偿精度	0.30″/1′
工作温度		−20℃~50℃
圆水准器灵敏度		8′/2mm
水平度盘	刻度值	1°/1gon°

科力达 KL07 数字水准仪各部件名称如图 3.3 所示。

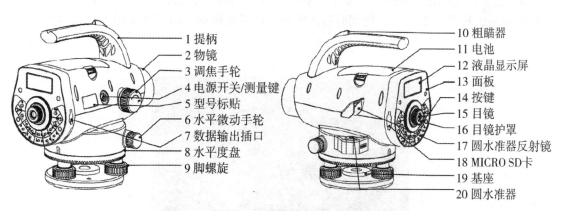

图 3.3 科力达 KL07 数字水准仪各部件名称

3.3.2 水准尺和尺垫

二等水准测量采用尺长稳定的因瓦水准尺,因瓦合金带以一定的张力引张在木制尺身的沟槽中,其长度不受到木制尺身伸缩变形的影响,如图 3.4 所示。

数字水准仪必须使用厂家配套的条码尺,因为每种型号的数字水准仪仅存储了与其对应的条码尺的特征值作为参考信号,仅能识别与其配套的条码尺。

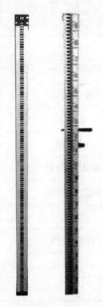

图 3.4　KL07 配套 2m 因瓦条码水准尺(左)及玻璃钢条码尺(右)

作为转点用的尺垫(或称尺台)系用生铁铸成,一般为三角形,中央有一个突出的圆顶(如图 3.5 所示),以便放置水准尺,下面有三个尖脚可以插入土中。尺垫应重而坚固,方能稳定。在土质松软地区、尺垫不易放稳,可使用尺桩(或称尺钉)作为转点。尺桩长约为 30cm,粗约为 2~3cm,使用时打入土中,比尺垫稳固,但每次需用力打入,用后又需拔出。

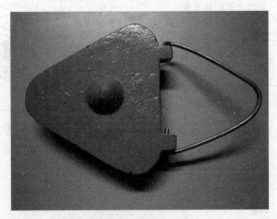

图 3.5　尺垫(俯视图)

3.4 技术规范

(1) 国家测绘局标准化研究所，国家测绘局第一大地测量队，等.GB/T 12897—2006 国家一、二等水准测量规范[S].北京：中国标准出版社，2006.

(2) 北京市测绘设计研究院.CJJ/T 8—2011，城市测量规范[S].北京：中国建筑工业出版社，2011.

3.5 实验步骤

实验总体步骤如图3.6所示。

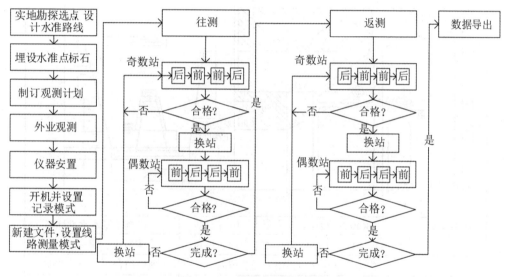

图 3.6 二等水准测量流程图

1) 第一步：选点

在二等水准网布设前，需要进行实地勘探，收集水准测量、地质、水文、气象和道路资料。根据大地构造、工程地质、水文地质等条件，兼顾各行业需求，优选最佳路线构成均匀图形。选定水准路线过程中应充分考虑以下要求：

(1) 应当尽量沿坡度较小的公路、大路进行；

(2) 应避开土质松软的地段和磁场强烈地段；

(3) 应避开高速公路；

(4) 应尽量避免通过行人车辆频繁的街道、大的河流、湖泊、沼泽与峡谷等障碍物。

选定水准线路后需要进一步确定各水准点点位，水准点应当选择地基稳定、利于标石长期保存和高程联测、便于卫星定位技术观测的地点，应当避免选择以下地点：

(1) 易受水淹或地下水位较高的地点；

(2) 易发生土崩、滑坡、沉陷、隆起等地面局部变形的地点；
(3) 路堤、河堤、冲积层河岸及地下水位变化较大(如油井、机井附近)的地点；
(4) 不坚固或准备拆修的建筑物上；
(5) 短期内将因修建而有可能毁掉标石或不便观测的地点；
(6) 距铁路50m、距公路30m以内或其他受剧烈震动的地点；
(7) 道路上填方的地段。

每一个水准点位选定后，应建立一个注有点号、标石类型的点位标记，按照如图3.7所示填写水准点之记，并绘制节点接测图。

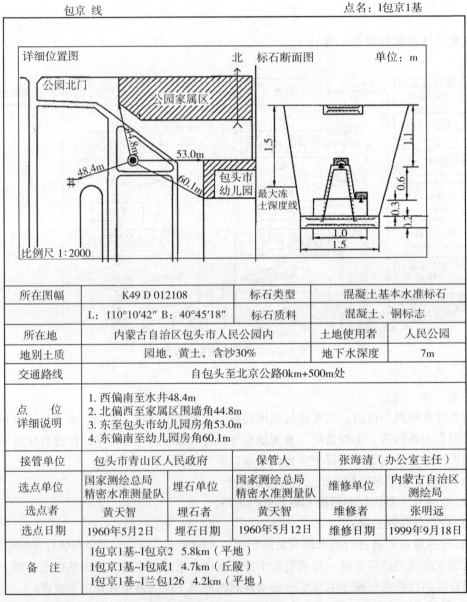

图3.7 水准点之记

2)第二步：埋石

除基岩水准点的标石应按照地质条件做专门设计外，其他水准点的标石类型应该根据冻土深度及土质按照下列原则选定：

(1)有岩层露头或在地面下不深于1.5m的地点，优先选择埋设基岩水准标石；

(2)沙漠地区或冻土深度小于0.8m的地区，埋设混凝土柱水准标石；

(3)有坚固建筑物(房屋、纪念碑、塔、桥基等)和坚固石崖处，可埋设墙脚水准标志；

(4)水网地区或经济发达地区的普通水准点，埋设道路水准标石。标石埋设的具体操作要求和规范请详见国家一、二等水准测量规范的规定。

二等水准点埋石过程中，应拍摄反映标石坑挖设、标石安置、标石整饰等主要过程情况及标石埋设位置远景的照片。观测应在埋设的标石稳定后进行，对于二等水准观测，在高程控制点标石埋设后，应至少经过一个雨季，冻土深度大于0.8m的地区还应经过一个解冻期，基岩水准标石应至少经过一个月。

3)第三步：制订观测计划

(1)人员安排：人员5名，其中一人观测，一人打伞，两人立尺，一人量距。

(2)设备安排：科力达KL07数字水准仪一台，脚架一个，仪器配套因瓦条码水准尺一对，尺垫一对，竹竿四根，测绳一条。

(3)观测的时间和气象条件：水准观测应在标尺分划线成像清晰稳定时进行，下列情况不应进行观测：

①日出后与日落前30min内；

②太阳中天前后各约2h内(可根据地区、季节和气象情况，适当减增，最短间歇时间不少于2h)；

③标尺分划线的影像跳动剧烈时；

④气温突变时；

⑤风力过大而使标尺与仪器不能稳定时。

(4)技术指标：水准环线由不同等级水准路线构成时，闭合差的限差应先按各等级路线长度分别计算，然后取其平方和的平方根为限差；检测已测测段高差之差的限差，可适用于单程及往返检测；检测测段长度小于1km时，应按1km计算。二等水准测量主要技术指标见表3.2。

表3.2　　　　　　　　　二等水准测量主要技术指标(mm)

每千米高差中数		测段、区段、路线的往返测高差不符值	附合路线或环线闭合差		检测已测测段高差之差
偶然中误差	全中误差		平原、丘陵	山区	
≤1	≤2	$\pm 4\sqrt{L_s}$	$\pm 4\sqrt{L}$		$\pm 6\sqrt{L_i}$

表中，L_s为测段、区段或路段长度(km)；L为附合路线或环线长度(km)；L_i为检测测段长度(km)。

测站视线长度(仪器至标尺距离)、前后视距差、视线高度、数字水准仪重复测量次数按表 3.3 执行。

表 3.3　　　　　　　　　　数字水准仪测站观测技术指标(m)

等级	视线长度	前后视距差	任意测站上前后视距差累计	视线高度	重复测量次数
二等	≥3 且≤50	≤1.5	≤6.0	≤2.8 且≥0.55	≥2 次

总体观测方式：二等水准测量采用单路线往返观测，同一区段的往返测，应使用同一类型的仪器和转点尺垫沿同一道路进行。在每一区段内，先连续进行所有测段的往测(或返测)，随后再连续进行该区段的返测(或往测)，若区段较长，也可将区段分为几个分段，再分段内连续进行所有测段的往返观测。同一测段的往测(或返测)与返测(或往测)应分别在上午和下午进行。在日间气温变化不大的阴天和观测条件较好时，若干里程的往返测可同在上午或下午进行。但二等水准测量中这种里程的总站数，不应超过该区段的总站数的 30%。

测站观测顺序和方法：采用数字水准仪时，不论往测或返测，均采用奇数站"后—前—前—后"、偶数站"前—后—后—前"的观测顺序。

4)第四步：外业观测

(1)仪器安置：

以水准点 A 作为后视，竖一根水准尺，然后根据现场实际情况(如坡度、能见度、地理环境等)和视距≤50m 的规范要求，确定本测站的视线长度。宜用测绳量取距离。量距员先从后视点 A 朝前进方向量取一定距离(如 20m)，到达第一测站点 $S1$ 处，示意观测员在此架设仪器。接下来，量距员继续前进相同距离(如 20m)，到达转点 $P1$ 处，示意竖尺员放置尺垫，竖立前尺。

三脚架安置应按以下步骤进行：

a. 伸缩三脚架架腿到合适的长度，并拧紧腿部中间的固定螺丝。

b. 在测站处张开三脚架，使腿的间距约一米或脚架张角能保证三脚架稳定，先固定一个脚，再动另外两个脚使水准仪大致水平，如有必要可再伸缩三脚架架腿的长度。

c. 将三脚架架腿踩入地面内使其固定在地面上。

①将仪器安装到三脚架头上。

从仪器箱内小心地取出仪器并安装到三脚架头上，再进行以下操作：

a. 将三脚架中心螺旋对准仪器底座上的中心，然后旋紧脚架上的中心螺旋直到将仪器固定在架头上。

b. 置平仪器，利用三个脚螺旋使圆水准器气泡居中，如图 3.8 所示。

②水准尺放置。

水准尺放置于尺垫或标石上，使用竹竿或水准尺脚架调平水准尺，只有在水准尺水准气泡位于中心时才能进行水准测量。

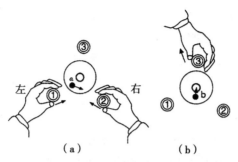

图 3.8 水准仪圆水准气泡调平

(2)开机并设置记录模式：

按下右侧开关键(POW/MEAS)开机上电。查看电池剩余电量，并根据电量显示选择是否更换电池，如图 3.9 所示。

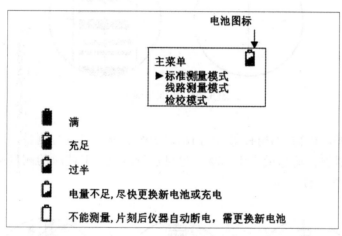

图 3.9 科力达 KL07 电量显示

为了将观测数据存入仪器内存或 SD 卡中，在实施线路水准测量之前，数据输出必须设置为内存或 SD 卡，默认的记录模式为"关"。操作过程：在显示菜单状态下按"SET"键，进入设置模式，按▲或▼键，选择设置记录模式(条件参数)并按"ENT"键进入；按▲或▼键，选择数据输出，再按"ENT"键进入。按▲或▼键选择 SD 卡或内存，按"ENT"键确认。当仪器的输出为内存时，右上角显示"F"；输出为 SD 卡时，右上角显示"S"；输出为 USB 时，右上角显示"U"；输出为 OFF 时，右上角无显示。

(3)创建文件夹：

为了便于查阅，可为自己的工程建立一个文件夹，操作过程：在主菜单点击▲或▼键直到显示数据管理，按"ENT"键，进入数据管理模式，按▲或▼键至显示生成文件夹，然后按"ENT"键，输入要构成的文件夹名称并按"ENT"键。

(4)设置线路测量模式:

首先,在主菜单点击▲或▼键直到显示线路测量模式,点击"ENT"键进入测量模式选择,选择开始线路测量并按"ENT"键,输入作业名如 J01,按"ENT"键确认,点击▲或▼键直到显示二等水准测量并按"ENT"键,按▲或▼键选择手动输入后视点或者调用已存入的基准点高程并按"ENT"键,选择性输入注记并按"ENT"键。输入后视点高程并按"ENT"键,进入线路测量流程。

(5)标尺的照准与调焦:

测量时应先采用仪器上部的粗瞄装置,大致对准标尺;然后调整目镜旋钮,使视场内十字丝最清晰,然后调整调焦旋钮使标尺条码为最清晰状态;并使十字丝的竖丝对准条码的中间,如图 3.10 所示。精密的调焦可缩短测量时间和提高测量精度,可进行多次重复测量($N \geq 2$),以此来提高测量结果的可靠性。

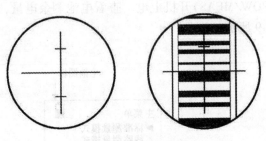

图 3.10 照准与调焦

只要标尺不被障碍物(如树枝等)遮挡超过 30%,就可以进行测量。即使十字丝中心被遮挡,若视场被遮挡的总量小于 30%,也可进行测量,但此时的测量精度可能会受到一定的影响,如图 3.11 所示。

图 3.11 标尺遮挡情况示例

(6)往测:

①奇数站:

采用"后前前后"的观测顺序。精确照准后视点标尺条码中央,精确调焦至条码尺影像清晰后,按"MEAS"测量后视点高度,若观测顺利则按"ENT"键,否则按"REP"键进行重复测量(下同)。然后,精确照准前视点标尺条码中央,精确调焦至条码尺影像清晰后,按"MEAS"测量前视点高度,若观测顺利则按"ENT"键。按提示重新照准前视点标尺条码中央,精确调焦至条码尺影像清晰后,按"MEAS"测量前视点高度,若观测顺利则按"ENT"键,重新照准后视点标尺条码中央,精确调焦至条码尺影像清晰后,按"MEAS"测量后视点高度,若观测顺利则按"ENT"键,查看本次测站成果,测站检测合格后,完成本站测量,进行换站操作,进入偶数站测量流程。

测站观测有错误时按"REP"重新采集前面进行的后视或前视观测数据。重新测量前存储的数据不会影响每个计算数据的结果。

后视1或前视1测量完毕,可从后视1重新开始测量,前视2或后视2测量完毕,可从前视2或后视1重新开始测量,测量方式如图3.12所示。

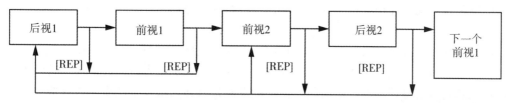

图3.12 奇数站重复测量方式

②换站:

换站时打伞员应与观测员一同搬站,换站时一手抓住仪器提把,一手抱住脚架,并保持脚架竖直。当前站的前视点处尺垫不能移动,否则需要重测,转为下一测站后,前一站的前尺变为当前站的后尺,前一站的后尺变为当前站的前尺。

③偶数站:

偶数站采用"前后后前"的观测顺序。奇数站换站后按"ENT"键选择继续线路测量;按照提示精确照准前视点标尺条码中央,精确调焦至条码尺影像清晰后,按"MEAS"测量后视点高度,若观测顺利则按"ENT"键,否则按"REP"键进行重复测量(下同)。然后,精确照准后视点标尺条码中央,精确调焦至条码尺影像清晰后,按"MEAS"测量后视点高度,若观测顺利则按"ENT"键。按提示重新照准后视点标尺条码中央,精确调焦至条码尺影像清晰后,按"MEAS"测量后视点高度,若观测顺利则按"ENT"键,重新照准前视点标尺条码中央,精确调焦至条码尺影像清晰后,按"MEAS"测量前视点高度,若观测顺利则按"ENT"键,完成本站测量。查看本次测站成果,测站检测合格后,若往测未结束,则进行换站操作,进入下一个偶数站测量流程。否则,按MENU结束线路测量,按▲或▼选择结束往测,输入点号并按"ENT"确认,输入注记并按"ENT"确认。

测站观测有错误时按"REP"重新采集前面进行的后视或前视观测数据。重新测量前存储的数据不会影响每个计算数据的结果,后视1或前视1测量完毕,可从后视1重新开始测量。前视2或后视2测量完毕,可从前视2或后视1重新开始测量。测量方式如图3.13所示。

(7)返测:

往测结束后按"ENT"键进入返测环节,具体流程方法与往测相同,需要注意的是:当

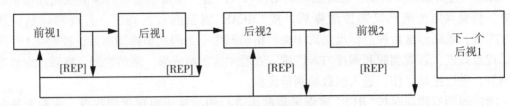

图 3.13 偶数站重复测量方式

往测转返测时,两水准尺应交换位置,并重新整置仪器,当回到出发点时,按"MENU"键结束线路测量。按"ENT"键确认结束线路测量,按▲或▼选择结束返测,输入点号并按"ENT"键确认;输入注记并按"ENT"键确认,按"ENT"键退出往返测。

(8)中止测量与继续测量:

由于工作要求和特殊情况等原因,难以一次性完成所有测量,测量工作难免会在某一点上暂停,这就需要进行中止测量和继续测量功能。中止测量点称为间歇点,观测人员应当根据观测路线安排好观测间歇时间点,使间歇时最好在水准点上结束,否则应在最后一站选择两个坚固可靠、光滑突出、便于放置标尺的固定点作为间歇点。如无固定点可选择,则间歇前应对最后两测站的转点尺桩做妥善安置,以此作为间歇点。间歇后应对间歇点进行检测,比较任意两尺垫点间歇前后所测高差,使用数字水准仪时若高差之差小于0.4mm,则符合限差要求,即可由此起测,若超出限差,可变动仪器高度再检测一次,若仍超限,则应从前一水准点起测。

①过渡点上中止线路测量。

在上一站测量完毕、下站测量之前,在"Bk1"提示时,按 MENU 键;按▲或▼键,选择"结束线路测量",选择过渡点闭合,再按"ENT"键,输入过渡点号,输入注记 1 和注记 2,按"ENT"键确认,再按"ENT"键,退出线路测量的菜单。

②水准点上中止线路测量。

在上一站测量完毕、下站测量之前,在"Bk1"提示时,按 MENU 键;按▲或▼键,选择"结束线路测量",选择水准点闭合,按"ENT"键,输入水准点号,按"ENT"键确认,输入注记 1 和注记 2,按"ENT"键确认,按"ENT"键,退出线路测量的菜单。

③继续线路测量。

该模式用来继续线路测量作业。在主菜单屏幕按"ENT"键,再按▲或▼键,选择"继续线路测量",按▲或▼键,选择需要继续的作业,瞄准后视点并按 MENU 键进行重测。

5)第五步:数据导出

首先按"MENU"键,再按▲或▼键,直到显示"数据管理";按"ENT"并在菜单模式下按▲或▼键至显示"文件输出"屏幕,然后再按"ENT"键;按▲或▼键选择采集数据时设置的存放位置,"内存"或"SD 卡",然后按"ENT"键,按▲或▼键选择线路测量模式,按"ENT"键;按▲或▼选择需要导出的作业文件之后再按"ENT"键,再按"ENT"键确认文件数据发送,当输出完成,返回到"文件输出"屏幕。

3.6　思考题

(1) 为什么水准点间观测站总数要保证为偶数？
(2) 为什么要采用"后前前后、前后后前"交替的观测顺序？

3.7　推荐资源

武汉大学"大地测量学基础"精品资源共享课(http：//www.icourses.cn/sCourse/course_3251.html)。

3.8　参考文献

(1) 孔祥元，郭际明，刘宗泉. 大地测量学基础[M]. 武汉：武汉大学出版社，2010.
(2) 郭际明，王建国. Foundation of Geodesy[M]. 北京：测绘出版社，2011.
(3) 郭际明，丁士俊，苏新洲，等. 大地测量学基础实践教程[M]. 武汉：武汉大学出版社，2009.

（章迪）

第4章 陀螺方位测量实验

4.1 实验目的

(1)掌握陀螺全站仪寻北的方法。
(2)掌握陀螺全站仪地下导线定向测量的方法。

4.2 实验原理

4.2.1 陀螺全站仪的原理

陀螺全站仪由陀螺仪和全站仪组合而成，陀螺仪可以在任意位置精确地指示真北方向，类似一个寻北精度10秒的指南针。全站仪以陀螺仪指出来的真北方向作为测角起始方向，测量出的角度即为陀螺方位角。再根据陀螺方位角和坐标方位角之间的换算关系，就可以用陀螺全站仪测量计算测边的坐标方位角。

陀螺仪的工作原理是用悬挂带悬吊重心下移的陀螺灵敏部，对地球自转角速度的水平分量产生感应，在重力作用下，产生一个真北方向的进动力矩，使陀螺敏感部主轴(即 H 向量)围绕子午面往复摆动。类似一个围绕真北方向左右摆动的单摆，这个单摆的摆动中心方向就是真北方向。通过光电传感器将陀螺灵敏部往复摆动的光信号转换为电信号，传送给控制系统。控制系统自动跟踪陀螺灵敏部的方位摆动，并对灵敏部进行加矩控制，根据陀螺灵敏部摆动的摆幅和周期等信息，利用积分法解算出陀螺北方向。

陀螺仪通过蓝牙与全站仪连接，将陀螺仪测量得出的真北方向传输至全站仪，全站仪以陀螺仪找出的北方向水平角置零，之后全站仪再通过测量得到的水平角读数即为陀螺方位角。

4.2.2 从陀螺方位角到坐标方位角

陀螺全站仪测量的方位角称为陀螺方位角，工程测量中常用的方向一般是用坐标方位角来表示的，从陀螺方位角到坐标方位角要经过两个步骤的换算。

首先，陀螺北方向和真北方向理论上应该是同一方向，但是由于仪器制造的原因，陀螺北方向和真北方向存在一个固定的常数差值，我们称之为仪器常数，这就使得以真北方向为起始方向的真北方位角和以陀螺北方向为起始方向的陀螺方位角之间也存在差值，即真北方位角＝陀螺方位角＋仪器常数。真北方向、陀螺北方向和坐标北方向的关系如图4.1所示。

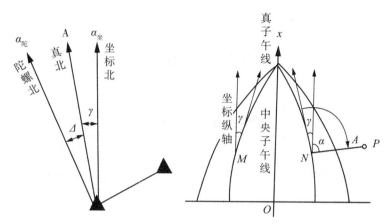

图 4.1 真北方向、陀螺北方向和坐标北方向的关系

其次，由于高斯投影的原因，真北方向和坐标北方向之间也存在一个差值，称为子午线收敛角。这就使得坐标方位角＝真北方位角＋子午线收敛角。

一般情况下，在一定时间内，仪器常数 Δ 是固定不变的，但是由于仪器在搬运和使用过程中受到扰动，仪器常数可能发生变化，因此每次陀螺定向都需要在已知坐标的导线边上，对仪器常数进行测定。在同一天的测量中，一般认为仪器常数大小不变。

子午线方位角的大小会随着测点所在经纬度的不同而不同，如果地上测点和地下测点的位置平面距离较远，就要考虑地上地下的子午线收敛角大小不同，即子午线收敛角差值改正，子午线收敛角差值改正数可以用以下公式计算：

$$\delta_\gamma = \mu(Y_0 - Y) \tag{4.1}$$

式中，δ_γ 的单位为秒，$\mu = 32.23\tan\varphi$（当地面已知边和待定边的距离不超过 5~10km，纬度小于 60° 时采用）；φ 为当地纬度，Y_0，Y 分别为地面已知边和待定边端点的横坐标(km)。

4.2.3 用陀螺全站仪测定地下方位角的过程

首先要通过在地面已知边上测量陀螺方位角 $\alpha_{T上}$，然后用地面已知边的坐标方位角 $\alpha_{上}$ 减去地面已知边的陀螺方位角 $\alpha_{T上}$，得到一个差值。这个差值包含了陀螺仪的仪器常数和地面已知边的子午线收敛角。

在地下未知边上，用陀螺全站仪测量得到地下未知边的陀螺方位角，加上地面已知边上测得的差值，再加上子午线收敛角的差值改正数 δ_γ，即可得到地下未知边的坐标方位角。即地下边坐标方位角 $\alpha_{下}$ 的计算公式为

$$\alpha_{下} = \alpha_{T下} + (\alpha_{上} - \alpha_{T上}) + \delta_\gamma \tag{4.2}$$

式中，$\alpha_{上}$ 为地面已知边坐标方位角，通过已知坐标反算得到，$\alpha_{T上}$ 为地面已知边实测陀

螺方位角；$\alpha_{T下}$ 为地下未知边实测陀螺方位角；δ_γ 为地面已知边和待定边子午线收敛角差值改正数。

4.3 实验工具

陀螺全站仪 NTS-342G10 一套，脚架一个，棱镜一组。陀螺全站仪主要技术指标详见表 4.1。

表 4.1　　　　　　　　　　陀螺全站仪主要技术指标表

寻北精度	≤10″(1σ)
寻北时间	≤10min
工作方式	全自动
工作电源	24V DC
重量	小于 15kg
工作纬度	75°S~75°N
工作温度	−20~+50 ℃
储存温度	−40~+60 ℃
架设初始偏北角度	≤15°
连接方式	分体式

4.4 技术规范

（1）中华人民共和国住房和城乡建设部. GB/T 50308—2017, 城市轨道交通工程测量规范[S]. 北京：中国建筑工业出版社，2017.

（2）中华人民共和国住房和城乡建设部. GB 50018—2021, 工程测量标准[S]. 北京：中国建筑出版传媒有限公司，2021.

4.5 实验步骤

4.5.1 陀螺单次寻北的步骤

陀螺寻北，是陀螺全站仪定向的基础，用陀螺仪定出真北方向的流程如图 4.2 所示。

1）第一步：架设仪器

在测站架设三脚架，打开三脚架的固定螺旋和上方锁紧装置，将三脚架三个架腿等高

第 4 章 陀螺方位测量实验

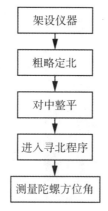

图 4.2 陀螺仪寻北流程

拉伸，张开脚架，让测点位置大致处于脚架圆环中心位置，并保持圆环大致水平，如图 4.3 所示。

图 4.3 架设脚架，调整脚架水平

垂直取出陀螺仪(切勿大角度倾斜或倒置)，然后将其平稳置于陀螺仪三脚架上，取下陀螺仪保护盖。

将全站仪从箱内取出，松开基座锁定螺旋，取下全站仪基座。将全站仪底部定位板对准陀螺仪对接定位槽，将全站仪轻放于陀螺仪上，锁紧对接锁定螺旋(锁定螺旋拧不动时，切勿用力，应先调整全站仪和陀螺仪的对接角度一致，然后再锁紧)。实现全站仪与陀螺仪主机的对接锁紧，如图 4.4 所示。

2)第二步：粗略对北

陀螺仪的初始方向需要大致对准北方向后，陀螺仪才能正常工作。如果陀螺仪的初始方向偏离真北方向过大(左右超过 5°范围)，陀螺仪的寻北可能误差较大，甚至会出现寻

图 4.4 取出陀螺仪，连接全站仪

北失败。

指导陀螺仪粗略定北可以使用箱内的磁罗盘，确定当地的磁北方向，也可以用手机里自带的指南针来粗略定北。在圆盘脚架上轻轻旋转陀螺仪，让陀螺仪上面的红色箭头朝向粗略北方向，如图 4.5 所示。

图 4.5 让陀螺仪的红色箭头粗略指北

3) 第三步：对中整平

连接电池盒。取出陀螺仪电池，放置在三脚架的固定位置上。然后将电源电缆线两端分别与陀螺仪和电池盒连接。

(1) 陀螺仪主机调平。将全站仪上的水泡置于任意两个脚螺旋的连线方向，反方向等量旋动脚螺旋将水泡调平，转动全站仪 90°，利用第三个脚螺旋将水泡调平。将全站仪转回 90°，水泡居中或左右偏差小于 1/2 格，则调平完成，否则重复上面的过程。

(2) 对心操作。将陀螺仪垂球附件旋入陀螺仪底部位置，移动三脚架，使垂球顶点位于测点标志中心附近(仪器自身所在的点位),利用三脚架上的对心手轮精确对心,然后再次按"调平陀螺仪主机"。

(3)陀螺仪也可使用激光对点附件进行对心操作。从产品包装箱内取出激光对点附件,将附件旋入陀螺仪底部位置,如图4.6所示,使激光对点器附件电源接口方向朝向陀螺仪粗北方向的反方向。连接附件电池盒并打开电源后,对点器附件向下投射激光点,移动三脚架,使激光点位于测点标志中心附近(仪器自身所在的点位),利用三脚架上的对心手轮精确对心,然后再次按"调平陀螺仪主机",直至实现严格的对中整平。

图 4.6　连接激光对中器

4)第四步:进入寻北程序

仪器架设结束后,先打开电池盒开关,再打开全站仪电源,进入菜单后选择"建站"选项,选中右侧选项5"陀螺仪寻北",如图4.7所示,全站仪与陀螺仪建立通信连接完成后(蓝牙连接容易受手机蓝牙干扰,连接时应远离手机蓝牙和其他蓝牙设备,若蓝牙连接失败可再次选择"陀螺仪寻北"进行通信连接),陀螺仪将会进行自检,自检完成后,屏幕上会显示历史纬度。

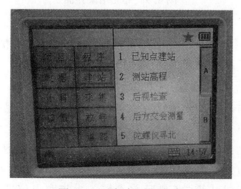

图 4.7　陀螺仪寻北程序

当前纬度右侧的"修改"图标可以修改当前纬度。修改后选中确认图标，保存修改。单击屏幕下方的"寻北"图标，陀螺仪开始进行寻北测量。

进入测量程序后，显示如图4.8所示界面。

图4.8　陀螺定向寻北界面

测量过程中，屏幕工作状态为"寻北中"，并进行计时，整个寻北过程时间约为10分钟。寻北测量结束时，伴随有蜂鸣器的响声提示用户，同时显示屏出现如图4.9所示信息，表示寻北结束。

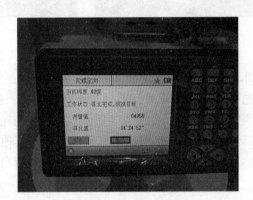

图4.9　寻北结束界面

此时点击"完成"，用全站仪的照准部对准待测目标点进行精确对准后，选中"确认"图表，陀螺仪显示屏上显示的寻北值角度，即为陀螺方位角。

5）第五步：撤收仪器

当陀螺仪寻北结束后，关闭陀螺仪电池盒开关，按全站仪电源键使全站仪关机，松开陀螺仪上的对接锁紧旋钮，取下全站仪，将全站仪定位板对准全站仪基座定位槽后，将全站仪放置于全站仪基座上，锁紧基座锁紧旋钮，将全站仪平稳放回包装箱原位（全站仪水平锁紧手轮、俯仰手轮应处于松开状态）。松开陀螺仪三脚架对心手轮后，从三脚架上平稳地取下陀螺仪，再放回包装箱中（搬运方式与4.2节取出仪器相同），然后将取出的有关附件放回包装箱原处，再锁紧包装箱，最后撤收三脚架。

4.5.2 陀螺全站仪地下导线边定向过程

地下导线边的定向过程应按照"地面已知边—地下定向边—地面已知边"的测量顺序，如图4.10所示地面已知、地下定向边的陀螺方位角测量每次应测三测回，测回间陀螺方位角较差应小于20秒。地面已知边两次陀螺定向的平均值较差应小于15秒。

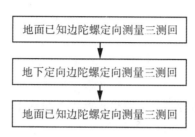

图 4.10 地下导线边测量过程

将地面已知边上两次测得的陀螺方位角求平均，得到地面边的陀螺方位角 $\alpha_{T上}$，通过坐标反算得出地面已知边的坐标方位角 $\alpha_{上}$，计算地面已知边坐标方位角与陀螺方位角的差值 $\Delta = \alpha_{上} - \alpha_{T上}$。这个差值 Δ 包含了仪器常数和地面边的子午线收敛角。

再对地下定向边多个测回的陀螺方位角求平均，得到地下定向边的陀螺方位角 $\alpha_{T下}$，计算出地下定向边的坐标方位角 $\alpha_{下} = \alpha_{T下} + \Delta + \delta_\gamma$，$\delta_\gamma$ 是地面边子午线收敛角和地下边子午线收敛角之差。

4.6 注意事项

陀螺仪是特殊的精密基准测量设备，虽然该仪器具有较高的自动化性能，但对操作者仍有严格的要求，操作者在使用仪器前必须仔细阅读说明书，并且经过一定培训，在初步了解仪器工作特点后方能使用。

使用或检查仪器时必须牢记以下注意事项：

(1) 在仪器进入寻北测量前，必须先调平陀螺仪主机，否则可能对设备造成严重损坏；如由于人为原因忘记调平陀螺仪主机且已经进入测量程序，此时应该立即按下"停止"键，使设备进入保护程序，减少对设备的损坏程度。

(2) 如遇突然断电情况，不要立即搬运设备，应该重新上电，使仪器自动运行复位程序，等待10min后才可以对设备进行正常操作。

(3) 在仪器进入寻北测量过程中，切记不可碰触或操作仪器及三脚架，也不可在仪器附近做可能产生振动影响的动作。

(4) 仪器架设的地点应选择基础稳定的地方，避免车辆和人等振动因素影响其工作。

(5) 在搬运仪器时，要小心轻放，严禁大角度倾斜或倒置。

(6) 仪器架设时要注意三脚架大致调平，且三个支腿锁紧可靠，仪器的锁紧螺钉尽量松开(便于仪器放置)。

（7）在进行电缆插拔时，必须捏住电缆插头插拔，切不可拉扯电缆。

（8）陀螺仪两次测量时间间隔不少于 10min。

（9）在仪器进入寻北测量过程中，用户可以按仪器显示屏上的"停止"键，仪器自动进入紧急退出程序，仪器退出成功后，用户可以断电 5min 后重新进行寻北测量。

（10）仪器使用时应尽量避免太阳光长期直射；雨、雪天气使用时，应采取防护措施，避免雨、雪直接落到仪器表面。

（11）如果仪器使用环境温度与仪器存放温度相差大于 15℃，应将仪器提前放置在工作环境温度下稳定 2~4h。

（12）若仪器在寻北过程中受到干扰，为保证寻北精度，寻北测量时间将自动延长，但一次寻北测量时间最长不大于 15min。若仪器寻北测量超过 15min 仍未完成测量、提示照准目标，切勿直接断电搬动设备。应将设备断电并再次上电，等待约 10min 后，方可再次尝试寻北测量或断电搬运设备。

4.7 思考题

（1）陀螺全站仪在使用过程中，有哪些需要注意的事项？

（2）如果陀螺全站仪在寻北过程中出现故障提示，是否可以直接断电，如果不是，应该如何操作？

（3）如果在寻北过程中陀螺全站仪电池没电了，是否可以直接拆卸仪器然后装箱，如果不是，应该如何操作？

4.8 参考文献与资料

（1）张正禄，等．工程测量学［M］．武汉：武汉大学出版社，2005．

（2）NTS-342G10 陀螺全站仪使用说明书．

（罗喻真）

第5章　重力控制测量实验

5.1　实验内容

在一定区域内进行重力测量，建立重力控制网(点)，通过已知点来联测待测点的重力值。

5.2　实验目的

(1)要求学生掌握重力测量的基本原理，熟悉重力仪并掌握重力测量的基本方法，学会重力数据的处理。

(2)培养学生实事求是、严肃认真的科学态度和勇于探索、不畏艰苦的工作作风。

(3)培养学生的实践动手能力、分析和解决野外实际问题的能力，并在综合分析问题方面得到初步训练。

(4)理论联系实际，巩固理论知识点，训练和培养学生独立思考能力、文字表达能力和口头表达能力。

5.3　实验工具

重力控制测量采用高精度重力仪完成，其中包含绝对重力仪和相对重力仪两种。

绝对重力仪可直接获得重力加速度绝对值。其标称精度一般优于±20μGal。目前应用比较广泛的绝对重力仪有 FG5 和 A10 等，其仪器分别如图 5.1 和图 5.2 所示。

相对重力仪测量获得重力加速度的相对值(重力差值)，分为金属弹簧相对重力仪和石英弹簧相对重力仪等。控制测量要求采用标称精度为±20μGal 的相对重力仪，多台仪器一致性中误差应小于 2 倍联测中误差限差。目前应用比较广泛的相对重力仪有 LaCoste&Romberg、Burris、CG-6 等，其仪器系统分别如图 5.3、图 5.4 和图 5.5 所示。

图 5.1　FG5-X 绝对重力仪

图 5.2 A10 绝对重力仪

图 5.3 LaCoste&Romberg G 型金属弹簧相对重力仪

图 5.4 Burris 金属弹簧相对重力仪

图 5.5 CG-6 石英弹簧相对重力仪

5.4 实验原理

5.4.1 控制测量

重力控制测量包括重力基准点、基本点、一等点及相应等级引点重力值的测定。在一定区域内进行重力控制测量，可建立重力控制网(点)。重力控制网由重力基本网和重力一等网组成。

重力基本网由基准点和基本点组成。基准点作为重力控制网基准起算点，用高精度绝对重力仪测定其重力值。以基准点的值为起算值，通过相对重力联测和整体平差确定的重力控制点叫作基本点。重力一等网由一等点组成。以重力基准点和基本点的重力值作为起算值，通过相对重力联测和整体平差可确定一等点，其精度低于基本点。根据需要，可在基本点、一等点附近设立引点。

根据《国家重力控制测量规范》（GB/T 20256—2019），基准点绝对重力值的测定中误差不应超过±5μGal。各等级重力控制点相对重力测量的段差联测中误差要求如表 5.1 所示。

表 5.1　　　　　　　　　各级控制点的精度要求

等级	基本点(含引点)	一等点(含引点)
中误差	±10μGal	±25μGal

基本网平差后的重力点重力值的平均中误差不应超过±10μGal，一等点重力值的平均中误差不应超过±25μGal。

5.4.2　仪器原理

绝对重力测量是以测量下落物体的距离和时间这两个基本量作为基础的。通常用来进行绝对重力测量的方法有两种，一种是根据"摆"的自由摆动测定绝对重力；另一种是根据物体的自由下落运动测定约定重力。因为这两种方法的原理都是观测物体的运动状态以测定重力值，所以这两种方法统称为测定重力的动力法。

本实验使用的经典绝对重力仪所采用的主要技术是：用铷（或铯）原子频标作为测量时间的标准，用高稳定度的激光作为测量长度的标准，用高分辨率的时间间隔测量仪测量微小时间段，用长周期弹簧悬挂参考棱镜来隔离地面震动，采用落体在高真空中多次下落测量多点位法得到精确的重力值。整个测量过程由计算机程序控制。

绝对重力仪的测长系统由迈克尔逊干涉仪和氦氖激光器组成。干涉仪的两个棱镜一个装在落体内、另一个作为参照点固定在干涉仪上。落体的下落运动会造成两棱镜之间的光程变化，每移动半波长距离，干涉条纹将出现一个明暗交替变化，由此记录干涉条纹数便可以实现精确的长度测量。在测量时先预设固定的条纹数，当记录干涉条纹数的计数器值达到预设的条纹数时，用高分辨率的时间间隔测量仪测量出所对应的微小时间段。这样就得到多组时间和距离的参数，最后通过最小二乘法拟合得到所需要的重力值。

本实验使用的相对重力仪的测量原理与后文重力加密测量实验中的相同。

5.5　技术规范

（1）国家测绘地理信息局测绘标准化研究所. GB/T 20256—2019 国家重力控制测量规范[S]. 北京：中国国家标准化管理委员会，2019.

5.6 实验步骤

5.6.1 仪器准备及性能测试

为确保重力仪的最佳工作状态，在作业前及作业中，每月需要对仪器进行检验与调整。

绝对重力仪的检验与调整包括：检查和调整激光稳频器、激光干涉仪和时间测量系统，调整测量光路的垂直性，调整超长弹簧的参数，确认绝对重力仪处于正常运行状态等。

相对重力仪的检验与调整内容包括：光学位移灵敏度的测定与调整，正确读数线的检验与调整，横水准器的检验与调整，光学位移线性度的检验等。

相对重力仪的性能测试主要包括静态测试、动态测试和多台仪器一致性的测试。当以上三条均满足要求时，方可投入使用。

静态测试应选在无电、磁及震动干扰，地基稳定，温度变化小的室内进行。本实验中，静态测试可在位于武汉大学的国家重力基准点进行。

在整个测试过程中，仪器应处于读数状态。对于 L&R 相对重力仪，待仪器稳定后每隔 30min 进行一次读数，连续观测时间需长于 16h。由于 Burris 相对重力仪实现了电子化观测和记录，可设置每隔 1min 进行一次读数。经固体潮改正后，绘制静态零漂曲线，检查零漂线性度。

动态试验应在段差不小于 50mGal、点数不少于 10 个的场地进行往返对称观测，且不少于三个往返。本实验中，测试可在位于庐山的国家重力仪标定基线场完成。经固体潮改正及零漂改正，计算出各台仪器的段差观测值，按下式计算各台仪器的动态观测精度：

$$m_{dy} = \pm \sqrt{\frac{[vv]}{l-n}} \tag{5.1}$$

式中，m_{dy} 为一台仪器的动态观测精度，单位为 μGal；v 为重力段差与该仪器的段差平均值之差，单位为 μGal；l 为该仪器全部测段的段差观测值的个数；n 为试验场地测段的个数。对于同一台仪器，动态观测精度小于相对重力仪标称精度的 2 倍，可认为该仪器的零漂是线性的。

多台仪器的一致性试验可与动态试验一并进行。仪器间一致性中误差按下式计算：

$$m_c = \pm \sqrt{\frac{[vv]}{m-n}} \tag{5.2}$$

式中，m_c 为仪器的一致性中误差，单位为 μGal；v 为同一测段上各台重力段差观测值与平均值之差，单位为 μGal；m 为全部仪器所有测段的段差观测值的个数；n 为试验场地测段的个数。一致性中误差应小于相应等级相对重力测量段差联测中误差限差的 2 倍。

5.6.2 测站观测

测站观测采用环线测量方案。本实验以武汉大学信息学部所在范围为例，具体点位分布示例见图5.6。要求自行规划测量路径，每条边至少测一个结果。限差要求：同一站点读数互差<5μGal；段差互差超过100μGal时，剔除异常值。

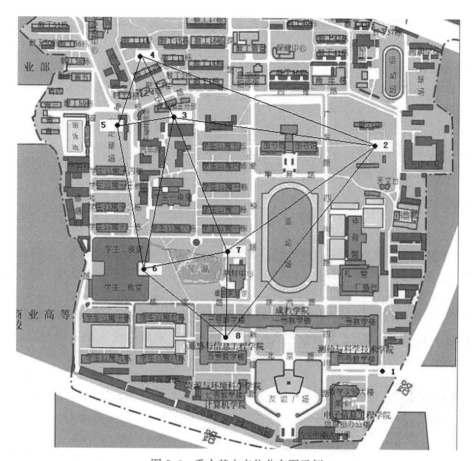

图5.6 重力基本点位分布图示例

图5.6中，1号点位于4号教学楼东南角，马路拐弯处外侧；2号点位于天文台某铜像后，水泥板上；3号点位于保卫处前花园中心，小路旁；4号点位于教工11栋南边，花坛北面；5号点位于游泳池东边，路边亭子内；6号点位于学生二食堂东侧，天桥下，门前；7号点位于重点实验室至星湖小路上，台阶处；8号点位于3号教学楼与5号教学楼间，花园中心凉亭内。该实验中，2号点绝对重力值已知。

相对重力仪单点观测步骤及观测记录格式同重力加密测量实验。

参照《国家重力控制测量规范》(GB/T 20256—2019)对于绝对重力测量，每个基准点应采用两台绝对重力仪各进行一次绝对重力测量，两次测量时间间隔宜在一年以内，两次测量成果的互差不宜超过$20\times10^{-8}\mathrm{m/s^2}$。基准点的绝对重力测量应满足下列要求：

(1) 采用标称精度优于$\pm2\times10^{-8}\mathrm{m/s^2}$的绝对重力仪，每个测点不应少于48组合格数据；采用标称精度优于$\pm10\times10^{-8}\mathrm{m/s^2}$的绝对重力仪，每个测点不应少于96组合格数据。

(2) 每组的下落次数不少于100次，合格下落次数不少于80次，每组观测的开始时间设置在整点或整 30 分时刻,相邻组之间相隔 0.5h。

(3) 无效组数超过 8 组或仪器停止工作 4h 以上,以前观测无效,重新开始观测。

(4) 由每次下落采集的距离和时间对组成观测方程,解算出落体下落初始位置高度处的观测重力值 g_r,进行固体潮改正、气压改正、极移改正和光速有限改正。在沿海地区,应计算海潮负荷潮改正。

(5) 将落体下落初始位置高度处的观测结果进行观测高度改正,采用标称精度优于 $\pm 2\times 10^{-8} \mathrm{m/s^2}$ 的绝对重力仪,归算至离墩面 1.3 m 高度处;采用标称精度优于 $\pm 10\times 10^{-8} \mathrm{m/s^2}$ 的绝对重力仪,归算至离墩面 0.8 m 高度处。

(6) 由经过各项改正后的每组合格观测重力值 g_d,求得组均值及其中误差,由所有的组均值计算总均值及其中误差,获得落体下落初始位置高度处的观测结果。

(7) 每个点的总均值中误差应不超过 $\pm 5\times 10^{-8} \mathrm{m/s^2}$。

5.6.3 数据处理

对于相对重力仪,测得原始数据后,需要对其进行取平均值、格值改正、固体潮改正、零漂改正等,并根据已知点重力值,经过平差计算(找独立闭合环),解算出各重力基点的重力值。其中,取平均值、格值改正、固体潮改正、零漂改正等步骤与重力加密测量相同。

对于绝对重力仪,对每次下落解算求得的原始观测重力值 g_r、加入固体潮改正 δg_t、气压改正 δg_a、极移改正 δg_p、高度改正 δg_h。在沿海地区,离海岸线 200km 以内应加入海潮负荷改正 δg_1,求得墩面的重力值 g_d,如下式:

$$g_d = g_r + \delta g_t + \delta g_a + \delta g_p + \delta g_h + \delta g_1 \tag{5.3}$$

固体潮改正主要采用零潮汐系统:

$$\delta g_t = -[\delta_{th} G(t) - \delta f_c] \tag{5.4}$$

$$G(t) = -165.17 F(\varphi) \left(\frac{C}{R}\right)^3 \left(\cos^2 Z - \frac{1}{3}\right) - 1.37 F^2(\varphi) \left(\frac{C}{R}\right)^4 \cos Z(5\cos^2 Z - 3)$$

$$- 76.08 F(\varphi) \left(\frac{C_s}{R_s}\right)^2 \left(\cos^2 Z_s - \frac{1}{3}\right) \tag{5.5}$$

$$F(\varphi) = 0.998327 + 0.00167\cos 2\varphi \tag{5.6}$$

$$\delta f_c = -4.83 + 15.73\sin^2\Psi - 1.59\sin^4\Psi \tag{5.7}$$

式中,δg_t 是固体潮改正值,δ_{th} 是潮汐因子,δf_c 是永久性潮汐对重力的直接影响,φ 是测站大地纬度,Ψ 是测站地心纬度。

气压改正的计算如下:

$$\delta g_a = 0.3(P - P_n) \tag{5.8}$$

$$P_n = 1.01325 \times 10^3 \left(1 - \frac{0.0065 \times H}{288.15}\right)^{5.2559} \tag{5.9}$$

式中,δg_a 是气压改正值;P 是测点实测气压值,单位为百帕(hPa);P_n 是测点标准气压值,单位为百帕(hPa);H 是海拔高程,单位为米(m)。

极移改正的计算见下式:

$$\delta g_p = -1.164 \times 10^8 \times \omega^2 \times a \times \sin2\varphi(x\cos\lambda - y\sin\lambda) \tag{5.10}$$

式中，δg_p 是极移改正值；ω 是地球自转角速度；a 是地球长半轴；λ 和 φ 是测点的大地经纬度；x 和 y 是地极坐标。

重力观测值改算为墩面值的计算见下式：

$$g_0 = g_p + \delta g_h \tag{5.11}$$

$$\delta g_h = \theta \times h \tag{5.12}$$

式中，δg_h 是仪器高改正值；g_0 是墩面重力值；g_p 是重力观测值；θ 是重力垂直梯度；h 是落体下落初始位置高度。

海潮负荷对重力的影响可以通过海潮潮高和重力的负荷格林函数在全球的积分计算获得，海潮负荷改正的计算见下式：

$$\delta g_1 = \iint_S G(\Psi) H(\theta, \lambda, t) \rho ds = R^2 \int_0^{2\pi} \int_0^{\pi} G(\Psi) H(\theta, \lambda, t) \sin\varphi d\varphi d\alpha \tag{5.13}$$

$$H(\theta, \lambda, t) = A(\theta, \lambda) \cos[\omega(t - t_0) + \chi_0 - \phi(\theta, \lambda)] \tag{5.14}$$

式中，δg_1 是海潮负荷改正值；θ 是余纬；λ 是经度；A 是振幅；ϕ 是格林尼治相位；ω 是潮波的频率；χ_0 是 t_0 时刻的天文幅角；$G(\Psi)$ 是重力负荷格林函数；ρ 是海水密度；Ψ 是计算点到负荷点的球面角距离。

组平均值（每组观测重力值的平均值）计算及精度估算，计算见下式：

$$g_{de} = \frac{\sum_{i=1}^{n} g_{di}}{n} \tag{5.15}$$

$$m_d = \sqrt{\frac{\sum_{i=1}^{n}(g_{di} - g_{de})^2}{n-1}} \tag{5.16}$$

$$M_d = \frac{m_d}{\sqrt{n}} \tag{5.17}$$

式中，g_{de} 是组平均值；g_{di} 是第 i 次下落的观测重力值；m_d 是单次下落观测值中误差；M_d 是组平均值中误差；n 是该组观测的有效下落次数。

总平均值计算及精度估算见下式：

$$g_{he} = \frac{\sum_{i=1}^{n} g_{hi}}{n} \tag{5.18}$$

$$m_h = \sqrt{\frac{\sum_{i=1}^{n}(g_{hi} - g_{he})^2}{n-1}} \tag{5.19}$$

$$M_h = \frac{m_h}{\sqrt{n}} \tag{5.20}$$

式中，g_{he} 是给定高度处的总平均值，g_{hi} 是第 i 组组平均值，m_h 是单组观测重力值中误差，M_h 是组的总平均值中误差，n 是观测结果的组数。

5.7 注意事项

绝对重力仪的使用注意事项如下：

(1)重力仪系统及操作较复杂，独立操作人员经技术培训考试合格后方可上岗作业。

(2)准备测量前，采用配套的真空泵抽真空 3~5 天，检查落体仓的真空度，需在满足真空度要求的前提下，才能开展观测工作。

(3)架设仪器前，须检查和确保测点周围地基稳固、无电磁场、震动等干扰。

(4)重力仪在工作期间不得断电，确保市电或蓄电池供电电压稳定，注意检查电源进、出线，防止线路短路、断路。

(5)重力仪工作环境中的温、湿度应在仪器限定范围内，避免在过高或过低温度下、过高的湿度下工作造成元件损坏。

(6)仪器架设时，确保支脚落地稳固、螺旋卡紧，避免脚架滑动而导致意外。仪器高、仪器方向等整体架设合理。

(7)线路连接时，接口针脚须对准，卡槽或螺旋保证稳固，连接前后仔细核对，确保连线正确无误。

(8)定期备份和整理所配笔记本中存储的数据，保证数据不丢失且整理得有条理。

(9)短期不使用时，采用 UPS 电池对离子泵供电，以维持落体仓的真空度，其余部分断电；长期不使用时，系统全部断电，用仪器箱按要求存放于干燥、阴凉的地方。

(10)在长距离运输和移动重力仪过程中，需将重力仪放置于所配备仪器箱中，在运输中要避免大的震动。

(11)重力仪须进行定期比对测量和检校，对不符合要求的指标项目，应进行检校调整。

相对重力仪的使用注意事项与后文重力加密测量中相对重力仪的注意事项相同。

5.8 参考文献

[1]国家测绘地理信息局测绘标准化研究所. GB/T 20256—2019. 国家重力控制测量规范[S]. 北京：国家市场监督管理总局/中国国家标准化管理委员会，2019.

[2] GB/T 24356—2009，测绘成果质量检查与验收[S]. 北京：中国标准出版社，2009.

[3]操华胜，王正涛，赵珞成. 地球物理基础综合实习与实践[M]. 武汉：武汉大学出版社，2009.

[4]管泽霖，宁津生. 地球形状及外部重力场(上)[M]. 北京：测绘出版社，1982.

［5］李瑞浩．重力学引论［M］．北京：地震出版社，1988.
［6］Wolfgang Torge．重力测量学［M］．徐菊生等译．北京：地震出版社，1993.
［7］方俊．重力测量学［M］．北京：科学出版社，1965.
［8］GB/T 12897—2006．国家一、二等水准测量规范［S］．北京：中国标准出版社，2006.
［9］CH/T 1001—2005．测绘技术总结编写规范［S］．北京：测绘出版社，2005.
［10］CH/T 1004—2005．测绘技术设计规定［S］．北京：中国标准出版社，2005.

（贾剑钢　张文颖）

第 6 章　GNSS 网络 RTK 测量实验

6.1　实验目的

理解 GNSS 网络 RTK 定位的基本原理，掌握利用 CORS 进行网络 RTK 定位的方法和流程。

6.2　实验原理

RTK(Real Time Kinematic)是一种利用 GNSS 载波相位观测值在流动站和基准站之间进行实时动态差分(相对)定位的技术。RTK 系统通常包括基准站、流动站和通信链路三部分，图 6.1 是典型的电台式单基站 RTK 系统构成示意图。

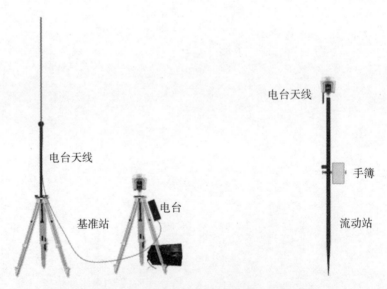

图 6.1　电台式单基站 RTK 系统构成示意图

基准站通常架设在具有良好 GNSS 观测条件的点上，以较高的采样率(通常为 1s)进行观测，并通过数据通信链路(如无线电台或无线网络)实时地把基准站坐标、载波相位观测值等信息以电文的形式播发出去。附近的流动站通过数据链路接收到基准站播发的电

文后,与自己所采集的载波相位观测值进行实时相对定位,其基本的双差观测方程可写为:

$$\nabla\Delta\varphi \cdot \lambda = \nabla\Delta\rho - \nabla\Delta N \cdot \lambda + \nabla\Delta d_{orb} + \nabla\Delta d_{ion} + \nabla\Delta d_{trop} + \sum \delta_i \tag{6.1}$$

式中,$\nabla\Delta$ 为双差算子;$\nabla\Delta\varphi$ 为流动站和基准站之间的双差载波相位观测值;λ 为载波的波长;$\nabla\Delta N$ 为相应的双差整周模糊度参数;$\nabla\Delta d_{orb}$、$\nabla\Delta d_{ion}$、$\nabla\Delta d_{trop}$ 分别为在流动站和基准站之间求双差后仍未消除干净的轨道误差、电离层延迟和对流层延迟,这些误差主要与流动站和基准站之间的距离(高差)相关;$\sum \delta_i$ 则为多路径误差、测量噪声等误差之和。由于距离较近(通常小于15km),残余误差$\nabla\Delta d_{orb}$、$\nabla\Delta d_{ion}$、$\nabla\Delta d_{trop}$ 接近0,可获得流动站较为精确(通常为厘米级)的三维坐标。

以上模式称为常规 RTK 或单基站 RTK,受误差相关性的限制,其适用范围通常在 15km 以内。而在进行网络 RTK 测量时,基准站间的距离将扩大至 50~100km,显然流动站至最近的基准站间的距离有可能远远超过 15km,因而即使与最近的基准站组成双差观测方程,方程中的残余误差项$\nabla\Delta d_{orb}$、$\nabla\Delta d_{ion}$、$\nabla\Delta d_{trop}$ 等也不能忽略不计,如图 6.2 所示。这就意味着,只依靠一个基准站是无法满足精度要求的。在网络 RTK 技术中,我们首先利用在流动站周围的若干个(一般为 3 个)基准站的观测值及已知坐标来反解出基准站间的残余误差项(主要是$\nabla\Delta d_{orb}$、$\nabla\Delta d_{ion}$、$\nabla\Delta d_{trop}$),然后根据用户的粗略位置内插出或估计出其与基准站之间的残余误差项,而不是像常规 RTK 测量中那样将它们视为零。这样,当基准站间的距离达 50~100km 时,用户仍有可能获得厘米级的定位精度。

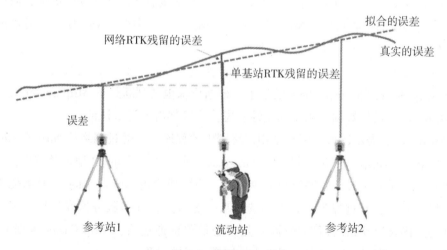

图 6.2 网络 RTK 测量

(注:网络 RTK 与常规 RTK 对比,接收机上方的竖直线段表示其观测值中包含的误差。)

网络 RTK 通常依托 CORS(Continuously Operating Reference Stations,连续运行参考站系统)来实现。CORS 是由若干个分布较为均匀的、连续运行的 GNSS 参考站,利用现代数据通信技术连接起来的系统，可实时地向用户提供多种 GNSS 观测值（载波相位、伪距等）的差分改正信息。CORS 系统最为核心的通信协议是 NTRIP（Networked Transport of RTCM via Internet Protocol，通过互联网传输 RTCM 数据协议），其原理如图 6.3 所示。

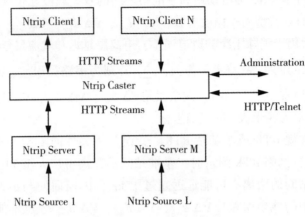

图 6.3　Ntrip 原理示意图

图 6.3 中，各部分的构成及作用分别为：

（1）Ntrip Source 表示数据源，一般为基准站接收机，用于提供连续的 GNSS 观测数据流。NTRIP 要求每个 Ntrip Source 定义唯一的 source ID，称为源节点（mountpoint）。所有的源节点都存储在数据源表（Source Table）内，以便 Ntrip 客户端查询和选择。

（2）Ntrip Server 为一应用程序，可安装在与基准站接收机相连的 PC 机中，或内嵌于具有网络传输功能的接收机中。Ntrip Server 将 Ntrip Source 中的 GNSS 数据流通过网络专线或 ADSL 发送到 Ntrip Caster。

（3）Ntrip Caster 本质上是运行在网络服务器上的一个应用程序，监听若干个端口，以接收来自 Ntrip Server 和 Ntrip Client 的请求，根据请求报文判断是从 Ntrip Server 接收数据还是向 Ntrip Client 播发数据。出于安全性考虑，连接都需要身份认证。

（4）Ntrip Client 表示运行于流动站用户终端中的程序，可通过网络从 Ntrip Caster 获得所需的差分电文。Ntrip 客户端直接访问 Ntrip Caster 所在服务器的 IP 地址及端口，可以收到一张源列表，其中列出了可供访问的源节点。现代成熟的 Ntrip Caster 一般都提供 VRS（虚拟参考站）算法，其过程为：客户端选择某一源节点，并向服务器发送用户名、密码和 GGA 信息（内含流动站的概略坐标）；用户身份验证通过后，Ntrip Caster 根据 GGA 信息拟合出 VRS，并发送给客户端。图 6.4 具体描绘了该过程。

6.3　实验工具

本实验使用的仪器型号为华测 i90 型 GNSS 接收机，其外观如图 6.5 所示。

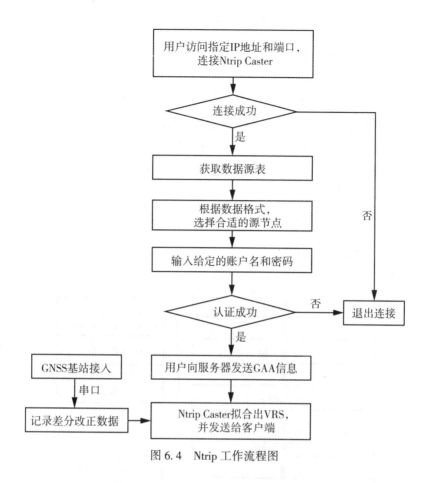

图 6.4　Ntrip 工作流程图

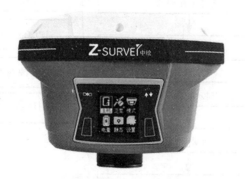

图 6.5　华测 i90 型 GNSS 接收机外观

该接收机主要性能参数如下：624 通道可选，兼容 GPS+BDS+GLONASS+GALILEO，支持北斗三代；静态平面精度为±2.5mm+0.5ppm，高程精度为±5mm+0.5ppm；RTK 平面精度为±8mm+1ppm，高程精度为±15mm+1ppm；内置 IMU 惯导，更新频率为 200Hz；内置倾斜补偿，补偿范围 0°～60°，补偿精度为 10mm + 0.7mm/°tilt（30°内精度<2.5cm）；电池

8000mAh，支持快充，续航时间20小时；支持WiFi、蓝牙触碰连接；支持语音播报。

6.4　技术规范

（1）浙江省测绘局，国家测绘局重庆测绘院．CH/T 2009—2010全球定位系统实时动态测量（RTK）技术规范[S]．北京：测绘出版社，2010.

（2）北京市测绘设计研究院．CJJ/T 73—2019卫星定位城市测量技术规范[S]．北京：中国建筑工业出版社，2019.

6.5　实验步骤

实验总体流程如图6.6所示。

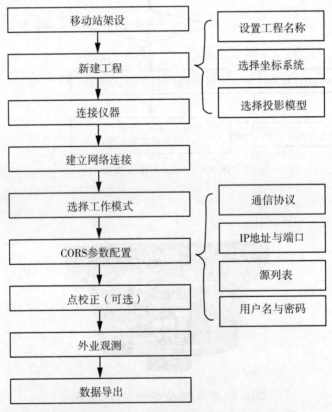

图6.6　利用CORS进行网络RTK定位实验流程图

1）第一步：移动站架设

首先把手簿托架安装在伸缩对中杆上，手簿固定在手簿托架上，接收机固定在伸缩对中杆上，如图6.7所示。本实验不需要连接棒状天线，电台模式才需要。

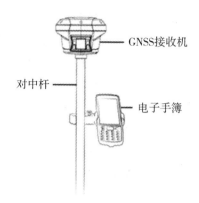

图 6.7　RTK 移动站架设效果图

2）第二步：新建工程

新建工程，点击"项目"界面，选择"工程管理"，点击"新建"，输入"工程名"，"坐标系统"一般选择 WGS-84 或 CGCS2000 坐标系，"投影模型"一般选择高斯投影，点击向下箭头获取中央子午线经度，最后点击"接受"即可，如图 6.8 所示。注意：当东坐标在小数点前有 8 位时，例如 39541235.221，"39"为带号，需在东向加常数 500000 前加上带号，如 39500000。

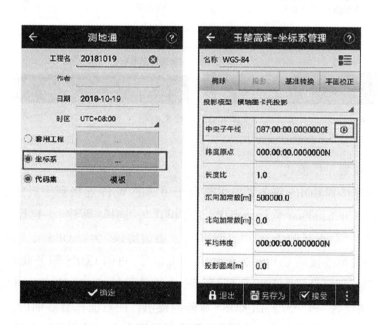

图 6.8　新建工程界面

3）第三步：连接仪器

该步骤主要是为了将电子手簿与 GNSS 接收机相连接。华测 i90 型 GNSS 接收机提供了多种连接方式，这里推荐使用蓝牙连接，具体操作方式如下：在 LandStar 软件的主界面，点击下方"配置"标签，点击"连接"，"设备类型"选择"智能 RTK"，"连接方式"选择"蓝牙"，检查"目标蓝牙"后面显示的接收机 SN 号（"GNSS-"后面的数字）是否为要连接的接收机，注意 SN 号标在接收机的背面。若否，则点击"目标蓝牙"后面的蓝牙图标，弹出已配对的蓝牙设备列表，检查是否有要连接的接收机 SN 号，如果没有则选择下方的"管理蓝牙"，此时可用设备会列出搜索到的可用蓝牙设备，找到当前要连接接收机的 SN 号，选择"配对"，配对成功后，返回已配对的蓝牙设备列表，点击对应的 SN 号，此时 SN 号会出现在"目标蓝牙"的后面，如图 6.9 所示。

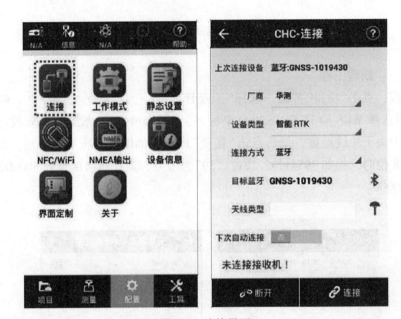

图 6.9 连接界面

4) 第四步：设置工作模式

为使手簿能连接到 CORS 服务器，可将电子手簿的 WiFi 连接到手机热点，从而建立网络连接。之后打开 LandStar 软件，点击"工作模式"，选择"新建"，选择"工作方式"为"自启动移动站"，"数据接收方式"为"网络"，"通信协议"为"CORS"，"域名/IP 地址"和"端口"分别填写欲连接的 CORS 服务器 IP 和端口号（可向 CORS 服务商索取），若采用 WiFi 接入网络则不需要设置"APN"，"源列表"由所使用的 CORS 决定，可点击获取，也可手动输入，"用户名"和"密码"由 CORS 服务商提供，注意应在有效期内，如图 6.10 所示。设置完成后点击"保存"，软件会弹出"请给新模式命名！"的提示，此时输入名称，如 HBCORS 模式。命名完成之后点击"确定"，软件会提示"模式创建成功"，点击"确定"。此时刚刚新建的模式会出现在常用模式列表下，选择该模式，点击"接受"，软件会提示"是否接受此模式？"，点击"确定"，软件提示"接受此模式成功！"，点击"确定"，即完成

CORS 模式下的设置，等液晶面板上或 LandStar7 测地通软件上显示固定，即可进行下一步参数配置操作，如图 6.11 所示。

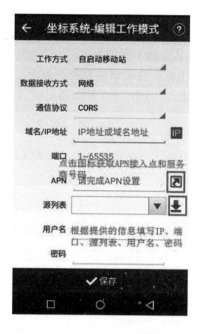

图 6.10　编辑工作模式界面

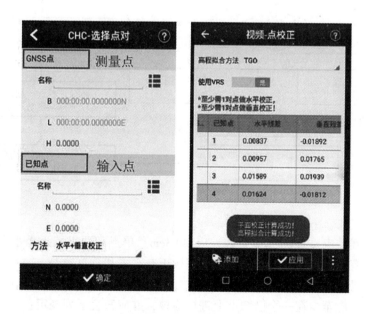

图 6.11　参数配置界面

5)第五步:点校正(可选)

这一步骤不是必需的,在要求测得的点坐标成果是地方独立坐标下的、且没有事先算好的坐标转换参数的情况下进行。可利用 RTK 测量 2 个以上已知点(覆盖测区,且具有地方独立坐标),通过点校正求出坐标转换参数。操作步骤如下:

(1)录入控制点:"项目"界面→"点管理"→添加控制点,输入点名称和对应的坐标,然后点击"确定"即可(注意东和北坐标不要输反)。

(2)采集控制点的 WGS-84 坐标:移动站立在控制点上,气泡居中,打开测地通软件,进入"测量"界面→"点测量",输入"点名"和"天线高","方法"选择"控制点",点击"测量图标"采集点坐标。

(3)开始点校正,具体流程可参考图 6.12。

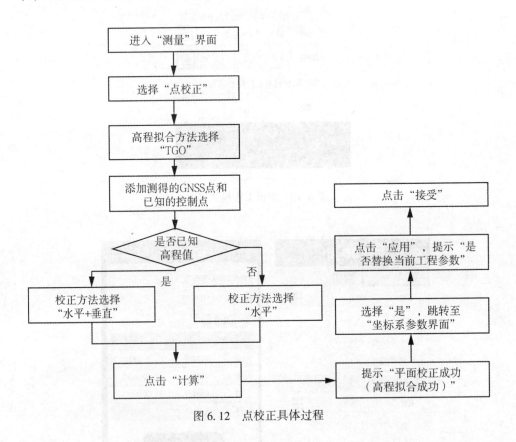

图 6.12 点校正具体过程

注意:水平残差应≤±2cm,垂直残差应≤±3cm。单点和两点校正无水平残差和垂直残差,三点校正有水平残差无垂直残差,四点校正有水平和垂直残差。

6)第六步:外业观测

测量开始时,应至少在一个已知点上进行检核,并应符合下列规定:

(1)在同等级或者高等级控制点上检核,平面位置较差不应大于 50mm,高程较差不应大于 70mm;

(2) 在碎部点上检核，平面位置较差不应大于图上 $0.5\sqrt{2}$ mm，高程较差不应大于图上等高距的 $\sqrt{2}/3$ 倍。

测量时，应根据测量内容设置合适的测量参数。具体操作步骤为：打开测地通软件进入"测量"界面，选择"点测量"，根据测量内容选择合适的测量"方法"，例如，图根点测量可选择"控制点"，碎部点测量可选择"地形点"或"快速点"。然后，根据具体的测量要求，点击 按钮，修改测量参数，如"水平精度""垂直精度""重复测量次数""测量间隔"等。配置完成后，输入"点名"和"天线高"，点击"测量图标"，采集点坐标，如图 6.13 所示。

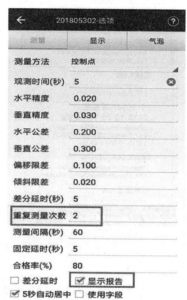

图 6.13 点测量界面

其中，图根点测量的要求如下：
(1) 图根点标志宜采用木桩、铁桩或其他临时标志，必要时可埋设一定数量的标石；
(2) RTK 图根点测量应采用三脚架对中、整平，每次观测历元数应大于 20 个，采样间隔 2~5s，各次测量的平面坐标较差应不大于 4cm；
(3) RTK 图根点测量应至少测量两次，每次测量之间应重新初始化（可用手遮盖 RTK 接收机或者将接收机倒置过来，使原来的卫星失锁，得到浮动解，然后再重新跟踪卫星，得到固定解），每次测量点位较差不应大于图上 0.1mm，高程测量每次测量高程较差不应大于 1/10 基本等高距，每次结果取中数作为最后成果。

碎部点测量的要求如下：
(1) RTK 碎部点测量流动站观测时可采用固定高度对中杆对中、整平，观测历元数应大于 5 个；

(2)连续采集一组地形碎部点数据超过 50 点，应重新进行初始化，并检核一个重合点。当检核点位坐标较差不大于图上 0.5mm 时，方可继续测量。

放样时，首先将需要放样的点导入：在"项目"界面→"导入"→选择"文件类型"和要导入的"数据文件"→点击"导入"→导入成功，提示"一共××个点，导入成功××个点"，如图 6.14 所示。若提示"导入失败"，建议先导出一份模板，然后按照模板导入。

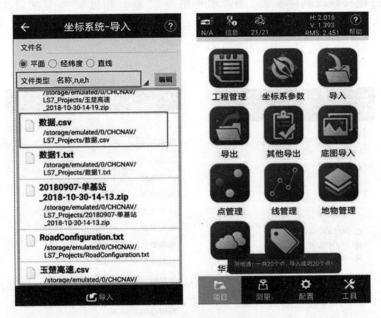

图 6.14 放样测量界面

然后，打开"测量"界面→"点放样"，选择放样点，根据方向和距离提示找到放样点，在地面用油漆或粉笔做好标记，再将对中杆对准标记中心，点击测量图标进行测量，测量出的坐标与放样设计坐标，其二者的差值应小于一定的阈值（如 5cm）。

7）第七步：数据导出

打开"项目"界面，点击"导出"，选择需要导出的"点类型""文件类型"和"存储路径"，然后对文件进行"命名"，支持导出 *.csv、*.txt 和 CASS 格式的数据，以导出 CASS 格式为例，如图 6.15 所示。

6.6 思考题

（1）利用 CORS 测量时，IP、端口、源节点分别有什么含义？
（2）在午后进行 RTK 测量，有时会遇到始终无法得到固定解的情况，推测可能的原因。

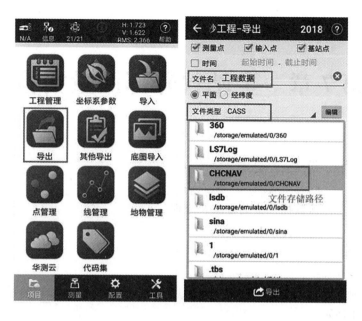

图 6.15 数据导出界面

6.7 推荐资源

（1）Ntrip 软件（https：//igs.bkg.bund.de/ntrip/download）。

6.8 参考文献与资料

（1）李征航，黄劲松．GPS 测量与数据处理［M］．第三版．武汉：武汉大学出版社，2016．

（2）黄劲松，李英冰．GNSS 测量与数据处理实习教程［M］．武汉：武汉大学出版社，2010．

（3）华测参考资料（http：//www.huace.cn/）。

（章迪）

第7章 全站仪碎部测量实验

7.1 实验目的

掌握全站仪碎部测量数据采集的方法及流程。

7.2 实验原理

全站仪碎部测量是利用全站仪在某一测站点上测绘各种地物、地貌的平面位置和高程的工作,如图7.1所示。

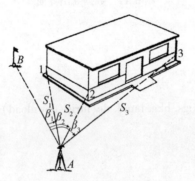

图7.1 全站仪碎部测量示意图

全站仪碎部测量,通常在平面上采用极坐标法,在高程上采用三角高程法。设待定点平面坐标为(x, y),高程为h,则极坐标法数学原理可表示为(见图7.2):

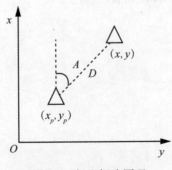

图7.2 极坐标法原理

$$x = x_p + D \cdot \cos A$$
$$y = y_p + D \cdot \sin A \quad (7.1)$$

式中，(x_p, y_p) 为测站坐标，A 为方位角，D 为待定点到测站的平距。

三角高程数学原理：

$$h = h_p + S \cdot \sin\alpha + i - v \quad (7.2)$$

式中，h_p 为测站高程，S 为待定点到测站的斜距，α 为垂直角，i 为仪器高，v 为棱镜高。三角高程测量原理如图 7.3 所示。

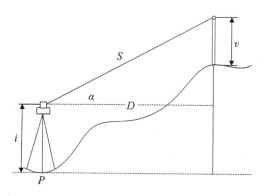

图 7.3　三角高程测量原理

7.3　实验工具

全站仪，即全站型电子测距仪（Electronic Total Station），是一种集光、机、电为一体的高技术测量仪器，集水平角、垂直角、距离（斜距、平距）、高差测量功能于一体。本实验示例使用天宇 CTS-632R 系列全站仪，外观如图 7.4 所示。

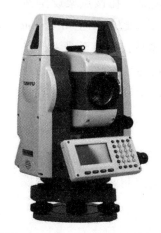

图 7.4　天宇 CTS-632R 全站仪

该系列全站仪尺寸为 160mm×150mm×340mm，重量 5.4kg，配有 7.4V 机载可充电电源，可以连续工作 8 小时，以 SD 卡存储数据，有 RS-232C 和 USB 作为对外数据传输接口。角度测量显示最小单位为 1″，实际测角精度 2″。距离测量精度：以棱镜为目标物时，精度为±(2mm +2ppm)；以反射片为目标物时，精度为±(3mm +2ppm)；无目标物测距在距离小于 300m 的情况下，精度为±(3mm +2ppm)，在距离小于 600m 且大于 300m 的情况下，精度为±(5 mm +2ppm)，在距离大于 600m 的情况下，精度为±(10mm +2ppm)。

除了全站仪外，实验还需要用到三脚架、棱镜、对中杆和卷尺等附件。

7.4 技术规范

（1）北京测绘设计研究院．CJJ/T 8—2011 城市测量规范［S］．北京：中国建筑工业出版社，2011．

（2）国家测绘局测绘标准化研究所，北京测绘设计研究院，建设综合勘察研究设计院．GB/T20257.1—2017 国家基本比例尺地图图式第一部分：1∶500 1∶1000 1∶2000 地形图图式［S］．北京：测绘出版社，2017．

7.5 实验步骤

碎部测量工作人员一般包括：观测员 1 人，绘图员 1 人和跑点员 1 人。为使每一位同学都能充分地掌握各个工作环节的技术要点，组内同学应在测站间对各角色进行轮换。

实验总体操作流程如图 7.5 所示。

1）第一步：安置全站仪

选定某个图根控制点作为测站，在该点架设全站仪，进行对中整平。对中偏差不得超过图上 0.05mm（按比例尺进行换算）。量取仪器高，精确至毫米，并记录。与此同时，绘图人员应观察了解测站周围的地形、地物分布情况，便于草图的绘制，并与跑点员协商沟通，确定跑点范围及顺序。

2）第二步：设置测站

在全站仪中选择测量状态，建立数据采集文件，输入测站点号和仪器高，完成当前测站设置。具体操作步骤如下：

（1）确定数据采集文件。

"数据采集文件"确定后，全站仪所采集数据将存

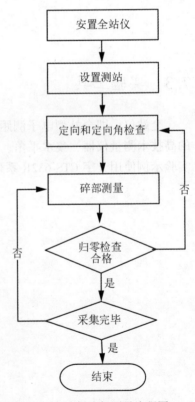

图 7.5 全站仪碎部测量流程图

储在该文件中。该文件可以新建；也可以调用已有的文件，数据将被添加到已有文件中。

如果新建数据采集文件，应先按"M"菜单键，再按"F1"进入文件选择页面，此时，"FN:"后面的输入框中光标在闪烁，可以直接输入文件名(按"F1"回退可以删除已输入的字符)，然后按"ENT"键，如果输入的文件名不存在，则会新建数据采集文件，进入数据采集页面，如图7.6所示。

图7.6　文件创建

如果打算将测量的数据存入已有的数据采集文件，则按"M"菜单键→按"F1"键进入文件选择页面→按"F2"(调用)键，显示文件目录→按▲或▼键，使文件列表上下滚动，选定一个文件，如果文件已被选定，则在该文件名的左边显示一个*号，再按"ENT"键，文件即被选中，显示数据采集页面，如图7.7所示。

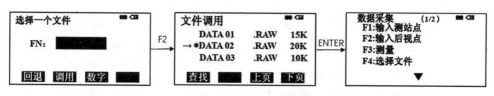

图7.7　选择数据采集文件

(2)相关设置。

在数据采集之前，需要确定数据采集的模式，设置数据采集的参数。在数据采集页面下，按▼键进入下一页，并按"F2"键进入数据采集参数设置页面，如图7.8所示。

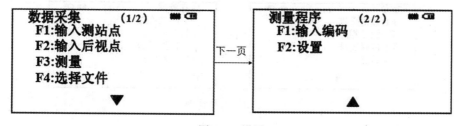

图7.8　设置

按"F1"键进入设置页面，可以进行如表7.1所示设置。

表 7.1 数据采集设置

菜单	选项	含义
F1：测距模式	精测/跟踪	选择测距模式：精测/跟踪
F2：测量次数	单次/连续	选择测距次数：单次/连续测距
F3：存储设置	是/否	测量数据是否自动计算坐标数据并存入坐标文件
F4：数据采集设置	先输测点/先测量	选择数据采集中输入点数据与测量的先后顺序

在数据采集前，应当先进行 F3 存储设置，选择"是"，使得测量完成后同时保存原始观测值和坐标。

(3) 设置测站。

测站坐标设置有两种方式，可以直接由键盘输入，也可以利用内存中的坐标数据来设定。

键盘输入方式如下：在数据采集界面，按"F1"（输入测站点），进入输入测站点界面→按"F1"（输入），输入测站点名和仪器高→按"F3"（测站）键，输入该点坐标，按"ENT"键确认→按"F4"（记录）键，并继续按"F4"（是）键，记录并完成设站，显示屏返回数据采集菜单，如图 7.9 所示。

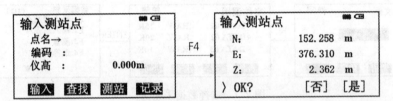

图 7.9 输入测站点

利用内存中坐标数据的方式如下：在菜单页面中，按"F3"（内存管理）键进入内存管理页面，如图 7.10 所示。

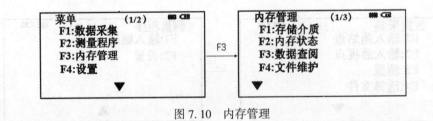

图 7.10 内存管理

按▼键，并按"F1"（输入坐标）键，输入坐标文件的文件名，再按"ENT"（回车）键，输入点名和编码，按"ENT"（回车）确认。用同样的方法输入坐标数据进入下一个点输入显示屏，点号自动加 1。坐标数据可以用第六步中的 RS-232 电缆或 USB 连接线与 PC 进行传输。

3)第三步:定向和定向检查

以较远一图根点作为后视点,跑点人员到后视点上架设棱镜,并量取棱镜高,观测人员随后转动全站仪照准部,照准后视点,在全站仪中设置后视点点名以及棱镜高,观测后视点完成测站定向。具体操作如下:

在数据采集页面,按"F2"(后视点输入),"F3"(后视)→输入后视点点名,按"ENT"键确定→按"F4"(是)键确认此点,用同样的方法输入点编码和棱镜高→按"F4"(测量)键→照准后视点,选择一种测量模式并按相应软键(包括角度、斜距和坐标),通常按"F3"(坐标)测量后视点的坐标,如图7.11所示与后视点已知坐标比较,若差距小于限差可完成定向,否则应检查是否坐标输入错误或找错了后视点。测量完成后,按"F4"(是)键,测量结果被保存,显示屏返回数据采集页面。

图 7.11　全站仪后视定向

完成定向后,应进一步测量其他已知图根点的坐标进行检核,算得检核点的平面位置误差不应大于图上 0.2mm,检核点的高程较差不应大于 1/5 倍基本等高距。否则应重新定向并检查。

4)第四步:碎部测量

跑点员在对中杆上安装棱镜,并在地物特征点和地貌特征点处放置对中杆,使得对中杆的水准气泡居中。观测员及时瞄准棱镜,必要时用对讲机联系确定棱镜高(一般将棱镜高设为一个固定值,当某一测点因视线遮挡等原因改变了棱镜高时,一定要在全站仪中输入该点的实际棱镜高),输入棱镜高(若棱镜高不变,则直接按回车键)和地物代码,确认照准棱镜中心后,再按回车键,待发出鸣响声,即说明已完成碎部点测量并将测量数据录入全站仪。观测员需要告知跑点员移动到下一点。同时绘图员在草图上标注该点,草图是内业编绘工作的依据之一,应尽量详细。绘图员应和测量员核对碎部点的点号,保证草图上点号和全站仪存储的一致。仪器的操作步骤如下:

按"F2"进入数据采集页面→按"F3"(测量)键,进入待测点测量→按"F1"(输入)键,输入点名后,按"ENT"确认(第一个碎部点点号输入后,后续的碎部点点号在该点号的基础上依次自动累加)→输入碎部点地物编码和棱镜高→按"F3"(测量)键开启测量程序(测量后续碎部点时,可以按"F4"(同前)键进行测量)→照准目标点→按"F2"到"F3"中的一个键(如"F3"(坐标)键开始测量)→按"F4"(记录)键,数据被存储,显示屏变换到下一个镜点→输入下一个镜点棱镜高、点号等信息,如图7.12所示,按"F4"(同前)键,按照上一个镜点的测量方式进行测量,测量数据被存储→按同样方式继续测量,按"ESC"键即可结束数据采集模式。

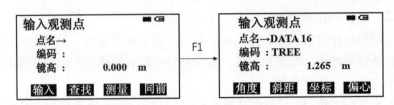

图 7.12 观测碎部点

依据《城市测量规范》(CJJ/T 8—2011)，在绘制大比例尺地形图进行碎部测量时，应遵循如下地物或地形特征点的选取原则：

(1)各类建筑物、构筑物及其主要附属设施均应进行测绘，房屋外廓以墙角为准。居民区可视测图比例尺大小或用图需要，内容及其取舍可适当加以综合，临时性建筑可不测。当建筑物、构筑物轮廓凸凹部分在图上小于 0.4mm、简单房屋小于 0.6mm 时，可以不测。图上宽度小于 0.5mm 的小巷可以不测。

(2)独立地物能按比例尺表示的，应实测外廓；不能按比例尺表示的，应准确表示其定位点或定位线。

(3)管线转角均应实测。线路密集时或居民区的低压电力线和通信路线，可选择要点测绘。当管线直线部分的支架、线杆和附属设施密集时，可适当取舍。当多种线路在同一杆柱上时，应测量并表示主要的。永久性的电力线、电信线均应准确测绘，电杆、铁塔位置应实测。污水箅子、消防栓、阀门、水龙头、电线箱、电话亭、路灯、检修井均应实测中心位置。

(4)江、河、湖、海、水库、池塘、泉、井等及其他水利设施，均应准确测绘表示。水渠应测注渠顶边和渠底高程；时令河应测注河床高程；堤、坝应测注顶部及坡脚高程；池塘应测注塘顶边及塘底高程；泉、井应测注泉的出水口与井台高程，并根据需要注记井台至水面的深度。

(5)地貌宜用等高线表示。山顶、鞍部、凹地、山脊、谷底及倾斜变换点处，必须测注高程点。各种天然形成的斜坡、陡坎，其比高小于等高距的 1/2 或图上长度小于 10mm 时，可以不测；当坡、坎较密时，可适当取舍。

(6)植被的测绘，按其经济价值和土地面积大小适当取舍，梯田坎的坡宽在地形图上大于 2mm，应实测坡角；小于 2mm 时，可量注比高。当两坎间距在地形图上小于 5mm，1∶500 比例尺地形图上小于 10mm，或坎高小于等高距的 1/2 时，田坎可适当取舍。水田应测出代表性高程。

(7)工矿建(构)筑物及其他设施：依比例尺表示的，应实测其外部轮廓；不依比例尺表示的，应准确测定其定位点或定位线。

(8)交通及附属设施测绘：①道路及其附属物，均应按实际形状测绘。铁路应测注轨面高程，在曲线段应测内轨面高程；涵洞应测洞底高程。②城市道路为立体交叉或高架道路时，应测绘桥位、匝道与绿地等；市区街道应实测车行道、过街天桥、过街地道的出入口、分隔带、环岛、街心花园、人行道与绿化带。③高速公路应实测两侧围建的栅栏(或墙)和出入口，注明公路名称。④跨越河流或谷地的桥梁，应实测桥头、桥身和桥墩位置，加注建筑结构。

(9)高程点：高程注记点应分布均匀，丘陵地区高程注记点间距为图上 2~3cm。山顶、鞍部、山脊、山脚、谷底、谷口、沟底、沟口、凹地、台地、河川湖池岸旁、水涯线上以及其他地面倾斜变换处，均应测高程注记点。城市建筑区高程注记点应测设在街道中心线、街道交叉中心、建筑物墙基脚和相应的地面、管道检查井井口、桥面、广场、较大的庭院内或空地上以及其他地面倾斜变换处。

5)第五步：归零检查

每站测量一定数量碎部点后，都应该进行归零检查。例如，在每测量 30 个碎部点后，重新照准后视点，其归零差不应该超过 4′，否则，其所检测前所测得的碎部点需要重新计算，并应检测不少于两个碎部点。当然，有时定向点较远，检核不太方便，也可以抽取若干已测碎部点进行坐标检查。

该站工作结束时，应检查有无漏测、测错，并将图面上的地物、地性线、等高线与实地对照，发现问题及时纠正。确认无误后，方可完成该站的碎部测量工作，再进行搬站。每次外业观测的数据应当天输入计算机，以防数据丢失；外业绘图员和内业编绘人员最好是同一个人，且同一区域的外业和内业工作间隔时间不要太长。

6)第六步：数据导出

数据通信有两种方法，可以通过 RS-232 电缆与 PC 机连接进行数据传输，也可以用 USB 连接线与 PC 机连接进行文件传输。

(1)RS-232：

通过 RS-232 传输数据包括通讯参数设置和发送测量数据文件两步，具体流程如下：

RS-232 电缆连接电脑和全站仪后，由主菜单按"F3"(内存管理)键，进入"内存管理"页面→按▼键两次，再按"F1"数据(数据传输)键，再按"F3"(通讯参数)键进入通讯参数页面→分别按"F1""F2""F3"，可以分别对波特率、字符校验和通讯协议进行设置，如图 7.13 所示→选定参数后，按"ENT"键回到通讯参数设置界面，完成参数设置。

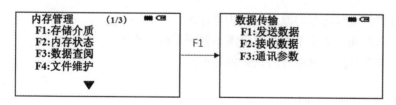

图 7.13 通讯参数设置

在主菜单按"F3"(内存管理)键，进入"内存管理"页面→按▼键两次，再按"F1"(数据传输)键进入数据传输页面→按"F1"(发送数据)键，选择发送数据的类型，如按"F1"选择测量数据，按"F2"选择坐标数据，如图 7.14 所示。

选择之后，输入待发送的数据文件的文件名，按"ENT"(回车)键→按"F4"(是)键发送数据，显示屏返回到菜单。

图 7.14 RS-232 数据传输

(2) USB：

用 USB 线连接电脑和全站仪后，在屏幕上显示如图 7.15 所示界面。表示 USB 连接正常，此时可以用数据传输软件对仪器里的数据文件进行操作。

图 7.15 USB 连接正常

全站仪内存数据类型包括：测量文件(＊.RAW)、坐标文件(＊.PTS)、水平定线文件(＊.HAL)、垂直定线文件(＊.VCL)和编码文件(PCODE.LIB)。要导出某种类型文件中的数据，只要用数据传输软件打开相应的文件即可。

例如：打开 TS.RAW 文件，具体操作如下：

启动传输软件，在"USB 操作"下拉菜单中选择"打开内存式文件"，然后选择"打开＊.RAW(测量数据文件)"，再选择内存中"TS.RAW"文件即可打开，测量数据显示在传输软件中，也可保存到电脑中。

7.6 思考题

(1)测量碎部点时选点的原则与方法是什么？
(2)当碎部点和全站仪不通视时应该如何测量碎部点？
(3)当碎部点难以立对中杆时该如何处理？

7.7 参考文献与资料

(1)潘正风，程效军，成枢，等．数字地形测量学[M]．武汉：武汉大学出版社，2015．
(2)花向红，邹进贵．数字测图实验与实习教程[M]．武汉：武汉大学出版社，2009．
(3)天宇 CTS-632R 系列全站仪操作手册．

(章迪)

第8章　无人机数字摄影测量正射影像采集实验

8.1　实验目的

了解无人机数字摄影测量正射影像采集技术设计内容，了解及掌握无人机数字摄影测量数字影像采集流程，熟悉利用飞行控制软件获取影像的过程，了解像片控制点布设原则。

8.2　实验原理

8.2.1　无人机技术概述

无人驾驶航空器（Unmanned Aircraft Vehicle，UAV），是由遥控站管理的航空器，以下简称无人机。无人机即无人驾驶飞机，与有人驾驶飞机相比，无人机具有重量轻、体积小、造价低、操作便捷等优点。

无人机按飞行平台构型可分为固定翼无人机、多旋翼无人机、无人飞艇、无人直升机和伞翼无人机等。无人机按应用领域可分为军用无人机和民用无人机。按尺度可分为大型无人机、小型无人机、轻型无人机和微型无人机。按活动半径可分为超近程无人机、近程无人机、短程无人机、中程无人机和远程无人机，详见表8.1。

表8.1　无人机的分类

	微型无人机	轻型无人机	小型无人机	大型无人机	
尺度	≤7kg	≤116kg	≤5700kg	>5700kg	
活动半径	超近程无人机	近程无人机	短程无人机	中程无人机	远程无人机
	≤15km	15~50km	50~200km	200~800km	>800km

测绘无人机属于民用无人机的一种，测绘无人机常用的有固定翼无人机和多旋翼无人机两类，现在还发展了一类新的混合翼无人机，融合了固定翼和多旋翼的优点。

8.2.1.1　固定翼无人机

固定翼无人机是指飞机的机翼位置、后掠角等参数固定不变的飞机，如图8.1所示。

固定翼无人机通过动力系统(一般是油动)和机翼的滑行实现起降和飞行,是三类飞行器里续航时间最长、飞行效率最高、载荷最大的无人机,具有高稳定、长航程、高抗风、场地适应性强等特点。其缺点是起飞时必须助跑,降落时必须滑行,不能空中悬停。固定翼无人机常常用于大面积复杂地形的航测任务,如林业及草场监测、矿山资源监测、海洋环境监测等。

图 8.1　固定翼无人机

8.2.1.2　多旋翼无人机

多旋翼无人机是一种具有三个及以上旋翼轴的特殊的无人驾驶直升机,其通过每个轴上的电动机转动,带动旋翼,从而产生升力,如图 8.2 所示。旋翼的总距固定,通过改变不同旋翼之间的相对转速来控制无人机的运行轨迹。多旋翼无人机的优势有:①体积小、重量轻、噪音小、隐蔽性好,适合多平台、多空间使用;②可以垂直起降,不需要弹射器、发射架等进行发射;③飞行高度低,具有很强的机动性,执行特种任务能力强;④结构简单,控制灵活,成本低,螺旋桨小,安全性好,拆卸方便,易于维护。缺点是续航时间短,载荷小。多旋翼无人机常常应用于地形简单的小范围的测绘应用,如电力巡检、城市管理、气象、电力、抢险救灾等。随着技术的成熟,多旋翼无人机成为消费级无人机的主力,越来越多地应用于生产生活中,如影视航拍等,成为了无人机市场的热点。

图 8.2　多旋翼无人机示例(大疆精灵 4)

8.2.1.3 混合翼无人机

混合翼无人机整体采用固定翼，但机翼上附有4个可以转换方向的旋翼，如图8.3所示，无人机起飞和着陆时，旋翼轴处于垂直状态，因此可以保障无人机的垂直起降，成功起飞后，旋翼轴会转变为水平状态，转为固定翼模式，从而使无人机保持较快的飞行速度和较长的续航时间。混合翼无人机融合了固定翼和多旋翼无人机的优点，同时具备了垂直起降和高速巡航的能力，结构简单，可靠性高，不需要跑道和起降空域，保证了它能够在山区、丘陵、丛林等复杂地形和建筑物密集的区域顺利作业，极大地扩展了无人机的应用范围，可应用在地籍测绘、边防监控、军事侦查、精准农业、抢险救灾等方面。

图8.3 混合翼无人机

随着消费级无人机的发展，无人机数字摄影测量技术逐渐替代了传统的测量方式，成为测绘中获取数据的一种主要的手段和方法。无人机数字摄影测量技术以获取高分辨率数字影像为应用目标，以无人驾驶飞机为飞行平台，以高分辨率数码相机为传感器，通过3S技术在系统中集成应用，最终获取小面积、真彩色、大比例尺、现势性强的航测遥感数据与产品。无人机数字摄影测量主要应用于基础地理数据的快速获取和处理，无人机数字摄影测量与传统的测绘方式以及卫星遥感方式相比，具有以下优点：①无人机摄影测量与传统测绘方式相比，具有灵活机动的特点，大大减少了传统测绘方式中的人力、物力的消耗。②无人机可以在云下超低空飞行，弥补了卫星光学遥感等方式受云层遮挡获取不到影像的缺陷，可获取高分辨率的影像。③无人机数字摄影测量精度高，达到了亚米级，能够满足城市建设精细测绘的需要。④无人机数字摄影测量成本低，操作简单，所需人员少，无需特定的起降场地。⑤无人机数字摄影测量周期短、效率高，对于面积较小的大比例尺地形测量任务（$10\sim100km^2$），受天气和空域管理的限制较多，大飞机航空摄影测量成本高；而采用全野外数据采集方法成图，作业量大，成本也比较高。此外，对无人机遥感系统进行工程化、实用化开发，则可以利用它机动、快速、经济等优势，在阴天、轻雾天也能获取合格的影像，从而将大量的野外工作转入内业，既能减轻劳动强度，又能提高作业的效率和精度。⑥无人机倾斜摄影测量具有一次航摄即可得到三维模型的特点。

8.3 实验工具

本次实验外业无人机数字摄影测量采集采用大疆精灵 PHANTOM 4 PRO V2.0 无人机，其外观如图 8.4、图 8.5、图 8.6 所示。

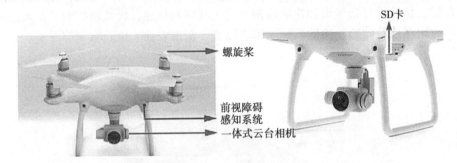

图 8.4 大疆精灵 PHANTOM 4 PRO V2.0 外观

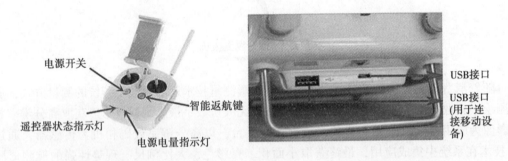

图 8.5 大疆精灵 PHANTOM 4 PRO V2.0 遥控器外观

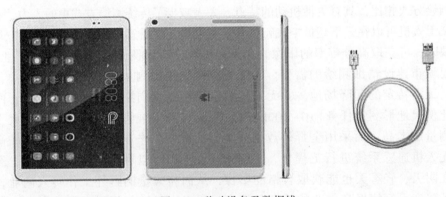

图 8.6 移动设备及数据线

8.4 技术规范

(1)国家测绘局测绘标准化研究所,国家测绘局第一航测遥感院,等.GB/T 23236—2009 数字航空摄影测量 空中三角测量规范[S].北京：中华人民共和国国家质量监督检验检疫总局,中国国家标准化管理委员会,2009.

(2)国家测绘局测绘标准化研究所,国家测绘地理信息局第一大地测量队,等.CH/T 3006—2011 数字航空摄影测量 控制测量规范[S].北京：国家测绘地理信息局,2011.

(3)国家测绘局测绘标准化研究所,江苏省测绘研究所.GB/T 6962—2005 1∶500 1∶1000 1∶2000 地形图航空摄影规范[S].北京：中华人民共和国国家质量监督检验检疫总局,中国国家标准化管理委员会,2005.

(4)国家测绘局测绘标准化研究所.GB/T 7931—2008 1∶500 1∶1000 1∶2000 地形图航空摄影测量外业规范[S].北京：中华人民共和国国家质量监督检验检疫总局,中国国家标准化管理委员会,2008.

(5)中国测绘科学研究院,北京航空航天大学,等.CH/Z 3001—2010 无人机航摄安全作业基本要求[S].北京：国家测绘局,2010.

(6)中国测绘科学研究院,北京航空航天大学,等.CH/Z 3002—2010 无人机航摄系统技术要求[S].北京：国家测绘局,2010.

(7)中测新图(北京)遥感技术有限责任公司,中国测绘科学研究院,等.CH/Z 3004—2010 低空数字航空摄影测量外业规范[S].北京：国家测绘局,2010.

(8)中测新图(北京)遥感技术有限责任公司,中国测绘科学研究院,等.CH/Z 3005—2010 低空数字航空摄影规范[S].北京：国家测绘局,2010.

(9)中测新图(北京)遥感技术有限责任公司,国家基础地理信息中心.GB/T 27919—2011 IMU/GPS 辅助航空摄影技术规范[S].北京：中华人民共和国国家质量监督检验检疫总局,中国国家标准化管理委员会,2011.

8.5 实验步骤

无人机数字摄影测量采集实验包括制订航摄计划、像控点设计、外业像控点采集(控制点数据)、无人机摄影测量外业航飞得到初始数据(相机文件、影像数据、POS(position and orientation system,POS)数据、无人机影像快速拼接等这几个环节。

制订航摄计划和外业航飞一般由用户单位提出航摄要求并制定任务书,航摄单位根据用户单位的航摄任务书制订航摄计划和技术方案设计,经用户同意后报经航飞主管部门,申请进行航飞拍摄。

对于搭载高精度 POS 的无人机,在某些精度要求下,可以不采集地面像控点。但高精度 POS 造价过高,尚未得到普及；而低精度的 POS 又不足以代替地面像控点,仅能起到辅助作用。本次实验所用无人机暂不具备高精度 POS 系统,因此仍需进行像控点设计和测量工作。

像控点测量使用 GNSS RTK 技术，得到的控制点文件是数据加工中必备的已知数据，而原始的 POS 数据由于精度不够高，一般只做辅助数据。一个测区一般只需要采集少量的控制点，利用这些控制点在内业中进行空三加密，得到密集的控制点，或者直接利用少数的控制点文件，以初始外方位元素为辅助直接进行整个测区的定向，求取所有航带影像的外方位元素的精密解，再用以数据的后续加工。

无人机数字摄影测量采集实验的整个流程如图 8.7 所示。

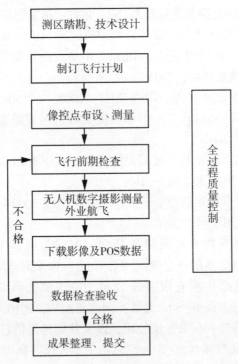

图 8.7　无人机数字摄影测量采集流程图

根据无人机数字摄影测量采集实验的流程，本实验分为以下几个步骤：
步骤一：无人机摄影测量技术设计书的编写实验；
步骤二：像控点设计及采集实验；
步骤三：无人机摄影测量外业航飞实验。

8.5.1　步骤一　无人机摄影测量技术设计书的编写

在进行无人机数字摄影测量作业之前，需要按照规范进行无人机数字摄影测量技术设计，制定详细的无人机数字摄影测量设计书，该技术设计书需要根据用户单位对航摄资料的使用要求和提出的技术要求确定技术参数、使用的仪器、实施方案以及质量控制等，设计书主要包括以下几个方面的内容：

（1）项目概述：说明该项目的基本情况，包括项目来源、项目内容、测区范围、地理位置及具体任务以及完成工期等。

(2)测区概况：说明测区高程、相对高差、地形类别、困难类别，说明气候、风雨季节及生活条件等以及现有资料情况等。

(3)作业依据与基本规定：作业依据主要为作业所参考的规范等，基本规定则一般规定所使用的平面和高程坐标系统、成图规格、基本等高距及高程注记以及其他的一些技术指标。

(4)技术方案：包括技术路线及工艺流程。

(5)航空摄影：包括无人机飞行平台的选择，无人机数字摄影测量技术参数的确定，如航高、航向重叠度、旁向重叠度、测区基准面等，航摄季节和摄影时间的规定、摄影质量控制。

无人机飞行平台的选择应根据测区的环境、范围大小以及成图的要求等选择合适的无人机以及相应的摄影镜头，以保证作业顺利完成。

无人机数字摄影测量技术参数的确定包括：

1）地面分辨率的选择

各摄影分区基准面的地面分辨率应根据不同比例尺航摄成图的要求，结合分区的地形条件、测图等高距、航摄基高比以及影像用途等，在确保成图精度的前提下，本着有利于缩短成图周期、降低成本、提高测绘综合效益的原则在表8.2的范围内选择。

表8.2　　　　　　　　　　地面分辨率与测图比例尺的关系

测图比例尺	地面分辨率/cm
1∶500	≤5
1∶1000	8~10
1∶2000	15~20

2）航摄分区的划分

划分航摄分区应遵循以下原则：

(1)分区界线应与图廓线一致；

(2)分区内的地形高差不应大于1/6摄影航高；

(3)在地面高差突变，地形特征差别显著或有特殊要求时，可以破图廓划分航摄分区；

(4)划分分区时，应考虑航摄飞机侧前方安全距离与安全高度。

3）分区基准面高度的确定

依据分区地形起伏、飞行安全条件等确定分区基准面高度，当采用DEM设计时，摄影分区基准面高程计算公式为：

$$h_{基} = \frac{\sum_{i=1}^{n} h_i}{n} \tag{8.1}$$

式中，$h_{基}$为摄影分区基准面高程，单位为米(m)；h_i为分区内DEM格网点的高程值，单位为米(m);n 为分区内 DEM 格网点个数。

当在地形图上选择高程点计算分区平均平面高程时,可分为两种情况:平原和地形高差不大的平缓地区及丘陵和地形起伏较大的地区。所采用的公式分别如下:

$$h_{基} = \frac{h_{最高} + h_{最低}}{2} \tag{8.2}$$

$$h_{基} = \frac{h_{高平均} + h_{低平均}}{2} \tag{8.3}$$

$$h_{高平均} = \frac{\sum_{i=1}^{n} h_{i高}}{n} \tag{8.4}$$

$$h_{低平均} = \frac{\sum_{i=1}^{n} h_{i低}}{n} \tag{8.5}$$

式中,$h_{高平均}$ 为分区内高点平均高程,单位为米(m);$h_{低平均}$ 为分区内低点平均高程,单位为米(m)。

4)航线敷设方法

航线敷设应遵循以下原则:

(1)航线一般按东西方向平行于图廓线直线飞行,特定条件下也可以南北方向飞行或沿线路、河流、海岸、境界等方向飞行;

(2)曝光点应尽量采用数字高程模型依地形起伏逐点设计;

(3)进行水域、海区摄影时,应尽可能避免像主点落水,要确保所有岛屿达到完整覆盖,并能构成立体像对。

5)航摄季节和航摄时间的选择

选择最佳航摄季节,应在合同规定的航摄作业期限内,综合考虑下列主要因素:

(1)大气透明度好、光照充足、地表植被及其覆盖物(如洪水、积雪、农作物等)对摄影和成图的影像最小。

(2)航摄时,既要保证具有充足的光照度,又要避免过大的阴影。航摄时间一般应根据表8.3规定的摄区太阳高度角和阴影倍数确定。

表8.3　　　　　　　　　　摄区太阳高度角和阴影倍数

地形类别	太阳高度角(°)	阴影倍数
平地	>20	<3
丘陵地和一般城镇	>25	<2.1
山地和大、中城市	≥40	≤1.2

(3)沙漠、戈壁、森林、草地、大面积的盐滩、盐碱地,当地正午前后各2小时内不应摄影。

(4)陡峭山区和高层建筑物密集的大城市应在当地正午前后各 1 个小时内摄影,条件允许时,可实施云下摄影。

6)计算无人机摄影测量航摄因子

计算无人机摄影测量航摄因子包括:分区面积、航摄比例尺、分区基准面高程、绝对航高、基线长度、航线间隔、航线长度、分区像片数等。

8.5.2 步骤二 像控点设计及采集实验

由于技术的进步与发展,现在无人机上普遍搭载 GPS+IMU 设备,使得无人机在空中的定位更加准确。目前对于在无人机上搭载 RTK 设备以免去地面像控点布设的技术正受到业内重视,也展开了如火如荼的研究,但是由于搭载了 RTK 设备的无人机普遍价格较高,所以现在还是有很大一部分无人机是无法达到免像控的精度的,还是要进行像控点的布设和测量。

对于有 GPS+IMU 辅助的规则区域像控点布设来说,由于最弱精度位于区域四周,所以平面控制点应布设在四周,从而起到控制精度的作用。应采用角点布设法,即在区域网四角布设控制点,平坦地区可根据需要加布高程控制点,不规则区域网应在其周边增设像控点,可根据需要在中间加设控制点。对于小场景来说,布设的规则为均匀分布四角及中心点,对于大场景来说,布设的规则不仅仅在四角和中心点,还对平面控制点航向和旁向方向上的航线跨度有要求,具体请参阅《低空数字航空摄影测量外业规范》(CH/Z 3004—2010);同时应至少布设 1~2 个检查点,并且可以在中间或者适当的位置多采集几个控制点,以便将测区的精度控制在允许范围内。由于技术的进步,大多数的像控点测量使用RTK 技术,所以采集的点大多为平高控制点,布点方案如图 8.8 所示。

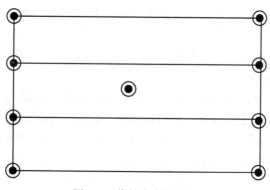

图 8.8 像控点布设方案

实地布设像控点时,像控点应选择影像上清晰的、易于判刺和立体量测的点,如选在交角良好(30°~150°)的细小线状地物交点、明显地物拐角点、原始影像中不大于 3×3 像素的点状地物中心,同时应是高程起伏较小、常年相对固定且易于准确定位和量测的地方,弧形地物及阴影等不应选作控制点点位。控制点布设可在快速拼接出图的影像图上设计及标记。

像控点测量可以采用 GNSS RTK 的方式或者全站仪碎部测量的方式。在采集像控点的同时，应用相机(或手机)拍摄实际采集点位位置，拍摄时一定要拍到仪器杆子底部位置，并兼顾近景、远景，尽可能将视场放宽，能从拍摄的影像上看到大场景，可以适当地从不同角度、不同距离拍摄多张影像，以便后期刺点使用。

8.5.3 步骤三　无人机摄影测量外业航飞

无人机摄影测量外业实施应满足以下要求：

(1)航摄实施前，必须向有关部门申请空域并报备航摄计划，根据《民用无人驾驶航空器系统驾驶员管理暂行规定》，重量小于等于 7kg 的微型无人机，飞行范围在目视距离半径 500m 内、相对高度低于 120m 范围内，不需要证照，否则执行任务的飞手必须具有中国 AOPA 协会颁发的无人机驾驶员执照等资格。

(2)航摄实施前应制订详细的飞行计划，且应针对可能出现的紧急情况制订应急预案。

(3)超轻型飞行器航摄系统实施航摄时，风力应不大于 5 级；无人飞行器航摄系统实施航摄时，固定翼飞机要求风力应不大于 4 级。

(4)轻型无人机外业实施的其他要求按照 CH/Z 3001 执行。

(5)在需要进行差分 GPS 测量计算实际曝光点坐标的情况下，可就近布设 GPS 地面基准站。

本次实习要求大疆 PHANTOM 4 PRO V2.0 无人机至少采集三条航线，使用大疆运行在 ipad 上的地面站软件 GSPro 设计航线。

8.5.3.1　实地踏勘

在进行无人机摄影测量外业航飞前，首先需要进行实地踏勘和场地选取。实地踏勘是对摄区或摄区周围采集地形地貌、地表植被以及周围的机场、重要设施、城镇布局、道路交通、人口密度等信息，为起降场地的选取、航线规划、应急预案制订等提供资料。

场地选取是一般根据无人机的起降方式，寻找并选取合适的起降场地等。

8.5.3.2　航线规划

在航线规划软件上规划好飞行区域，并设置相应参数，大疆 GSPro 需要设置的参数包括拍照模式、飞行速度、飞行高度、航向重叠度、旁向重叠度等，注意飞行速度要在飞机可承受范围之内，飞行高度要满足测区精度需求并且一般要高于测区最高建筑物 30m 以上，航向重叠度和旁向重叠度满足规范和项目设计要求，尽量不要存在航摄漏洞，当起飞点与任务起始点相距较远或者想调整航线角度时，可调节主航线角度，以满足需求，其他需要设置的参数根据实际需要设置即可，如图 8.9 所示。

8.5.3.3　起飞前检查

勘察环境是否满足安全飞行要求，包含判断风力是否影响影像采集，避开高大建筑物、人群密集区域、磁场干扰严重的区域，起飞点对设备连接、图传等信号影响较大，选择合适的起飞点；检查设备是否达到飞行条件。打开无人机及遥控装置电源，查看遥控器、电池、移动设备电量，确保电量满足飞行要求；查看相机和云台是否正常工作；检查桨叶是否牢固；检查存储卡是否插入。起飞前的检查是一项非常重要的准备工作，务必检

图 8.9　GSPro 航线设计

查到位。

8.5.3.4　航摄实施

飞行员进行飞行前检查确认没问题可以执行航摄任务后，进行航摄任务实施，起飞阶段最好在视距范围内设置一段检查航线，飞行 2~5 分钟，以观察无人机及机载设备的工作状态，在飞机按照规划好的航线执行任务时，飞行操作员须全程手持遥控器，密切观察无人机的工作状态，如无人机的飞行高度、风速、飞行姿态、机载电源电压等，做好应急干预的准备，如图 8.10 所示。任务结束后对无人机设备以及电池电量等做必要的检查。

8.5.3.5　数据检查验收

外业实施完成后，应对获得的数据进行初步检查，要求的数据飞行质量和影像质量如下：

1）飞行质量

（1）像片重叠度：

像片重叠度应满足航向重叠度，一般应为 60%~80%，最小不应小于 53%，旁向重叠度一般应为 15%~60%，最小不应小于 8%。以上为规范规定，但由于计算机技术以及摄影测量数据处理技术的进步，现在处理大重叠度的像片的效率以及质量大大提高，所以在实际项目中一般旁向重叠度也应为 60%~80%，当进行倾斜摄影测量时，航向重叠度和旁向重叠度甚至要求达到 80% 以上。

（2）像片倾角：

像片倾角一般不大于 5°，最大不超过 12°，出现超过 8° 的片数不多于总数的 10%。特别困难地区一般不大于 8°，最大不超过 15°，出现超过 10° 的片数不多于总数的 10%。

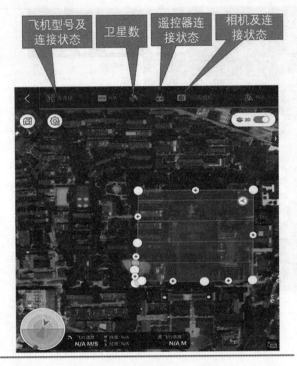

图 8.10 飞行中需关注的信息

(3) 像片旋角：

像片旋角一般不大于 15°，在确保像片航向和旁向重叠度满足要求的前提下，个别最大旋角不超过 30°，在同一条航线上旋角超过 20°像片数不应超过 3 片，超过 15°旋角的像片数不得超过分区像片总数的 10%，而且像片倾角和像片旋角不应同时达到最大值。

(4) 摄区边界覆盖保证：

航向覆盖超出摄区边界线应不少于两条基线。旁向覆盖超出摄区边界线一般应不少于像幅的 50%；在便于施测像片控制点及不影响内业正常加密时，旁向覆盖超出摄区边界线应不少于像幅的 30%。

(5) 航高保持：

在同一航线上相邻像片的航高差不应大于 30m，最大航高与最小航高之差不应大于 50m，实际航高与设计航高之差不应大于 50m。

(6) 漏洞补摄：

航摄中出现的相对漏洞和绝对漏洞应及时补摄，应采用前一次航摄飞行的数码相机补摄，补摄航线的两端应超出漏洞之外两条基线。

2) 影像质量

影像质量应满足以下要求：

(1) 影像应清晰，层次丰富，反差适中，色调柔和；应能辨认出与地面分辨率相适应的细小地物影像，能够建立清晰的立体模型。

(2)影像上不应有云、云影、烟、大面积反光、污点等缺陷。

(3)确保因飞机地速的影响,在曝光瞬间造成的像点位移一般不应大于 1 个像素,最大不应大于 1.5 个像素。

(4)拼接影像应无明显模糊、重影和错位现象。

8.6 思考题

(1)无人机数字摄影测量采集分为哪几步?

(2)无人机数字摄影测量对影像质量和飞行质量的要求分别是什么?

8.7 推荐资源

(1)微信小程序:航线计算小工具;

(2)大疆官网(https://www.dji.com/cn);

(3)微信公众号:GIS 前沿、测绘之家。

8.8 参考文献与资料

(1)大疆精灵 4 pro V 2.0 设备及软件使用说明及参考资料(https://www.dji.com/cn).

(2)邓非,等. 摄影测量实验教程[M]. 武汉:武汉大学出版社,2012.

(3)丁华,等. 数字摄影测量及无人机数据处理技术[M]. 北京:中国建材工业出版社,2018.

(4)郭学林,等. 航空摄影测量外业[M]. 郑州:黄河水利出版社,2011.

(申丽丽)

第9章 无人机数字摄影测量空中三角测量实验

9.1 实验目的

了解和掌握无人机数字摄影测量系统功能及操作过程,掌握空中三角测量的技术流程。

9.2 实验原理

9.2.1 空中三角测量原理

摄影测量学经过一百多年的发展,已经从模拟摄影测量阶段发展到数字摄影测量阶段。计算机、航空及航天技术的快速发展,使摄影测量的功能更加强大,应用领域也更加广泛,尤其是近年来,无人机的快速发展,使得数字摄影测量在测绘、电力、灾害监测等行业发挥越来越重要的作用。由于其外业工作量少,已经可以逐步取代传统测绘方式成为获取数据的重要方式。

而无人机数字摄影测量之所以外业工作量少是因为它强大的内业数据处理能力,这其中最重要的一步就是空中三角测量。空中三角测量是以像片上量测的像点坐标为依据,采用较严密的数学模型,按最小二乘原理,用少量地面控制点为平差条件,在计算机上解算测图所需控制点的地面坐标的方法。由于空中三角测量的主要目的是为地形图测绘加密出足够的控制点,因此也被称为空三加密。

空中三角测量的特点:将大部分野外测控工作转至室内完成;不接触被测目标即可测定其位置和形状;可以快速地在大范围内实施点位的测定,节省大量的外业测量工作;不受地面通视条件的限制,凡从空中摄站可摄取的目标,均可测定其点位;区域网平差精度高,内部精度均匀。

数字空中三角测量又称为自动空三,直接在计算机屏幕显示的数字影像上,自动采集加密点的像点坐标,进而计算出待定点的地面坐标。当前,数字空中三角测量已成为主流的作业方式,但是数字空中三角测量仍然沿用解析空中三角测量的数学模型。

解析空中三角测量按加密区域又分为单模型法、单航带法和区域网法。区域网法是目前空中三角测量中应用最多的方法,它是指利用测区中影像连接点的像点坐标和少量的已知像点坐标及其大地坐标的地面控制点，通过平差计算，求解连接点的大地坐标及影像的外方位元素，区域网空中三角测量提供的平差结果是后续的一系列摄影测量数据处理与应用的基础。区域网空中三角测量按平差单元又分为航带法区域网空中三角测量、独立模型法区域网空中三角测量以及光束法区域网空中三角测量。其中光束法理论最严密、解算精度最高，因此成为空中三角测量的主流方法。

光束法区域网平差的基本思想是以每张像片所组成的一束光线作为平差的基本单元，以共线条件方程作为平差的基础方程，通过各个光束在空中的旋转和平移使模型之间公共点的光线实现最佳交会，并使整个区域纳入到已知的控制点地面坐标系中，所以光束法区域网平差可通过建立全区统一的误差方程，统一平差解算，整体解求区域内每张像片的6个外方位元素及所有加密点的地面坐标。

9.2.2 无人机数字摄影测量数据处理软件

随着无人机数字摄影测量技术的发展，国内外有一批优秀的数字摄影测量数据处理软件，如 Context Capture、中国的航天远景软件等。下面简单地对一些比较常见的软件系统进行介绍及对比，见表9.1。

表9.1 四种软件优缺点对比

公司	软件名称	优点	缺点
航天远景公司	MapMatrix系列	界面简洁，中间可以人工干预调整，采集软件，符合国内规范要求和作业习惯，可以在三维模型上采集DLG。既有专门处理正射影像的软件模块也有倾斜摄影测量数据处理模块。	软件分块较多，操作较复杂，门槛较高
Bentley公司	Context Capture	生成非常高质量的3D模型，仅仅依靠简单连续的二维影像，就能还原出最真实的实景真三维模型；生成切片模型；支持视频处理，从视频中提取像片；在倾斜摄影测量数据处理中应用得较多	刺点时使用关联点和GCP很不方便，软件较复杂，不易上手
Agisoft公司	Agisoft Metashape	支持大量文件格式，可以导出第三方软件执行某些任务的中间结果，然后导入到该软件中继续处理；无须设置初始值，无须相机检校，可生成高分辨率DOM及带精细色彩纹理的DEM模型，完全自动化的工作流程，低门槛	三维建模时生成的模型纹理效果不理想
瑞士Pix4D公司	Pix4D mapper	易学，门槛低；界面直观；图像处理过程完全自动化，无需任何用户干预即可运行；适合快速拼接影像，适用于应急测绘	用户对处理的影像操作有限，没办法解决并调整中间结果。地形模型质量有限，无法获得高质量的地形模型

9.3 实验工具

本次实验数据处理使用硬件为 DELL Precision 3630 塔式工作站，配置如下：英特尔酷睿 i7-9700 处理器，32G 内存，NVIDIA Quadro P4000 显卡，DELL 3D 显示器支持 60~144Hz 刷新率，如图 9.1 所示。

图 9.1　DELL 工作站及 3D 显示器

本实验所采用的软件为航天远景公司开发的 MapMatrix 系列软件中的 HAT 软件，该系列软件在数字摄影测量行业的市场占有率较高，功能强大，拥有无人机内业数据处理流程中各个环节的配套软件。

9.4 技术规范

(1) 国家测绘局标准化研究所，国家测绘局第一航测遥感院，等 . GB/T 23236—2009 数字航空摄影测量 空中三角测量规范[S]. 北京：中华人民共和国国家质量监督检验检疫总局，中国国家标准化管理委员会，2009.

(2) 国家测绘局测绘标准化研究所 . GB/T 7930—2008　1∶500　1∶1000　1∶2000 地形图航空摄影测量内业规范[S]. 北京：中华人民共和国国家质量监督检验检疫总局，中国国家标准化管理委员会，2008.

(3) 中国测绘科学研究院，北京航空航天大学，等 . CH/Z 3002—2010　无人机航摄系统技术要求[S]. 北京：国家测绘局，2010.

(4) 中测新图（北京）遥感技术有限责任公司，中国测绘科学研究院，等 . CH/Z 3003—2010　低空数字航空摄影测量内业规范[S]. 北京：国家测绘局，2010.

(5) 中测新图（北京）遥感技术有限责任公司，中国测绘科学研究院，等 . CH/Z 3005—2010　低空数字航空摄影规范[S]. 北京：国家测绘局，2010.

9.5 实验步骤

9.5.1 总体流程

空中三角测量实验使用航天远景公司自主开发的 HAT V1.0 稀少空三控制平台，该平台利用少量地面控制点来计算测区中所有影像的外方位元素和所有加密点的地面坐标，并且该平台可以自动完成内定向、连接点提取等功能，连接点自动提取模块算法先进、效率高、运行可靠、结果精确。

空中三角测量的工作流程如图 9.2 所示。

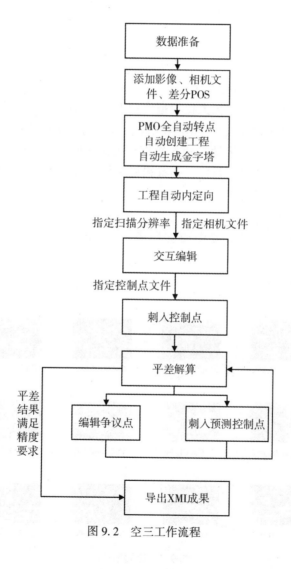

图 9.2 空三工作流程

9.5.2 数据准备

本实验用到的所有数据为：原始影像文件（images 文件夹中）、低精度 pos 文件（pos.txt）、控制点坐标文件（ctl.txt）、控制点点位图（像控点文件夹）、相机参数文件（camera.txt），以上所有原始数据都存放在 test 文件夹中，如图 9.3 所示。

名称	修改日期	类型	大小
images	2020/12/15/周二…	文件夹	
像控点	2020/12/15/周二…	文件夹	
camera.txt	2019/7/2/周二 8:…	文本文档	1 KB
ctl.txt	2019/7/1/周一 1…	文本文档	1 KB
pos.txt	2019/7/1/周一 1…	文本文档	8 KB

图 9.3　实验数据

需要说明的是，不是所有的无人机数据中都有 POS 数据、相机参数文件和控制点文件，如果无人机上搭载了高精度的 IMU+GNSS 设备，则可获得高精度的 POS 数据，这时是不需要地面控制点的，而如果没有 POS 数据，则需要地面控制点。对于相机参数来说，如果无人机搭载的相机事先做了检校，则有相机参数文件，而如果没有提前做相机检校，则需要使用软件进行自检校处理。

9.5.2.1 原始影像文件

本实验的影像文件有三条航带共 12 张影像，影像的扫描分辨率为 0.00414mm，如图 9.4 所示。

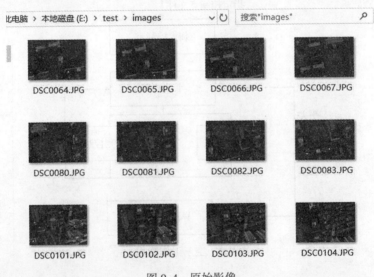

图 9.4　原始影像

9.5.2.2 POS 数据

本实验的 POS 数据是低精度数据，精度在 10m 左右，格式为 Pos_ID、X、Y、h、Phi、Omega、Kappa，如图 9.5 所示。坐标系为 WGS-84 平面坐标系，角度以度为单位。

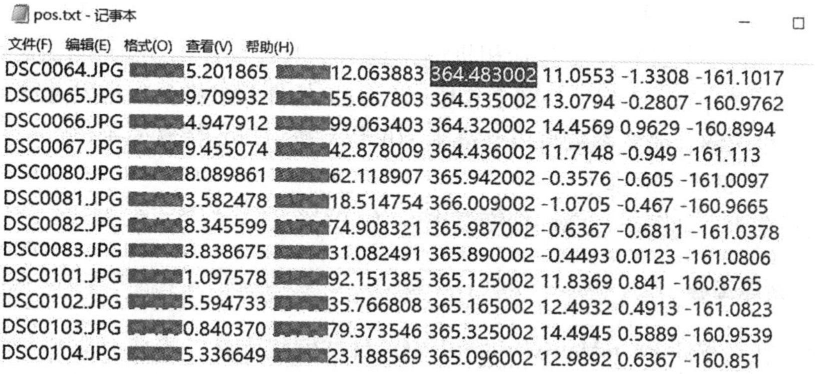

图 9.5 POS 数据

需要说明的是，不是所有的无人机数据中都有 POS 数据，如果没有 POS 数据，则需要手动寻找控制点，对刺点工作来说工作量较大。

9.5.2.3 控制点坐标文件

本实验控制点文件格式：第一行为控制点个数，第二行开始为控制点坐标，分别为点号、X、Y、H，坐标系为 WGS-84 平面坐标系。

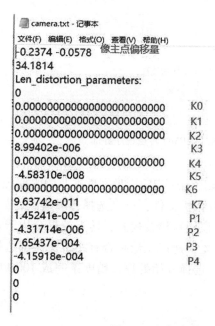

图 9.6 相机文件

需要说明的是，如果无人机上采用了高精度的 IMU+GNSS 技术的话，则可以达到免像控测量，即不需要地面控制点就可以达到最高 1∶500 的精度的要求。

9.5.2.4 控制点点位图

控制点点位图是说明控制点所在位置的示意图，以及控制点具体位置的点之记等。

9.5.2.5 相机参数文件

本实验的相机参数文件主要包括相机的主点 x0、y0，焦距 f，径向畸变系数 k1、k2、k3 和偏心畸变系数 p1、p2 等，如图 9.6 所示。HAT 软件要求像元大小以及像主点偏心和焦距是 mm 为单位的，畸变参数可以是毫米为单位，也可以是像素为单位。

9.5.2.6 数据处理要求

数据处理要求：达到 1∶2000 精度要求。

9.5.3 新建工程

通过单独转点程序 PhotoMatrixOrient(PMO)自动创建工程，需要有影像、pos(不是必须的)，如果有 pos 文件可以提高转点精度和速度，启动 HAT 安装目录下的 PMO 转点程序，弹出如图 9.7 所示界面。

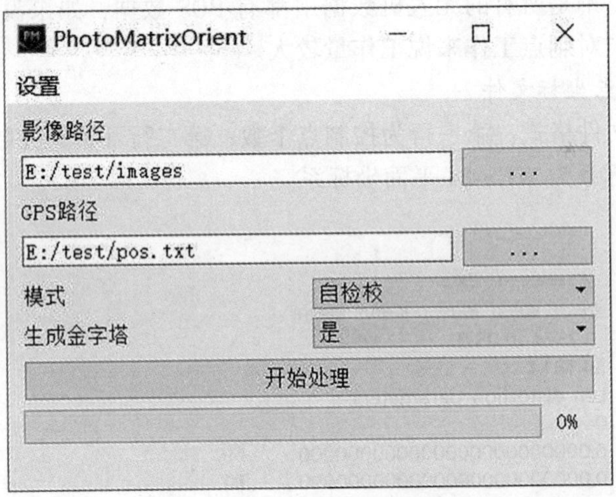

图 9.7 PMO 转点程序界面

根据弹出对话框中的提示，影像路径中指定影像文件夹，GPS 路径指定 pos 文本，模式有两种，普通和自检校。如果已有相机文件，可以选择普通模式，如果没有相机文件，可以选择自检校模式(一般情况下建议用自检校模式，转点效果会优于普通模式，包含专业量测相机影像)。但是根据作业经验，建议无论是否有相机文件都选择自检校模式，转点精度会更高。参数设置完成以后，选择开始处理，精度条完成 100% 的时候，自动跳转到 HAT 主界面，截图如图 9.8 所示。

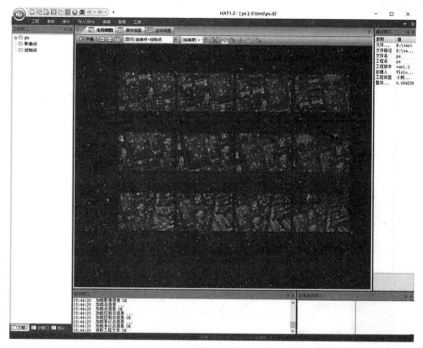

图 9.8　HAT 界面

9.5.4　设置扫描分辨率内定向

执行内定向操作前，用户需要为工程的所有影像指定正确的扫描分辨率。用户在工程窗口中左键单击工程名节点，然后在属性窗口里设置整体扫描分辨率参数，本实验的扫描分辨率为 0.00414mm，截图如图 9.9 所示。

图 9.9　扫描分辨率设置界面

程序执行完整体扫描分辨率设置后，会在输出窗口中提示设置整体扫描分辨率成功。并提示是否进行内定向，因为设置了扫描分辨率，所以需要重新进行内定向。

说明：用户左键单击 strip-* 航节点或者左键单击某影像 ID 节点，可设置航带扫描分辨率参数或者单张影像的扫描分辨率参数。

9.5.5 参数编辑

9.5.5.1 相机文件编辑

如果在 PMO 转点的步骤中，用户勾选了自检校，软件会自动生成相机文件并且填写在相机文件编辑中。如果用户提供了自检校相机文件，可以选择"参数"下的"相机文件"，在弹出的对话框中，可以选择导入相机文件，也可以手动填写相机参数，截图如图 9.10 和图 9.11 所示。

图 9.10　相机文件参数编辑设置界面

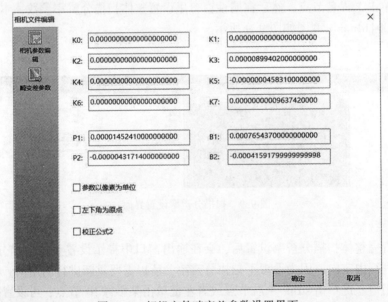

图 9.11　相机文件畸变差参数设置界面

导入相机文件后系统提示是否重新内定向，如果相机参数有变化，需要进行重新内定向，所以选择"是"即可。重新内定向采用了输入的扫描分辨率和相机参数对像片进行内定向。

9.5.5.2 控制点文件编辑

选择"参数"→"控制点文件"，在弹出的对话框中，选择导入控制点文件，也可以手动输入编辑控制点文件。

说明：使用导入的方式 1 可以导入已经编辑好的控制点格式，方式 2 是手动输入控制点格式选择确定☑。平面与高程中的数字下拉有 0~9 个选择，0 代表不参与平差，1~9 代表参数平差，其中 1~9 又代表分组，用户可以将控制点分成一组或者多组进行平差，截图如图 9.12 所示。

图 9.12　平高点是否参与平差的编辑界面

9.5.5.3 POS 文件编辑

选择"参数"→"POS 文件"，在弹出的对话框中，选择导入 POS 文件，截图如图 9.13 所示。

说明：用户在选择 PMO 转点的时候已经指定过 POS 文件，如果 POS 文件是精度不高的 POS 数据，这一步不需要指定，因为后期 POS 不参与平差；如果是带差分 GPS，这里需要再次指定 POS 文件，并且影像 ID 中的后缀要去掉，高精度 GPS 参与平差，可以提供测区的高程精度，并有效减少外业像控点数量。

9.5.6 影像管理

由于 PMO 转点后新建的工程中的影像 ID 不是以影像名命名的，并且影像的顺序和方向不是真实的航带顺序，所以需要对影像名、影像排序及影像方向等进行管理。

在工程窗口右键单击某个航带节点，选择"影像管理"菜单命令，截图如图 9.14 所示。弹出对话框，用户点击"刷新 ID"按钮，即可按影像名规则命名。在影像列表中右键单击，会弹出快捷菜单，可对选择的影像排序，截图如图 9.15 所示。

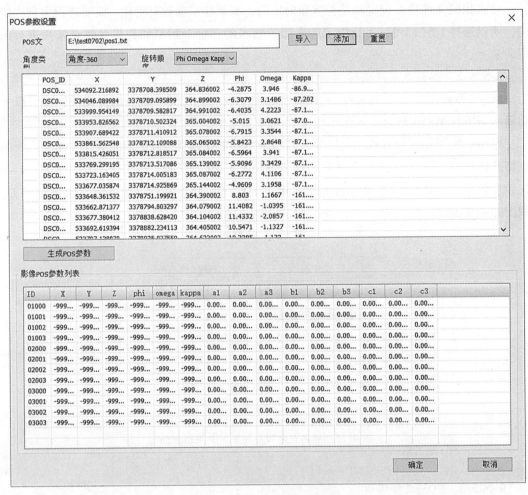

图 9.13 POS 文件编辑界面

刷新影像 ID 号这一步骤，建议用户必须处理，因为后期导出 MapMatrix 工程的时候，如果用户拷贝数据到另外一台电脑，在影像路径发生变化需要关联影像的时候，容易出现影像 ID 号不一致而关联不上的问题。

9.5.7 刺入像控点

自动转点后，可先在工程区域的四角周边刺入几个控制点，在全局视图窗口工具条上左键单击加点按钮 ，进入加点状态，在控制点点位图中找到该控制点所在的大概位置。用户在全局视图里找到该点所在的影像后，在控制点点位处单击左键，此时鼠标单击处的影像上添加一个点，如果想在另一张影像上也刺入该点，可以按住键盘上的 Ctrl 键并在相应位置用鼠标左键点击，即可在另一张影像上也添加该控制点。用相同的方法在所有具有该点的影像上刺入该点，然后进入画布视图，在画布视图窗口精细调整点位。左键单击"画布视图"标题进入画布视图界面，如图 9.16 所示。

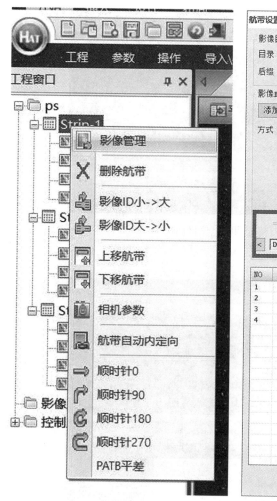
图 9.14 影像管理

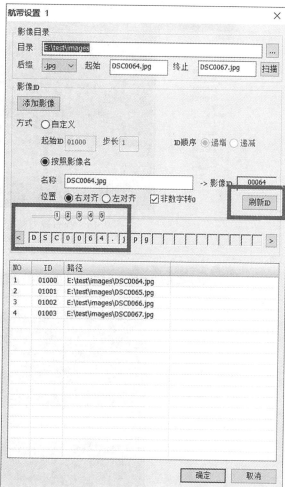
图 9.15 航带设置界面

在"画布视图"里每个影像精细窗口上用鼠标左键单击,确定控制点的精确位置,使用"画布视图"里的工具条按钮 放大视图,一般放大到 3 倍(可直接在"缩放比例"列表中选择"1∶3"),然后使用精细窗口下的 ![] 按钮微调整点位,如果某精细窗口上的点位距离影像边沿太近或者不是同名点位,可用鼠标左键点击该精细窗口下的按钮 ![],"画布视图"中该精细窗口消失,则删除了该影像上的点位。若用户想取消删除该影像上的点位的操作,可使用程序窗口上的"撤销"按钮 ![]。点击画布视图工具条上的按钮 ![],会删除该 ID 点。当点位编辑准确后,若是控制点,还需要指定控制点点号。在"画布视图"中使用工具条上的"修改 ID 和类型"按钮 ![],弹出对话框,如图 9.17 所示。

111

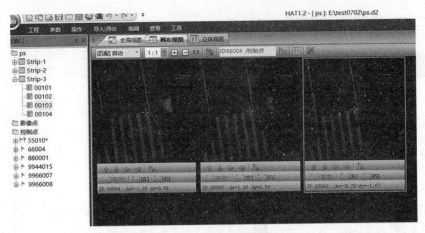

图 9.16　画布视图精细调整点位界面

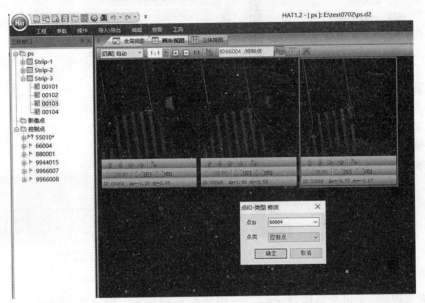

图 9.17　修改 ID 和类型界面

在弹出的对话框中"点类型"列表中选择"控制点"参数项,"点 ID"列表中列出控制点点号(说明:之前必须指定控制点文件),在"点 ID"下拉列表中选择控制点点号,然后点击"确定"按钮,连接点被修改为指定点号的控制点。(提示:控制点点号只能选择指定,连接点点号可以输入编辑)。

说明:对添加的控制点有疑问时,可以用如图 9.18 所示功能将控制点作为连接点参与平差,工程窗口该控制点前有"问号"标记。若想还原为控制点参与平差,可以使用该右键菜单命令,取消该命令(工程窗口中的控制点节点下刺入控制点的 ID 下会显示 ID 点所在的影像 ID)。

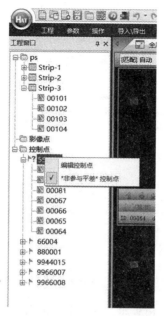

图 9.18　编辑平高点是否参与平差界面

9.5.8　平差解算

刺入了控制点后(如果没有 POS 信息则需要在工作区四周边至少添加 3 个 ID 控制点,最好是 4 个,且分别为最大范围 4 个点),用户可以先平差解算,了解连接点的精度情况。如果平差收敛,便于添加其他的控制点,编辑可删除粗差点。

在程序主界面选择菜单命令"操作",再选择"PATB 平差",如图 9.19 所示。

图 9.19　PATB 平差

选择 PATB 的应用程序文件(仅第一次运行 PATB 时需要设置路径,以后不需要),点击"打开",首先会弹出一个窗口,根据情况选择其中一项后,点击"继续"按钮,弹出 PATB 程序界面,如图 9.20 所示。

点击"PATB-NT MENU"对话框界面上"Features"选项,如图 9.21 所示,第一次平差一般勾选"With automatic gross error detection"即粗差探测,并勾选"coarse"即粗粗差探测。

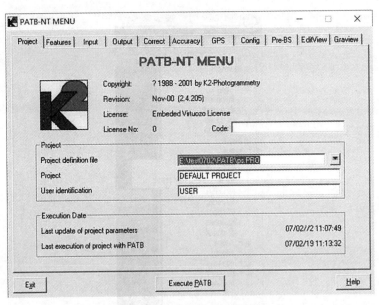

图 9.20 PATB 平差解算界面

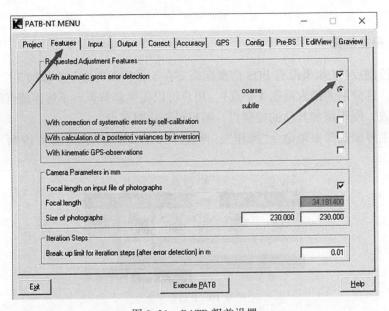

图 9.21 PATB 粗差设置

然后在"Accuracy"选项设置平差参数,左边为像方平差限差,单位为微米,初始值一般设置为扫描分辨率的一半,右边为控制点的权值(给的数值越小,代表的权值就越大,反之就越小,例如给 0.1 的数值比给 0.6 的数值的权值要大),如图 9.22 所示。

点击图 9.22 中"PATB-NT MENU"对话框界面上的"Execute PATB"按钮,执行平差解算,解算完成后会弹出如图 9.23 所示对话框。

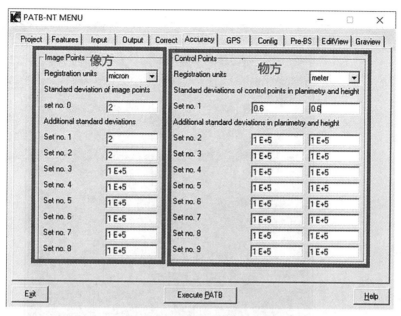

图 9.22　PATB 权值设置界面

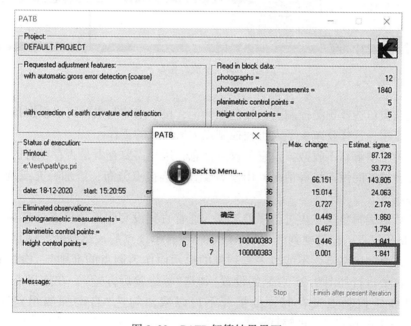

图 9.23　PATB 解算结果界面

用户点击"确定"按钮，回到"PATB-NT MENU"对话框界面，点击"Exit"按钮，退出 PATB 平差解算。"争议点窗口"显示争议点信息，"全局视图"窗口显示控制点点位(黄色旗标记)，如图 9.24 所示。

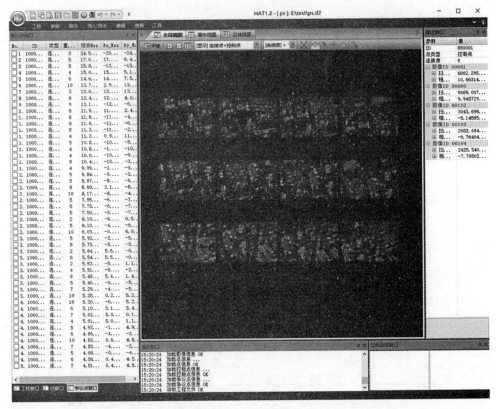

图 9.24 争议点窗口

也可以在窗口选择预测控制点,红色旗标记,接下来的刺点就可以根据预测控制点的位置进行刺点了,这样就减少了人工找控制点大概位置的工作。

说明:若平差解算不收敛,没有争议点信息,用户需要查看是否存在有的影像上没有连接点,或者航带间没连接等情况。用户需要查看连接点分布,添加补充或调整连接点,然后再平差解算。

平差解算后编辑争议点再进行平差解算,通常直到没有明显争议点信息为止(或者是 PATB 提示是争议点,但目视判断为非争议点,所有争议点的最终判断原则是:目视判断为同名点才是真的同名点,不能以平差软件的提示而作为调点的准则),检查 pri 最后一次平差解算需要进行如图 9.25 右侧的设置(勾选"输出验后方差",在连接点没有明显大错点并且能肯定控制点没有问题的情况下可以取消勾选"自动探测粗差"——"With automatic error detection"),再解算。

说明:选择程序主界面菜单命令工具,点击 PATB 输出目录,会弹出该工程的 PATB 文件夹资源对话框,用户可查看生成的文件。

PATB 文件夹下的文件介绍如下:

(1) *.im 测区所有影像上的像点文件。

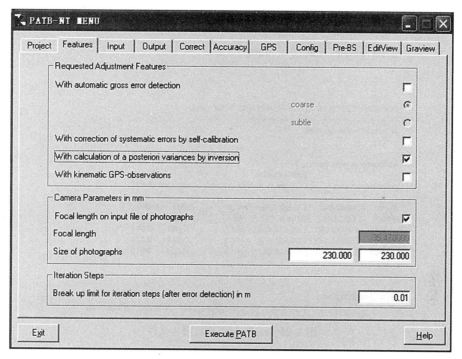

图 9.25 最后一次 PATB 解算界面

（2）*.con 控制点文件。
（3）*.adj 加密点文件。
（4）*.ori 外方位元素文件。
（5）*.pri 文件 PATB 解算报告，空三解算后，用户打开该文件查看解算精度情况，以及是否有警告或者错误信息（在查看平差精度时，pri 文件必须查看），如图 9.26 所示。

注意：控制点平面，高程超限时（该控制点像方没超限），该控制点会在争议点窗口列表里显示，但可能显示在最后面几行，从争议点窗口无法看出控制点超限多少，此时，用户必须打开 pri 文件，查看图 9.26 显示区域带 * 号的控制点，查看平面、高程超限情况，然后根据 rx，ry 值在"画布视图""立体视图"里编辑超限控制点点位。

"TP"代表像点，"HV"代表平高点，"HO"代表平面控制点，"VE"代表高程控制点。"HV 4→HO 3"代表 4 度平高点降为 3 度平面点，即该控制点的高程超限，高程为粗差，从误差探测到高程为粗差开始，高程不参与后面的平差迭代解算，其 4 个像方的量测值有一个存在错误。

rx、ry 或 rz 的值大于 3 倍中误差时，用"*"号标识，当成粗差点处理，组号设置成 21。

平差解算结果是否符合要求，判断依据有以下四条：
（1）定向点参数符合规定要求；
（2）检查点残差符合规定要求；

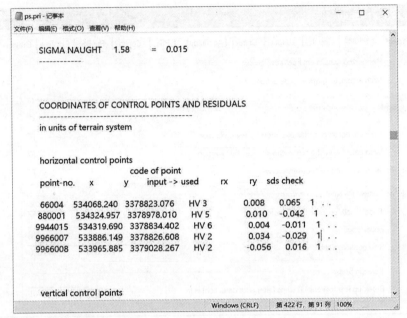

图 9.26　pri 控制点精度报告文件

(3)公共点残差符合规定要求；

(4)验后方差符合规定要求。

规定要求现阶段可以参考《数字航空摄影测量空中三角测量规范》(GB/T 23236—2009)和《1∶500、1∶1000、1∶2000 地形图航空摄影测量内业规范》(GB/T 7930—2008)等规范。

以上四项都符合要求，实际生产中也不能认定空三加密成果精度 100% 符合要求。空三加密精度检测最理想的方法是：将所有像控点和检查点套合立体模型进行检测，并进行模型接边检查，这时检查结果符合规范要求，才是真的符合要求。

9.5.9　编辑争议点

平差解算后，争议点列表里有争议点信息，按粗差值从大到小的顺序排列。用户看每个争议点的综合 max 值，了解点位偏差情况，如图 9.27 所示。

有时显示值很大时，该点不一定是大错点，需要用户查看该争议点，一般从争议点列表的上到下顺序查看。用户左键双击"争议点窗口"里的某点，"画布视图"窗口置前，显示被选择点的精细窗口，用户查看争议点的点位情况。若只是个别影像上点位错得离谱，用户可按住"Shift"键选择多个争议点，然后点击鼠标右键使用"删除争议点(仅争议点)"命令。

编辑完争议点后，用户需要再次平差解算，直到争议点列表里没有争议点信息，平差精度才满足定向精度要求。

No.	ID	类型	重...	综合Max	Rx_Max	Ry_Max
1	100000220	连接点	10	8.589858	5.218191	8.589858
2	100000057	连接点	4	7.984303	4.593281	-7.98...
3	100000118	连接点	4	7.470354	7.470354	2.695438
4	100000249	连接点	6	7.337857	-1.87...	-7.33...
5	100000097	连接点	6	6.910490	2.391869	-6.91...
6	100000095	连接点	7	6.895975	-6.89...	1.146720
7	100000111	连接点	9	6.741317	-4.06...	6.741317
8	100000315	连接点	3	6.647750	-1.96...	6.647750
9	100000013	连接点	4	6.496895	-2.37...	-6.49...
1.	100000162	连接点	8	6.494274	2.120835	-6.49...
1.	100000067	连接点	7	6.406071	6.406071	0.823688
1.	100000264	连接点	7	5.833049	2.057821	-5.83...
1.	100000018	连接点	6	5.654316	-5.65...	-3.89...
1.	100000324	连接点	6	5.235569	5.235569	4.125099
1.	100000066	连接点	5	4.636244	-0.21...	-4.63...
1.	100000000	连接点	2	4.606917	-4.60...	0.378029
1.	100000328	连接点	2	4.545379	-4.54...	0.860753
1.	100000255	连接点	7	4.492864	-0.24...	4.492864
1.	100000269	连接点	5	4.382993	-0.36...	-4.38...
2.	100000155	连接点	6	4.371600	-0.07...	4.371600
2.	100000365	连接点	8	4.353986	4.353986	1.835961
2.	100000069	连接点	7	4.327296	4.327296	2.356824
2.	100000160	连接点	8	4.316336	-1.04...	4.316336
2.	100000132	连接点	4	4.232768	-1.72...	-4.23...
2.	100000238	连接点	4	4.204992	0.339150	-4.20...
2.	100000401	连接点	5	4.198804	1.133855	-4.19...
2.	100000385	连接点	10	4.168661	-4.16...	-4.05...
2.	100000287	连接点	5	4.161049	-1.95...	4.161049
2.	100000201	连接点	7	3.978800	-1.29...	3.978800
3.	100000308	连接点	6	3.945675	-2.08...	-3.94...

图 9.27 编辑争议点

9.5.10 导出为 Mapmatrix 工程文件

平差完成满足定向精度后，需要输出空三成果，该程序直接生成供该公司程序识别的 Mapmatrix 工程文件，工程文件里记录了影像的定向信息，每张影像的像点信息等。可直接在 Mapmatrix 程序里打开工程，创建立体像对后可在立体像对上采集 DLG，以及进行 DEM 生成，DOM 制作等。

在程序主界面选择菜单命令"导入\导出"，然后点击"导出为 Mapmatrix 工程"，如图 9.28 所示。

图 9.28 导出 Mapmatrix 工程界面

弹出"另存为"对话框，设置路径后，点击"保存"按钮，输出 XML 成果文件，输出窗口里会提示"导出 *.xml 文件成功"。

说明：加密点坐标在解算后的文件夹 PATB 下的 adj 文件里记录。

9.6 实验成果

（1）MapMatrix 工程 *.xml 文件；
（2）*.adj 加密点文件；
（3）*.ori 外方位元素文件；
（4）*.pri 文件 PATB 解算报告。

9.7 思考题

（1）什么是空中三角测量？空中三角测量的原理是什么？
（2）为什么需要编辑争议点？为什么需要反复平差？

9.8 推荐资源

（1）微信公众号：GIS 前沿、测绘之家。

9.9 参考文献与资料

（1）航天远景 HAT 软件使用说明书.
（2）邓非，等. 摄影测量实验教程[M]. 武汉：武汉大学出版社，2012.
（3）丁华，等. 数字摄影测量及无人机数据处理技术[M]. 北京：中国建材工业出版社，2018.

（申丽丽）

第 10 章　无人机数字摄影测量产品生成实验

10.1　实验目的

了解及掌握无人机数字摄影测量中的 3D 产品——DLG、DEM、DOM 生成的技术流程。

10.2　实验原理

本实验中的 DLG 采集实验以及 DEM 编辑实验都需要用到立体观察与立体量测的方法，而如何进行立体量测则依靠人的双眼的生理视差。生理视差是产生天然立体感觉的根本原因，有了生理视差，人的双眼观察就能区别物体的远与近，正是根据这一原理而实现了人造立体视觉。

如图 10.1 所示：当我们用双眼观察空间远近不同的景物 A、B 时，两眼产生生理视差，获得立体视觉，可以判断景物的远近。如果此时我们在双眼前各放一块玻璃片，如图中的 P 和 P'，则 A 和 B 两点分别得到影像 a、b 和 a'、b'。若玻璃上有感光材料，影像就分别记录在 P 和 P' 上了。当移开实物后，两眼分别观看各自玻璃片上的构像，仍能看到与实物一样的空间景物 A 和 B，这就是空间景物在人眼网膜窝上产生生理视差的人眼立体视觉效应。其过程为：空间景物在感光材料上构像，再用人眼观察构像的像片而产生生理视差，重建空间景物立体视觉，这样的立体感觉就是人造立体视觉。

根据人造立体视觉原理，在摄影测量中规定摄影时保持像片的重叠度在 60% 以上，是为了确保获得同一地面景物在相邻两张像片上的像对都有影像，从而能进行立体观察（左眼看左片，右眼看右片），这样就可以进行立体量测了。要想达到左眼看左片，右眼看右片的目的，即分像的目的，必须借助仪器，如立体眼镜等。立体观测眼镜常见的有红绿眼镜、闪闭式液晶眼镜和偏振光眼镜。目前数字摄影测量工作站一般采用闪闭式液晶眼镜加发射器，它与显示器交替闪烁，根据视觉暂留原理，造成立体效果。本实验中所采用的也是闪闭式液晶眼镜。值得注意的是，如果要实现 3D 影像必须使用支持 120Hz 垂直刷新率显示器，因为立体 3D 影像是由于液晶眼镜左右快速切换以达到呈现 3D 立体影像的目的。一般在每秒闪烁 60 次，人的肉眼不会察觉出闪烁，而每秒 60 次相当于屏幕每秒更新 60 次（60Hz）。由于左、右眼分别以 60Hz 快速切换，所以得出显示器必须支持 120Hz。

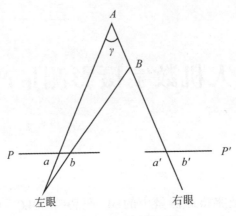

图 10.1 人造立体视觉

10.3 实验工具

本次实验数据处理使用硬件为 DELL Precision 3630 塔式工作站,配置如下:英特尔酷睿 i7-9700 处理器,32G 内存,NVIDIA Quadro P4000 显卡,DELL 3D 显示器支持 60~144Hz 刷新率,如图 10.2 所示。

图 10.2　DELL 工作站及 3D 显示器

本实验采用的立体眼镜为 NVIDIA vision2 3D 立体眼镜,为闪闭式眼镜,采用了"时分法"技术,这副眼镜与 3D Stereo 显示器的信号同步,当显示器输出左眼图像时,左眼镜片为透光状态,而右眼为不透光状态;而在显示器输出右眼图像时,右眼镜片透光而左眼不透光,以这样地频繁切换来使双眼分别获得有细微差别的图像,经过大脑计算从而生成一幅 3D 立体图像。该立体眼镜包括信号发射器及眼镜,如图 10.3 所示。

本实验所采用的软件为航天远景公司开发的 MapMatrix 系列软件,该系列软件具有无

图 10.3　立体眼镜及发射器

人机内业数据处理流程中各个环节的配套软件。其中 DLG 采集实验采用的是 MapMatrixGrid 和 FeatureOne 软件，DEM 生成及编辑实验采用的是 MapMatrixGrid 和 DEMMatrix 软件，DOM 制作实验采用的是 EPT 软件。

与传统的数字摄影测量平台相比，该系统具备作业流程自动化、采编入库一体化、数据处理海量化等优势，可广泛地应用于基础测绘、城市规划、国土资源、卫星遥感、军事测量、公路、铁路、水利等众多应用领域。

系统主要功能如下：全/半自动影像内定向，相对定向和绝对定向功能；快捷的控制点预测和编辑功能；高效的影像匹配、影像纠正功能；强大的 DEM 生成、编辑和拼接功能；灵活的数字正射影像(DOM)生成和修复功能；简单易用的影像匀光匀色功能；支持数据定制及 DXF、DWG、TXT、SHP 等格式的数据；支持可视化的符号库生成和编辑；强大的矢量采集、编辑、检查、入库功能，支持坐标系转换。

10.4　技术规范

（1）国家测绘地理信息局测绘标准化研究所，陕西测绘地理信息局，等. GB 35650—2017　国家基本比例尺地图测绘基本技术规定[S]. 北京：中华人民共和国国家质量监督检验检疫总局、中国国家标准化管理委员会，2017.

（2）国家测绘地理信息局测绘标准化研究所，北京市测绘设计研究院，等. GB/T 20257.1—2017　国家基本比例尺地图图式第 1 部分：1∶500　1∶1000　1∶2000 地形图图式[S]. 北京：中华人民共和国国家质量监督检验检疫总局、中国国家标准化管理委员会，2017.

（3）国家测绘局测绘标准化研究所. GB/T 7930—2008　1∶500　1∶1000　1∶2000 地形图航空摄影测量内业规范[S]. 北京：中华人民共和国国家质量监督检验检疫总局，

中国国家标准化管理委员会, 2008.

（4）中测新图（北京）遥感技术有限责任公司, 中国测绘科学研究院, 等. CH/Z 3003—2010 低空数字航空摄影测量内业规范[S]. 北京：国家测绘局, 2010.

10.5 实验步骤

用户单位拿到经过空三处理的数据后，使用数据处理软件生成所需要的数字产品。数字产品一般有 DLG（Digital Line Graphic）、DEM（Digital Elevation Model）和 DOM（Digital Orthophoto Map）以及三维模型等。在进行数字化测图生成初始的 DLG 时，一般还要求进行外业调绘，对 DLG 进行地图综合和补充描绘，从而生成最后的 DLG 产品。

摄影测量得到的产品既可以作为独立的产品，也可以输入到 GIS 数据库作为地理信息系统的基础和支撑数据，以此服务于其他领域。

无人机摄影测量 3D 产品生产的整个流程如图 10.4 所示。

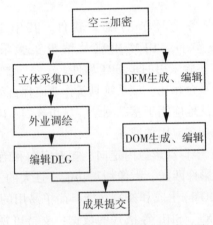

图 10.4 无人机数字摄影测量流程图

根据无人机数字摄影测量 3D 产品生产流程，本无人机摄影测量实验分为以下几个步骤：

步骤一，DLG 采集；
步骤二，DEM 生成及编辑；
步骤三，DOM 制作。

10.5.1 步骤一 DLG 采集

10.5.1.1 实验数据

空中三角测量实验中导出的 MapMatrix 工程文件 *.xml，要求：采集一幅 1∶2000 比例尺的 500×500 大小的数字线划图。

10.5.1.2 加载工程

对于已经在 HAT 软件中做完空三并导出为 MapMatrix 工程的数据，直接在 MapMatrix

中加载即可，加载完成后可在工程浏览窗口看到空三工程中的航带和影像，单击每一张影像可以看到影像相关的数据，如外方位元素等，如图 10.5、图 10.6 所示。

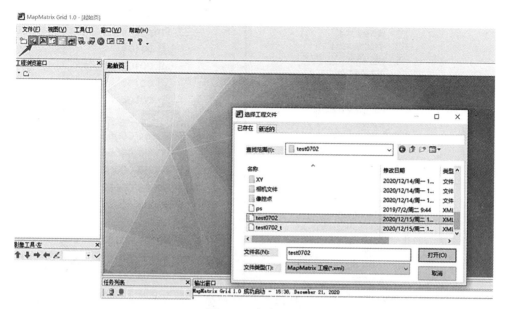

图 10.5　加载工程

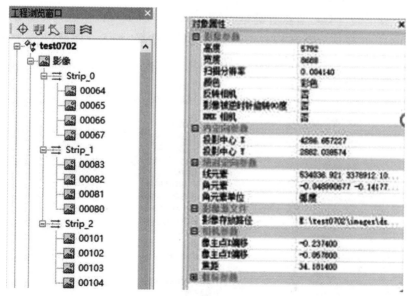

图 10.6　航带及外方位元素

10.5.1.3　创建立体像对

在工程节点右键单击后选择"创建立体像对"，就可以将所有航带的立体像对创建出来并显示在立体像对节点下，如图 10.7 所示。

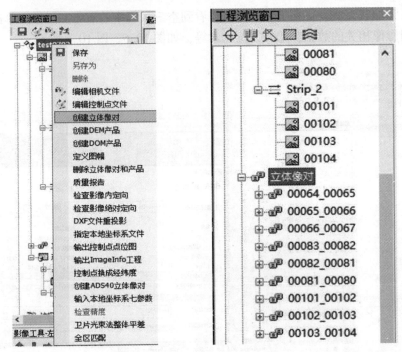

图 10.7 立体像对

10.5.1.4 新建 DLG

在产品节点下的"DLG"节点右键单击"新建 DLG",就可以生成一个新的 DLG 工程,如图 10.8 所示,并在这个新的 DLG 节点上右键单击选择"加入立体像对",将上一步创建

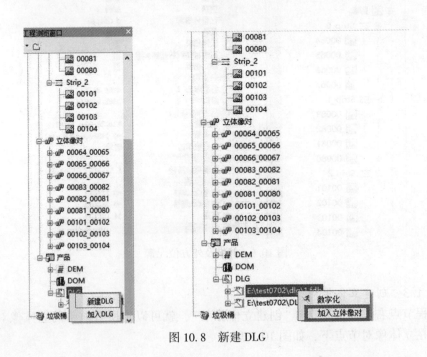

图 10.8 新建 DLG

的所有立体像对或者需要的立体像对加入到这个新建的 DLG 中，如图 10.9 所示，再点击"数字化"就可以进入到 DLG 采集软件 FeatureOne 中，FeatureOne 是构建在 MapMatrixGrid 1.0 平台上的特征采集处理专家，用以完成 DLG 数字线划图产品的制作。

图 10.9 加入立体像对

10.5.1.5 采集软件设置

进入 FeatureOne 程序后，首先进行设置，打开"工具"→"选项"，选择"影像视图"，勾选"高性能立体模式"，其他默认即可，如图 10.10 所示，然后选择"符号化配置"，选择符号库等，如图 10.11 所示。

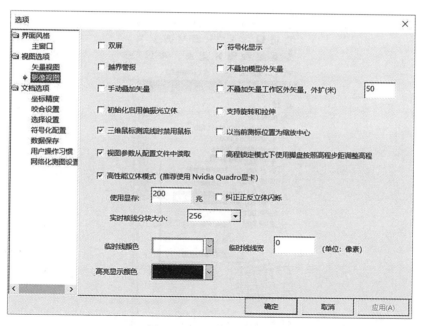

图 10.10 影像视图设置

在"FeatureOne"中的"模型"处右键选择"实时核线像对"，如图 10.12 所示，这是因为在本实验中没有采集核线，如果已经对核线进行了采样就可以选择打开核线像对了。打开

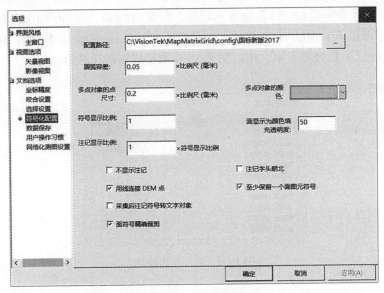

图 10.11　符号化配置

模型后，在模型窗口中，单击 Ctrl 键+鼠标右键，设置"高程模式""共享系统鼠标"，如图 10.13 所示。

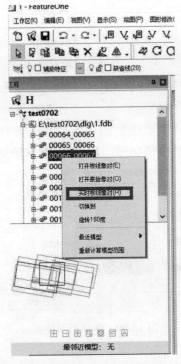

图 10.12　打开实时核线像对

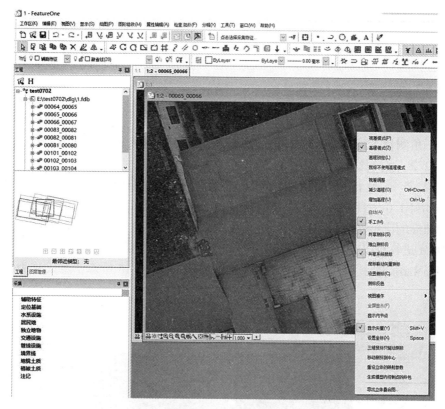

图 10.13 系统设置

至此，DLG 数据采集的配置基本完成，下一步就可以进行采集任务的操作。

10.5.1.6 数据采集

以典型地物房屋和道路采集为例说明数据采集的操作过程。

在键盘上单击"F2"键，或单击左界面的"采集"窗口，系统弹出如图 10.14 所示的采集码输入窗口。输入采集码或者输入框下方的列表中双击一个层码即可。这里以国际新版符号库为例，如图 10.14 所示。

图 10.14 采集码

找到居民地及设施中的一般房屋；然后在立体像对上找到要采集的房屋，戴上3D眼镜，使用鼠标滚轮调整高程，使得鼠标的高程正好贴合到房屋屋顶的角点上，单击鼠标左键进行采集，如果这个房屋是不同高程房屋的组合，注意需要分层采集，交点处需要三维捕捉。

10.5.2 步骤二 DEM生成及编辑

10.5.2.1 实验数据

空中三角测量实验中导出的MapMatrix工程文件*.xml，要求生成并编辑DEM。

10.5.2.2 实验软件

DEM生产编辑使用的是MapMatrixGrid中的DEMMatrix软件，它是构建在MapMatrixGrid 1.0平台之上的DEM编辑处理系统。目前DEMMatrix已脱离MapMatrix界面，成为独立的应用模块，并提供一站式界面，在平面和立体模式下对DEM进行编辑，支持对DEM进行拼接、可视化、裁切、格式转换、精度检查等操作。

与MapMatrix的主界面类似，DEMMatrix的界面如图10.15所示，可以分为以下几个功能区：

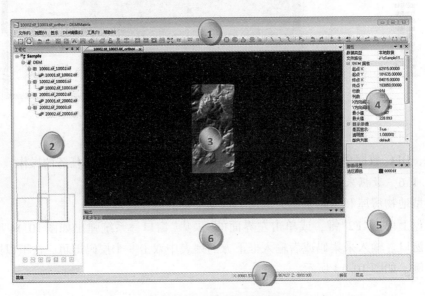

图10.15 DEMMatrix界面

(1) 1号区域是菜单栏和工具条。只有当前可以进行操作的工具图标才会高亮显示，不可以进行操作的工具图标是灰的。

(2) 2号区域是工程浏览窗口。采用直观的树状结构对工程中所设计的项目进行具体的管理。下方显示当前添加工程的模型分布情况。

(3) 3号区域是主作业区，该窗口支持同时打开多个窗口。单击显示区域上方的选项卡可以在各个已经打开的窗口之间任意切换。

(4) 4号区域是属性窗口，选中工程窗口中的某个DEM，属性窗口中显示其基本信息属性，例如X间距、Y间距。

(5) 5 号区域为参数设置窗口，在添加特征线或使用编辑功能时，可以在该窗口中设置操作参数。

(6) 6 号区域为输出窗口，可以提供程序运行的具体状态信息。

(7) 7 号区域为状态栏。

10.5.2.3 DEM 的生成

打开 DEMMatrix 主界面，选择"工具"→"匹配生成 DEM"，弹出如图 10.16 界面，选择合适的参数，就可以利用第 9 章实验中的数据成果自动匹配生成 DEM，如图 10.17 所示。

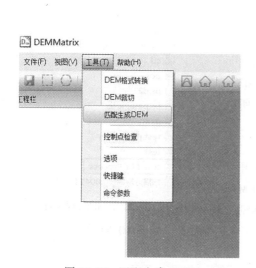

图 10.16 匹配生成 DEM

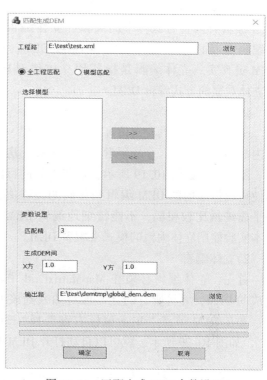

图 10.17 匹配生成 DEM 参数设置

(1) 工程路径：这里选择第 9 章实验导出的 MapMatrix 的工程文件 *.xml。

(2) 全工程匹配：可匹配成一个大的 DEM 文件。选择工程文件后，输出路径自动设置，大的 DEM 文件放在 demtmp 文件夹中。

(3) 模型匹配：需要手动选择模型添加到右侧的窗口，匹配出单个 DEM 文件。

(4) 匹配精度：默认为 3，即每 3×3 九个像素匹配一个 las 点云（1 就是每个像素都匹配）。具体可根据项目要求的精度来设置，一般默认即可。

(5) 生成 DEM 间距：设置 DEM 的格网间距。

参数设置好后，点击"确定"即可开始匹配。匹配的过程中会生成如图 10.18 所示的 5 个文件夹。

其中，全工程匹配后会生成一个 demtmp 文件夹和一整个的 DEM 文件，demtmp 中放置的是单个 DME 文件。

las 文件夹放置的是 las 点云文件。其他是中间过程文件，只有 demtmp 和 las 文件夹会在匹配完成后保留。

10.5.2.4 DEM 编辑

由于自动匹配生成的 DEM 实际上是 DSM，存在非地面点，如房屋、树木上的点等，或者云、水等造成的错误点等，因此必须通过后期编辑的形式，将这些错误点编辑到正确的地面上的点，所以 DEM 编辑有两种方式：平面编辑和立体编辑。平面编辑是指以平面显示的方式编辑 DEM，使得 DEM 更真实。立体编辑是指使用立体像对显示、用立体观察的方式编辑 DEM。

1）平面编辑

平面编辑的工具有定值高程、平均高程、匹配点内插、局部平滑、全局平滑、特征内插、房屋过滤、图章等，如图 10.19 所示，这些工具的目的都是使得编辑区内的 DEM 编辑到正确的高程值，但是平面编辑比较粗糙，不能精细地编辑 DEM。所以本实验使用立体编辑的模式来编辑 DEM。

2）立体编辑

首先，立体编辑必须在 MapMatrixGrid 中打开生成的 DEM，并将所有的立体像对加入到该 DEM 中，并在 DEM 节点上单击鼠标右键选择"三维浏览"，如图 10.20 所示，就可以自动打开 DEMMatrix 主界面了，如图 10.21 所示。

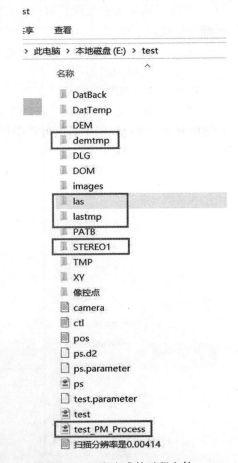

图 10.18 匹配生成的过程文件

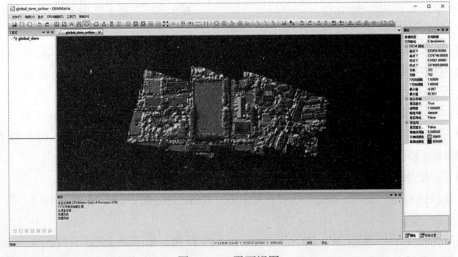

图 10.19 平面视图

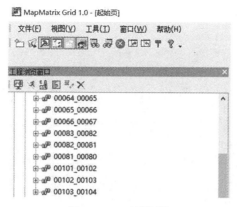

图 10.20　三维浏览

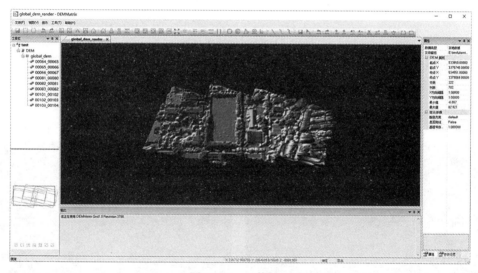

图 10.21　立体视图

立体编辑 DEM 时，需要先打开立体像对，在立体像对上单击鼠标右键，选择"实时核线像对"，如图 10.22 所示。

按照 DLG 立体采集时设置好的模式，戴上立体眼镜观察立体模型，可以看到，模型上的很多点不是落在地面上的，例如，图 10.22 中的很多点就落在了树上和房子上，这时就需要利用软件中的工具，将这些点编辑到地面上。对于房子上的点比较常用的工具有匹配点内插、量测点内插、房屋过滤等，如果道路上有点是错误的，常用的工具有道路推平等。

下面以量测点内插工具为例来说明如何进行 DEM 编辑，量测点内插是以量测的高程点为基点，在选区范围内用所量测的范围线节点高程构网对范围内的 DEM 点重新计算高程值，要求是量测的高程必须切准地面，内插时得到较好的效果。首先围绕着需要编辑的点周围进行量测，量测完成后单击右键完成闭合选区，如图 10.23 所示，然后在工具栏上

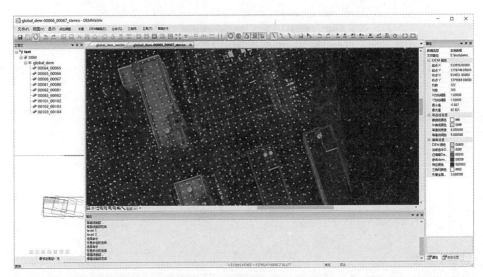

图 10.22 实时核线像对界面

选择"量测点内插"工具,完成后单击鼠标右键,就会发现编辑后的点变成了红色,而且都贴准地面了,如图 10.24 所示。

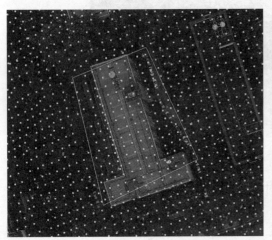

图 10.23 量测点内插选区　　　　　　　图 10.24 量测点内插编辑后

以上就是 DEM 编辑的过程,立体编辑中还有很多工具可以使用,同学们都可以自行体会,立体编辑由于可以直观地观察点的高程,所以精度较高,但人工工作量太大。

最后,因为工程中的编辑对象不是原始的 DEM 文件,而是程序在三维浏览、平面编辑和立体编辑时生成的一个与原 DEM 同名的临时 demx 文件,所以当完成 DEM 编辑后,一定要手动将 DEM 导出,才能够保存编辑后的 DEM 文件。

10.5.3 步骤三 DOM 制作

10.5.3.1 实验数据

空中三角测量实验中导出的 MapMatrix 工程文件 *.xml，本节步骤二中编辑好的 DEM 文件，要求生成并编辑 DOM。

10.5.3.2 实验软件

DOM 生产编辑使用的是航天远景的易拼图(EPT)软件，该软件专攻于影像的匀光、镶嵌、裁切成图，主要功能有影像的匀光匀色、图幅的镶嵌成图以及图幅的编辑接边等，实现了所见即所得的镶嵌过程。

EPT 程序界面如图 10.25 所示。

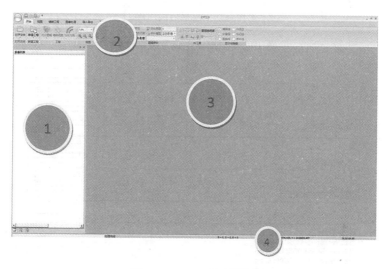

图 10.25 EPT 程序界面

(1) 1 区：为图幅列表、影像列表、矢量文件列表显示区域；
(2) 2 区：主要时菜单栏工具栏和一些操作选项所在区域；
(3) 3 区：为视图区，整个程序主要的操作区域；
(4) 4 区：属性栏区，主要显示坐标、RGB 值，图幅名称以及进度条。

10.5.3.3 实验步骤

DOM 生成及编辑步骤如图 10.26 所示。

10.5.3.4 DOM 制作与编辑

1) 纠正影像

点击"开始"菜单下的"新建工程"按钮，选择"新建匀\纠\拼"工程，弹出如图 10.27 所示界面。

在这里有四个选项："匀光""纠正""色彩过渡"和"拼接"。如果要进行匀光操作，最好先调整好色彩参数，有匀光工程提供是最好的，如果没有，至少要提供一张参考影像。如果要进行纠正操作，需要提供 Mapmatrix 工程文件和 DEM 文件，这里我们进行纠正操

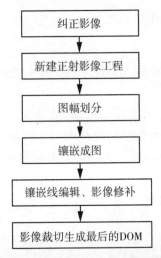

图 10.26　DOM 生成及编辑步骤

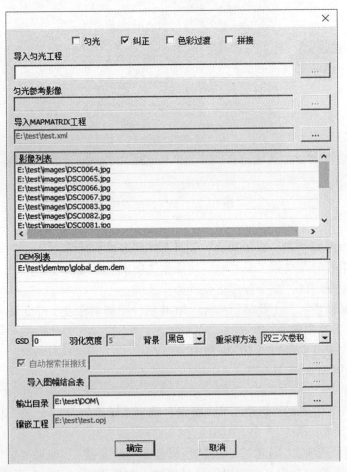

图 10.27　新建匀\纠\拼工程

作，选择第 9 章实验中导出的 *.xml 工程，会发现程序自动将工程下的影像和 DEM 导入进来了。

色彩过渡是只针对 DOM 的重叠区域进行的一个色彩过渡处理，可以弥补匀光色彩不完全接边的情况，拼接需要准备一个 dxf 格式的结合表文件。

GSD 设置的是纠正 DOM 的分辨率，根据实际需要设置即可，羽化宽度不要给太大默认即可，背景色可以选择白色，重采样方式默认即可，也可以根据要求改变。设置完成后点击"确定"，程序自动进行影像的正射纠正。纠正完成的影像放在指定路径下的 rectify 文件夹下，例如示例中的影像放在 E：\test\DOM\rectify 中。

2）新建正射影像工程

点击"开始"菜单下的"新建工程"按钮，选择"新建正射影像工程"，弹出如图 10.28 所示的界面。

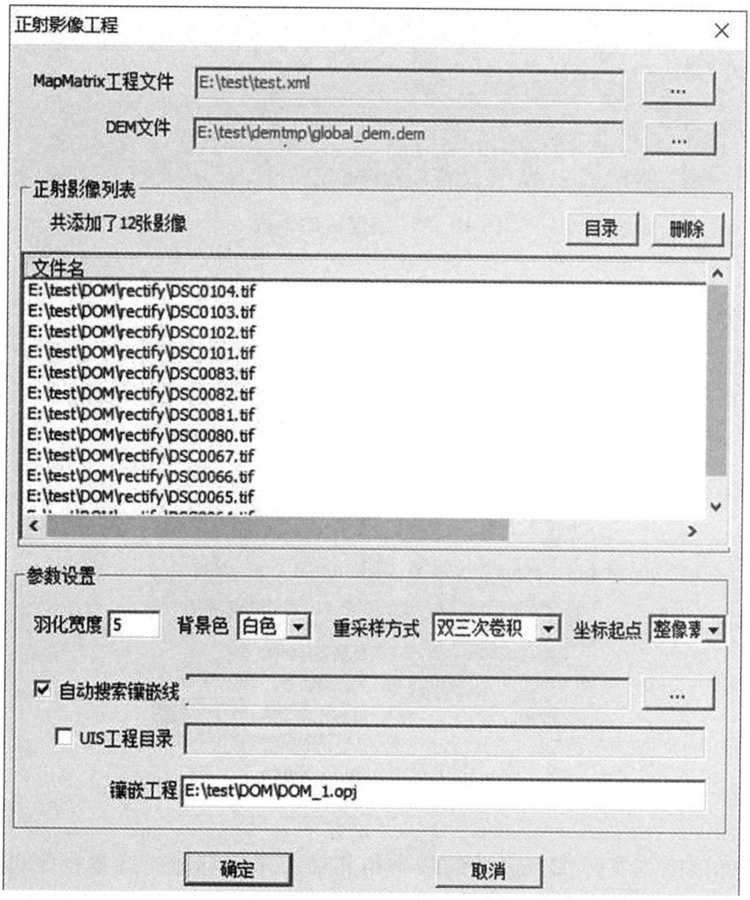

图 10.28　新建正射影像工程

其中"MapMatrix 工程文件"和"DEM 文件"只有在涉及原始影像修改的时候才需要指定，否则没有必要指定。单击"目录"按钮指向上一步骤中的纠正后的 DOM 影像所在的目录,勾选自动搜索镶嵌线,需要提供 DSM 文件,否则无法进行,镶嵌工程默认即可,不建议修改。完成后点击"确定",程序就创建了镶嵌工程,如图 10.29 所示。图中红色框为加载的 DOM 的边界。

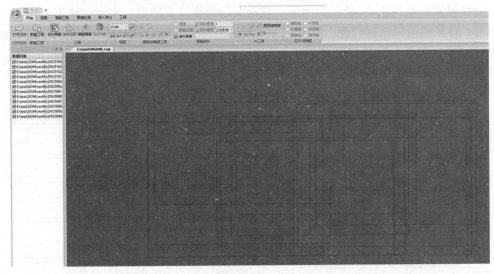

图 10.29　创建后的工程

3) 图幅划分

点击"开始"菜单下的"划分图幅",有三种划分图幅的方式:批量划分图幅、导入结合表、添加任意图幅,在这里选择"批量划分图幅",如图 10.30 所示。

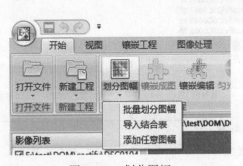

图 10.30　划分图幅

默认的坐标范围为实际加载影像的最小角和最大角坐标值,通常程序自动获取,需要修改左下角起点的坐标值为整公里值,即后三位为 0,因为通常矩形图幅的起点坐标都是整公里格网的。比例尺根据实际选择,指定图幅大小根据实际选择,在这里选择 400×400,其他默认即可,修改参数后如图 10.31 所示。

确定后就会按照设定好的参数生成图幅,如图 10.32 所示。

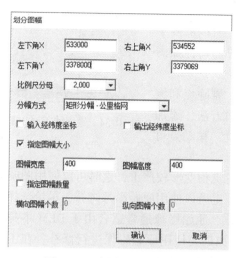

图 10.31 划分图幅参数设置

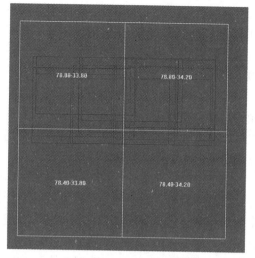

图 10.32 生成后的图幅

4) 镶嵌成图

点击"开始"菜单下的"镶嵌成图"命令，程序就开始进行初始化镶嵌线并生成金字塔影像，生成完毕后效果如图 10.33 所示。

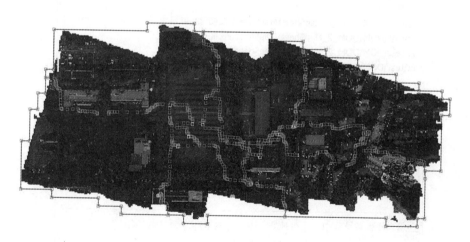

图 10.33 镶嵌成图

图中蓝色的线为镶嵌线。在镶嵌成图的过程中软件会自动在工程同目录下生成一个"工程名"+_MapSheet 的文件夹。在这个文件夹中有 4 个目录，分别为 MapSheet、Mosaic_Line、Mosaic_Line_bak、Pyramid。其中，MapSheet 主要用于存放图幅数据，Mosaic_Line 主要用于存放镶嵌线，Mosaic_Line_bak 是对镶嵌线的备份，Pyramid 是金字塔文件夹。

从图 10.33 中我们可以看到软件生成的镶嵌线会尽量避免产生变形的情况，例如尽量让镶嵌线不过房子、水系等，以免引起房子变形或者水系的颜色不一致等问题，但是这种情况还是不可避免的，所以需要手动编辑镶嵌线，镶嵌线编辑需要用到几个主要的工具，如图10.34 所示。

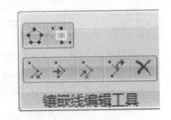

图 10.34　镶嵌线编辑工具

这些工具分别是：添加点、插入点、移动点、删除点和删除临时线和修补选区，不同的工具适合不同的编辑方法，添加点可以编辑三度重叠或四度重叠的点到合适的位置，移动点可以将房子上的点移动到房子下面等。

除了编辑镶嵌线外，可以看到在影像边缘的建筑物变形较严重，这时可以使用图幅修补功能进行编辑。图幅修补可以使用正射影像修补也可以使用原始影像修补，尽量选择一个效果相对好的，变形没有那么大的影像进行修补。原始影像通常适合由于 DEM 本身没有编辑好而引起的 DOM 变形或拉花的修补，所以如果要使用原始影像进行修补，在工程设置中必须指定 MapMatrix 工程文件和 DEM 文件，否则不能正常使用该功能。

5）影像裁切

镶嵌线编辑完成后，选择工具中的"影像裁切"，如图10.35所示将编辑好后的分幅

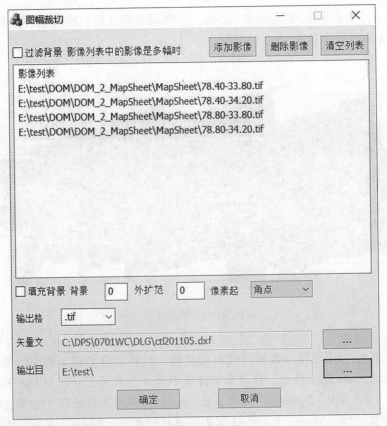

图 10.35　图幅裁切

影像导入,并把裁切线导入进来,图 10.36 中的红线为裁切线,选择合适的导出位置,则可以进行裁切,最后成图,至此,DOM 生成和编辑结束,效果如图 10.37 所示。

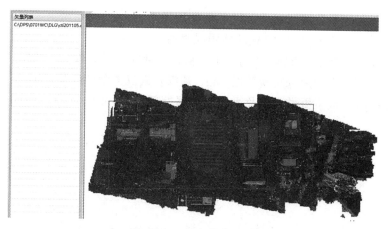

图 10.36 红色为裁切线

图 10.37 最后的 DOM

10.6 思考题

(1) 进行立体观察应具备哪些条件?
(2) DEM 有哪几种形式,其优缺点分别是什么?
(3) 为什么在 DEM 自动生成后要进行人工编辑?
(4) 为什么要编辑 DOM? DOM 如何纠正?

10.7 推荐资源

(1) 本实验配套慕课资源;
(2) 微信公众号:GIS 前沿、测绘之家。

10.8 参考文献与资料

（1）武汉航天远景公司. MapMatrix 软件使用说明书.

（2）武汉航天远景公司. EPT 软件使用说明书.

（3）王佩军，徐亚明. 摄影测量学[M]. 武汉：武汉大学出版社，2016.

（4）邓非，等. 摄影测量实验教程[M]. 武汉：武汉大学出版社，2012.

（5）丁华，等. 数字摄影测量及无人机数据处理技术[M]. 北京：中国建材工业出版社，2018.

（申丽丽）

第 11 章　无人机倾斜摄影测量实验

11.1　实验目的

了解倾斜摄影系统采集影像的过程，了解倾斜摄影三维模型的应用，熟悉和掌握基于无人机倾斜摄影测量数据处理的方法。

11.2　实验原理

11.2.1　倾斜摄影测量原理

倾斜摄影技术是国际遥感与测绘领域近年来发展起来的一项高新技术。它突破了传统航测单相机只能从垂直角度拍摄获取正射影像的局限，通过在同一飞行平台上搭载多台影像传感器，同时从垂直、倾斜多个不同角度采集带有空间信息的真实影像，以获取更加全面的地物纹理细节，为用户呈现了符合人眼视觉的真实直观世界，如图 11.1 所示。倾斜摄影真三维数据可写实地反映地物的外观、位置、高度等属性，增强三维数据带来的高沉浸感，弥补了传统人工建模仿真度低的缺陷。同时，使用目前较为方便快捷的无人机搭载倾斜摄影相机进行地形测绘，并配合自动建模系统能够给测绘领域带来革命性的效率提升。

倾斜摄影测量同时具备以下特点：
(1) 具有较高的分辨率和较大的视场角；
(2) 可以获取多个视点和视角的影像，从而得到更为详细的侧面信息；
(3) 同一地物具有多重分辨率的影像；
(4) 获取数据的速度快，无人工干预，能真实反映客观世界；
(5) 相对于人工建模，三维建模的工作量非常小，使得三维建模走向大众化；
(6) 在模型和航片上实现了"非现场"测量和分析，获取的数据多维化；
(7) 三维建模的成果数据量远小于人工建模数据量，更易于网络发布，使用范围更广泛。

11.2.2　倾斜摄影测量数据处理软件

本书第 9 章罗列了几种常用的数据处理软件，其中 Context Capture, Agisoft Metashape（又名 Photoscan）以及 Pix4D Mapper 是三种最常用的软件。本实验采用 Agisoft Metashape

图 11.1 倾斜摄影测量示意图

软件进行空中三角测量处理,采用 Context Capture(CC)软件进行三维模型的建立等。

11.3 实验工具

本次实验外业倾斜摄影测量数据采集采用华测无人机。数据处理使用硬件为 DELL Precision 3630 塔式工作站,配置如下:英特尔酷睿 i7-9700 处理器,32G 内存,NVIDIA Quadro P4000 显卡,DELL 3D 显示器支持 60~144Hz 刷新率,如图 11.2 所示。

本实验所采用的软件为 Agisoft Metashape 软件和 ContextCapture 软件,Agisoft Metashape 软件无须设置初始值,无须相机检校,在影像刺点时可快速刺点,空三处理精度较高,ContextCapture 软件在三维建模方面具有较大的优势,无论是大型海量城市级数据,还是考古级精细到毫米的模型,它都能轻松地还原出最接近真实的模型。

图 11.2　DELL 工作站及 3D 显示器

11.4　技术规范

（1）国家测绘局测绘标准化研究所，国家测绘局第一航测遥感院，等．GB/T 23236—2009　数字航空摄影测量空中三角测量规范[S]．北京：中华人民共和国国家质量监督检验检疫总局，中国国家标准化管理委员会，2009．

（2）中国测绘科学研究院，北京航空航天大学，等．CH/Z 3002—2010　无人机航摄系统技术要求[S]．北京：国家测绘局，2010．

（3）中测新图（北京）遥感技术有限责任公司，中国测绘科学研究院，等．CH/Z 3003—2010　低空数字航空摄影测量内业规范[S]．北京：国家测绘局，2010．

（4）中测新图（北京）遥感技术有限责任公司，中国测绘科学研究院，等．CH/Z 3005—2010　低空数字航空摄影规范[S]．北京：国家测绘局，2010．

（5）江苏省测绘研究所，中测新图（北京）遥感技术有限责任公司，等．GB/T 39610—2020　倾斜数字航空摄影技术规程[S]．北京：国家市场监督管理总局，国家标准化管理委员会，2020．

11.5　实验步骤

11.5.1　总体流程

本实验采用华测 P550 六旋翼无人机进行外业数据采集，华测 P550 是一款为行业应用而打造的长续航、大载重、远航程、高可靠六旋翼无人飞行平台，如图 11.3 所示。采集过程与本书第 8 章基本一致，在此不赘述。

本实验空中三角测量部分使用 Agisoft Metashape 软件，三维建模部分采用 ContextCapture 软件。倾斜摄影测量数据处理的工作流程如图 11.4 所示。

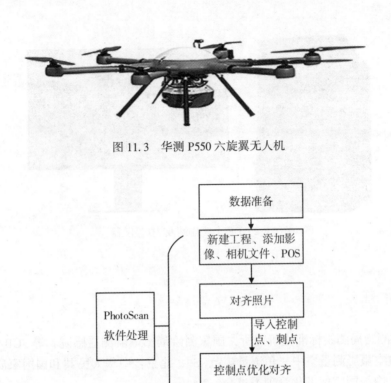

图 11.3　华测 P550 六旋翼无人机

图 11.4　倾斜摄影测量数据处理工作流程

11.5.2　数据准备

本实验用到的所有数据为：原始影像文件（images 文件夹中，由于是倾斜摄影测量数据，分为 5 个镜头，分别在 1~5 文件夹下），每个镜头有一个低精度 pos 文件（pos *.txt）、控制点坐标文件（ctl.txt）、控制点点位图（像控点文件夹），以上所有原始数据存放在 test 文件夹中，如图 11.5 所示。

需要说明的是，不是所有的无人机数据中都有 pos 数据、相机参数文件和控制点文件，如果无人机上搭载了高精度的 IMU+GNSS 设备，则可获得高精度的 POS 数据，这时是无需地面控制点的，而如果没有 POS 数据，则需要地面控制点，对于相机参数来说，如果无人机搭载的相机事先做了检校，则有相机参数文件，而如果没有提前做相机检校，则需要使用软件进行自检校处理。

第 11 章　无人机倾斜摄影测量实验

图 11.5　实验数据

11.5.2.1　原始影像文件

本实验的影像文件有 5 个镜头的数据，共 121 张影像，部分影像如图 11.6 所示。

图 11.6　部分原始影像

11.5.2.2　POS 数据

本实验的 POS 数据是低精度的数据，每个镜头下一个 POS 文件，但其实这些 POS 数据都是下视的 POS 数据，精度在 10m 左右，格式为 name、Y、X、h、yaw、pitch、roll。坐标系为 WGS-84 平面坐标系，角度以度为单位，如图 11.7 所示。

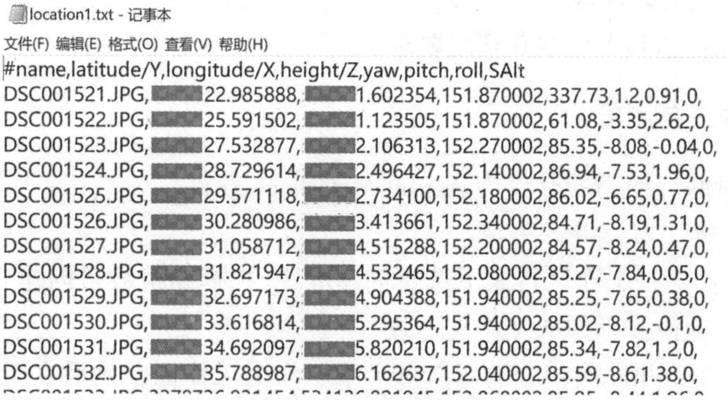

图 11.7　POS 数据

147

需要说明的是，不是所有的无人机数据中都有 POS 数据，如果没有 POS 数据则需要手动寻找控制点，对刺点工作来说工作量较大。

11.5.2.3 控制点坐标文件

本实验控制点文件格式为点号、X、Y、H，坐标系为 WGS-84 平面坐标系。

需要说明的是，如果无人机上采用了高精度的 IMU+GNSS 技术，则可以达到免像控测量，即不需要地面控制点就可以达到最高 1∶500 的精度要求。

11.5.2.4 控制点点位图

控制点点位图是说明控制点所在位置的示意图，以及控制点具体位置的点之记等，如图 11.8 所示。

图 11.8　控制点点位图

11.5.2.5 数据处理要求

数据处理要求：达到 1∶2000 精度要求。

11.5.3　空中三角测量

空中三角测量部分使用的软件为 Agisoft Metashape 软件。

11.5.3.1 新建工程、导入影像

（1）创建堆块：先在工作区目录下选择创建堆块（根据相机数目创建）。修改堆块的名称，使其与存放 5 个镜头影像的文件夹一致。

（2）影像导入并合并堆块：分别双击每个堆块作为工作区，然后在工作流程中选择导入各个相机的照片，注意把不同相机的影像存放在各自对应的堆块中，否则在后续的照片

对齐时可能会出错。操作过程为：在堆块名称上单击鼠标右键，选择"Add"完成添加照片，如图11.9所示。

图11.9　添加照片

①导入POS及控制点：在"参考"界面下给每个堆块的影像导入POS数据和控制点数据。点击软件左下方"参考"界面，再单击"导入参考"图标，导入POS数据，如图11.10所示，注意选取坐标系统、分隔符和标签等，并设置导入起始行，从第一张影像的POS数据开始，本例中导入起始行设置为2。

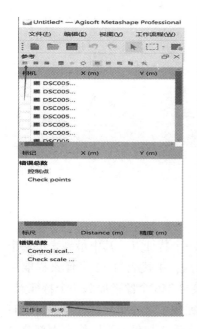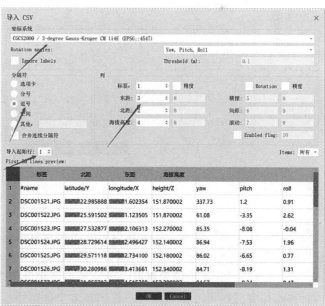

图11.10　添加POS数据

注意：由于 Agisoft Metashape 缺少同一组影像不同坐标系下进行照片对齐的功能，所以要保证 POS 数据的坐标系和控制点坐标系一致。

②合并堆块：在将每个堆块的影像都导入 POS 数据和控制点之后，点击工作流程中的"合并堆块"，勾选五个堆块合并。同时要勾选合并标记，这样就可以把在不同堆块中导入的同名控制点合并(控制点可以在合并的堆块中导入)。

11.5.3.2 对齐照片

双击合并后的堆块，激活该堆块，在工作流程工具栏中选择对齐照片。

PhotoScan 在缺少 POS 数据时也可以进行照片对齐，这时软件就只根据照片之间的相对位置关系来进行照片的对齐，如图 11.11 所示。由于本实验所用的五镜头影像只有下视影像的一个 POS 数据，不能根据 POS 数据将五镜头照片对齐。在缺少 POS 的情况下，或者想要快速得到对齐后成果，或者电脑的配置不高，可以把对齐精度设置为中或者低。对齐质量可以根据需求调整。

图 11.11 对齐照片

对齐精度这个参数代表了在影像中每隔多少像素提取一个特征点，其中最高表示每个像素提取一个特征点；高表示每个 4 个像素提取一个特征点；中代表每 16 个像素提取一个特征点；低代表每 64 个像素提取一个特征点；最低代表每 256 个像素提取一个特征点。

对齐照片完成后可以在工作区中看到有多少张影像是完成了对齐照片这个步骤，也有些影像由于种种原因可能未完成对齐，这时可以点开影像查看，如果一张影像上大部分是水域或者植被，那没有对齐就是正常的，如果发现能够正常对齐，那么可以在该影像上单击右键，选择"对其选定相机"，从而对其单独进行对齐。

11.5.3.3 控制点优化对齐

完成"对齐照片"步骤后，需要导入控制点进行刺点，导入控制点和导入 POS 的步骤一样，PhotoScan 在照片上刺入控制点的方法与 CC 类似，如果是缺少 POS 数据的空中三角测量，就不能在刺点前预测出控制点在照片上的位置。需要在刺完两个控制点之后，预测出其余控制点的位置，控制点刺得越多，剩余控制点的位置预测也就越准确。如果是有 POS 数据的空中三角测量，就可以在照片上看到控制点的大概位置，如图 11.12 所示，在该位置上单击右键，选择"逐点的筛选照片"，在照片视图中选择照片，对照控制点点之记，找到照片上相应的位置，移动小旗子到该位置，如图 11.13 所示，注意：尽量选择位置在影像中间的控制点，因为边缘地区影像畸变较大，选择的控制点要在影像上清晰可见。刺完之后，点击工具中的"优化相机对齐"，选择默认的参数，完成对齐，如图 11.14 所示。这时就实现了使用控制点进行空中三角测量处理的流程，得到的精度报告如图 11.15 所示。

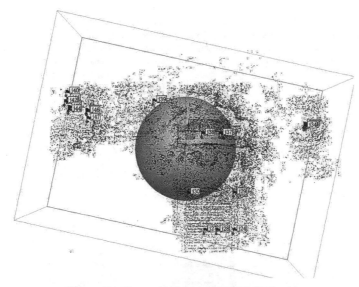

图 11.12　有 POS 的控制点导入后示意图

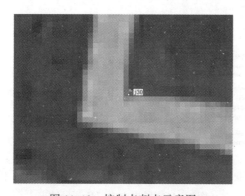

图 11.13　控制点刺点示意图

图 11.14 优化图片对齐方式

标记	East sigma	North sigma	Alt. sigma	精度(m)	Error (m)	预测	错误(像素)
✓ ▸ j24				0.005000		0	0.000
✓ ▸ j27				0.005000		0	0.000
✓ ▸ j28				0.005000		0	0.000
✓ ▸ j29	0.000603	0.000596	0.000613	0.005000	0.002416	7	0.511
✓ ▸ j30	0.000600	0.000586	0.000613	0.005000	0.002672	5	0.319
✓ ▸ j31	0.000613	0.000613	0.000613	0.005000	0.000003	7	0.368

图 11.15 精度报告

11.5.3.4 导出空中三角测量结果

当精度满足要求后，可将空中三角测量结果导出。在该堆块名称上单击鼠标右键，选择"导出"→"导出相机"，选择 Blocks Exchange 格式，输入文件名，保存即可，如图 11.16 所示。

图 11.16 导出空中三角测量结果

11.5.4 三维建模

在空中三角测量处理符合精度要求之后,就可以开始进行三维模型的构建了。打开 ContextCapture Center Master 软件,并新建工程 test。在 test 上单击鼠标右键选择"import blocks",选择上一步导出的.xml 文件打开,如图 11.17 所示,就把在 PhotoScan 中计算完成的空中三角测量结果导进来了。在 General 选项卡下,在右下角单击"New reconstruction"按钮,选择"3D reconstruction"进行新建重建任务,如图 11.18 所示。

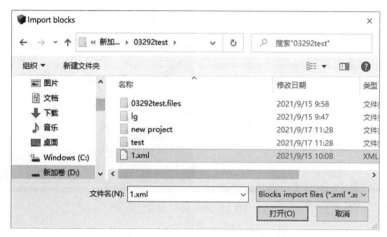

图 11.17 将空中三角测量结果导入 ContextCapture

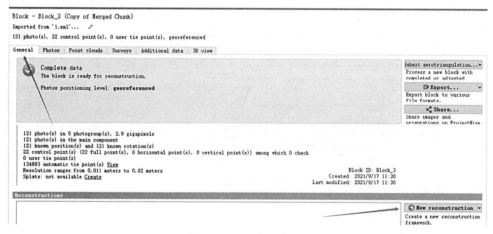

图 11.18 新建重建任务

一般说来,三维重建的任务量都比较大,可以通过设置切块对任务进行分解,这样既能保证计算机正常运行下不至于内存溢出,又能够进行集群设置,使用多台计算机同时运行任务,提高运行效率。本实验采用的数据较小,没有采用集群设置,只要设置合适的切片规则和瓦片大小即可。如图 11.19 所示,在"Spatial framework"选项卡下,选择和控制点一致的坐标系，在"mode"模式下有几个选项，选择合适的切块模式即可，在"Tile size"后面的框内，可填入合适的数字，确保图 11.19 中序号 5 处的估计内存不超过计算机内存，不会溢出即可。

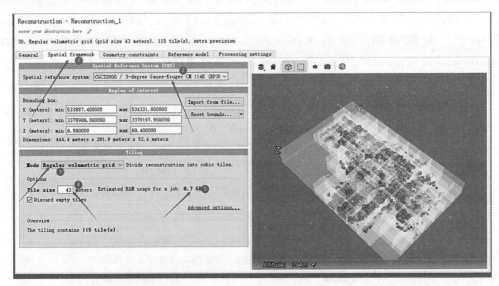

图 11.19　瓦片设置

在"Processing setting"选项卡中还有一些参数可设置，按照实际情况设置即可，本实验采用默认设置，如图 11.20 所示。

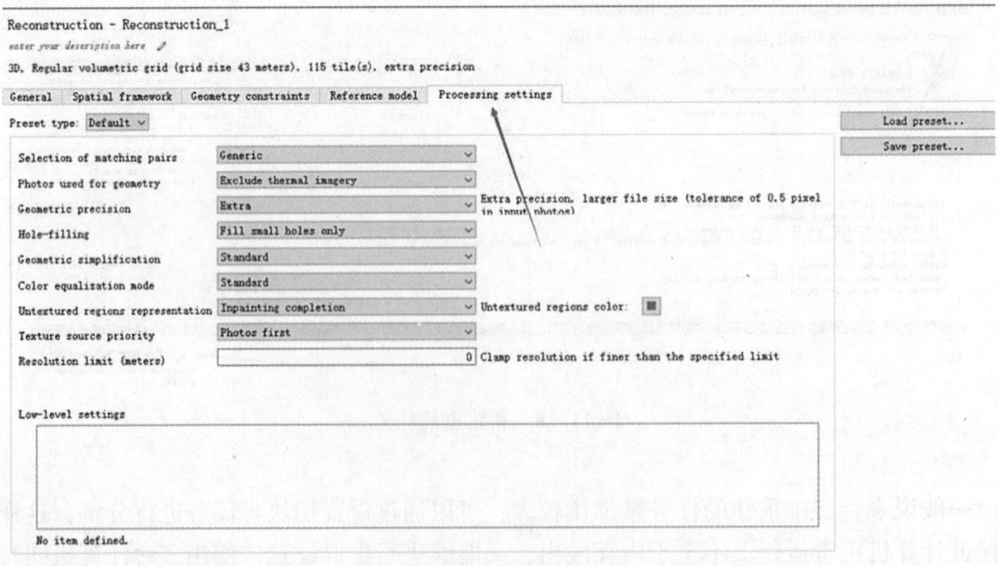

图 11.20　处理参数设置

设置完成之后，回到"General"选项卡，提交三维重建，选择"Process with ContextCapture Engine"选项进行处理，还可以选择云处理，本实验采用本地模式处理，在弹出的对话框中设置重建名称、格式等，如图 11.21 所示。ContextCaputer 三维模型的输出格式默认为 3MX 格式，也可以选择 OSGB 格式，以方便后续成果在第三方软件上读取。纹理压缩质量可以根据需要设置。如果照片本身的像素一般（如大疆精灵四像素为 2000 万），而且计算机配置能满足高质量时运算量的话则可以选择照片质量 100%。一般默认为照片质量达 70%。瓦片重叠可以根据每个瓦片的大小进行设置，一般不小于 0.3m。空间参考系统中应注意控制点坐标系要保持一致，其余设置选择默认即可。

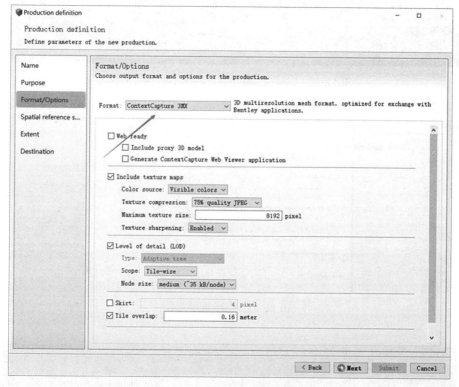

图 11.21　三维重建格式设置

设置完成后，提交到 engine 进行运算，将 ContextCapture Center Engine 软件打开，如图 11.22 所示，程序将计算三维重建结果，直到所有瓦片建模完成。

三维重建完成后，如图 11.23 所示，可在 ContextCapture Viewer 软件中打开重建的三维模型，如图 11.24 所示。

11.6　实验成果

（1）PhotoScan 导出的空中三角测量结果 *.xml 文件；
（2）ContextCapture 生成的三维重建结果 *.3mx。

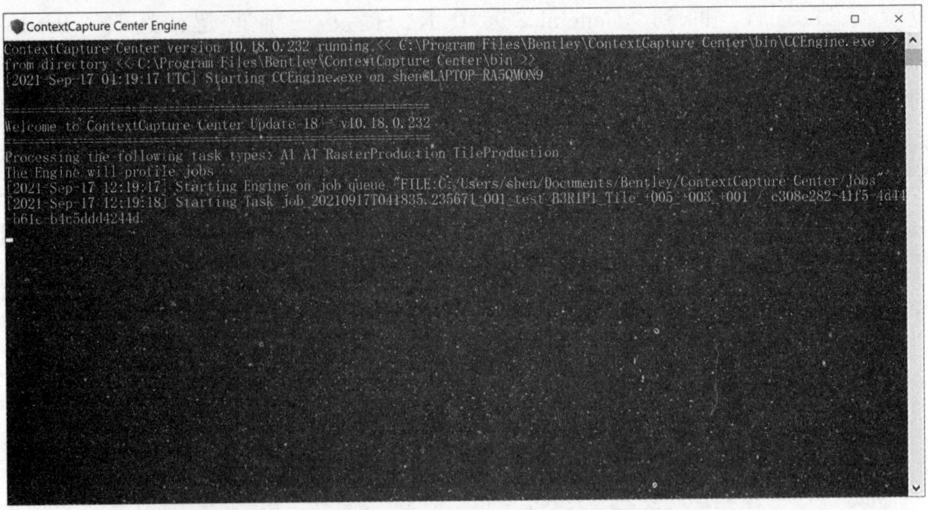

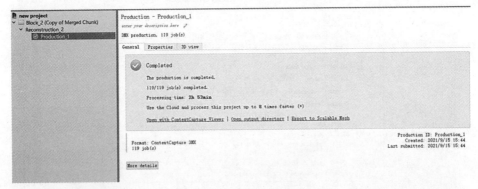

图 11.22 ContextCapture Center Engine 运行界面

图 11.23 三维重建完成

图 11.24 三维重建结果

11.7 思考题

(1) 什么是倾斜摄影测量？倾斜摄影测量的原理是什么？
(2) 三维重建后的模型有哪些实际用途？

11.8 推荐资源

(1) 微信公众号：GIS 前沿、测绘之家。

11.9 参考文献

(1) 邓非，等. 摄影测量实验教程[M]. 武汉：武汉大学出版社，2012.
(2) 丁华，等. 数字摄影测量及无人机数据处理技术[M]. 北京：中国建材工业出版社，2018.

（申丽丽）

第 12 章 三维激光扫描及建模实验

12.1 实验目的

(1) 了解三维激光扫描仪的结构与测量原理；
(2) 掌握地面三维激光扫描仪数据采集流程；
(3) 掌握 ContextCapture 软件自动建模的过程。

12.2 实验原理

12.2.1 地面三维激光扫描仪的结构

12.2.1.1 硬件部分

三维激光扫描仪按扫描方式分类，可分为固定式扫描仪和移动式扫描仪。本次实习用到的地面三维激光扫描仪属于固定式扫描系统，地面三维激光扫描仪硬件主要包括激光测距仪、扫描棱镜、CCD 数码相机、GPS 接收机、驱动马达及内部供电和倾斜补偿系统，如图 12.1 所示。

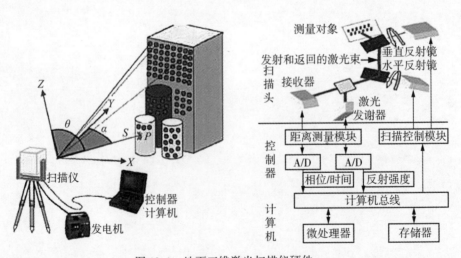

图 12.1 地面三维激光扫描仪硬件

12.2.1.2　软件部分

不同厂商配备不同的扫描软件，用于控制对目标的扫描测量与数据采集、处理。其中，数据采集称为联机控制软件。

(1)联机控制软件：

由各厂商开发，内置在仪器内，对特定扫描仪进行控制，用于设置扫描参数和图像获取方式，完成数据采集、存储、可视化及格式化输出。典型的软件有：Leica 的 Cyclone-SCAN，Riegl 的 RISCAN PRO，Trimble 的 Point Scape 及 Faro 的 Record。

(2)数据处理软件：

数据处理主要包括数据预处理和后处理，对点云数据进行存取、显示、去噪、滤波、提取标志中心坐标等，并配合图像信息进行纹理映射，建三维模型。典型软件有 Leica 的 Cyclone，Riegl 的 RISCANPRO，Trimble 的 RealWorks Survey 及 Faro 的 SCENE。

本教材用到的设备是 Leica(徕卡)P50 三维激光扫描仪，实验中用到的软件为徕卡的 Cyclone 软件，版本为 9.3.0。

12.2.2　地面三维激光扫描仪测量原理

三维激光扫描仪通过内置伺服驱动马达系统精密控制扫描棱镜的转动，决定激光束发射方向，从而使脉冲激光束沿横轴、纵轴方向扫描。扫描方式有：摄像式扫描、混合式扫描及全景式扫描。相应的扫描装置有平面摆动扫描镜和旋转正多面体扫描镜，如图 12.2 所示。

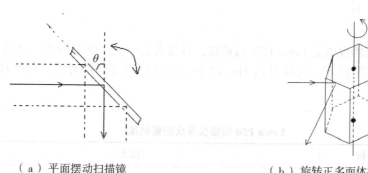

(a) 平面摆动扫描镜　　　　(b) 旋转正多面体扫描镜

图 12.2　扫描装置

如图 12.3 所示，地面三维激光扫描仪的测量原点在仪器中心，Y 轴为仪器固定方向，仪器初始化时为激光扫描方向，Z 轴竖直向上，X 轴由右手规则确定，由此建立扫描坐标系。定义仪器中心至测量目标点的距离为 S，自 X 轴逆时针旋转至扫描方向在 XY 平面内的投影线的角度为水平扫描角 α，扫描方向旋转至其水平投影的角度为垂直扫描角 θ，仰角为正，俯角为负，由此可得极坐标 (S, α, θ)。

由极坐标原理可得扫描点 P 的空间直角三维坐标：

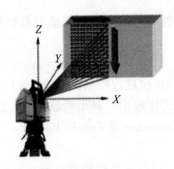 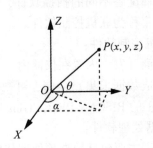

（a）三维激光扫描仪坐标定位原理　　（b）三维激光扫描仪坐标系

图 12.3　扫描装置

$$\begin{cases} X = S\cos\theta\cos\alpha \\ Y = S\cos\theta\sin\alpha \\ Z = S\sin\theta \end{cases}$$

仪器内部有一个激光器，两个旋转轴异面且互相垂直的反射镜。反射镜由步进电机带动旋转，而激光器发射的窄束激光脉冲在反射镜作用下，沿纵向和横向依次扫过被测区域。激光脉冲被物体漫反射后，一部分能量被三维激光扫描仪接收。测量每个激光脉冲从发出到返回仪器所经过的时间，即可计算出仪器和物体间的距离 S。

12.3　实验工具

本次实验使用的仪器是 Leica P50 扫描仪，该设备是一款全新长测程三维激光扫描仪，具有毫米级测角测距精度，测程可达 1km 以上，满足长距离扫描要求。具体技术指标见表 12.1。

表 12.1　　　　　　　　　　　Leica P50 扫描仪单次测量精度

序号	指标	精度
1	距离精度	1.2mm+10ppm（120m/270m 模式下） 3mm+10ppm（570m/>1km 模式下）
2	角度精度	水平、垂直 8″
3	标靶获取精度	2mm@50m
4	双轴补偿器	分辨率 1″，补偿范围±5′，补偿精度 1.5″

12.4　技术规范

（1）北京市测绘设计研究院，广州市城市规划勘测设计研究院，等．CH/Z 3017—

2015，地面三维激光扫描作业技术规程[S]. 北京：国家测绘地理信息局，2015.

12.5 实验步骤

本次扫描实验分为数据采集和数据处理两个部分。数据采集分为四个步骤：架设仪器、设置参数、扫描、数据导出等。数据处理有数据配准和点云建模两个部分，其中数据配准分为导入、配准、融合、导出四个步骤，点云建模分为导入、配置、处理三个步骤。操作流程如图 12.4 所示。

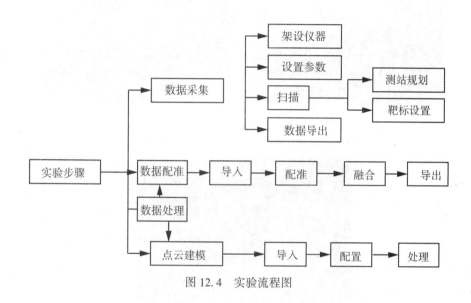

图 12.4 实验流程图

12.5.1 数据采集

数据采集分为架设仪器、设置参数、扫描、数据导出四个步骤。下面分别介绍各个步骤的操作方法：

1）第一步：架设仪器

架设仪器时要选好仪器架设位置，将仪器安置在三脚架上，开机，并整平扫描仪。具体操作方法如下：

(1) 首先从仪器箱中取出三维激光扫描仪，安装到脚架上，再安装电池，如图 12.5 所示，长按开关键开机，如图 12.6 所示。

(2) 开机后主界面如图 12.7 所示，用红色触屏笔点击图中红圈位置，进入整平界面。用仪器自带电子气泡整平扫描仪，按照提示调节脚螺旋，尽量使 L、T 值为 0。整平好以后，点击左下角"继续"按钮，返回主界面。

2）第二步：设置参数

设置参数前要新建项目，然后在扫描界面中，对扫描的角度范围，点云密度以及拍照的相机参数进行设置。具体过程如下：

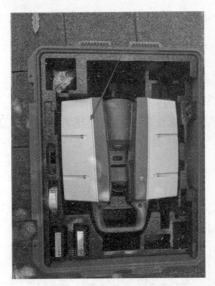

图 12.5 取出仪器安装电池

图 12.6 长按开关键启动

图 12.7 进入调平界面,用电子气泡调平

(1)新建项目:点击"管理",进入管理菜单,然后点击"项目",进入项目界面;点

击"新建",输入项目名称,最后点击"储存",如图12.8所示。

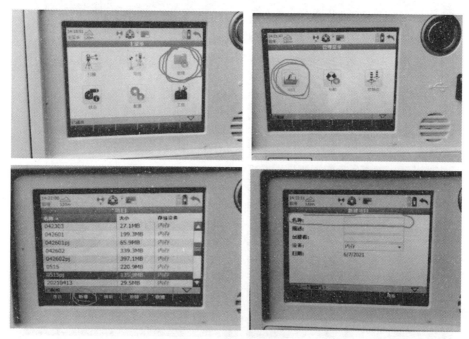

图12.8 新建扫描项目

(2)进入扫描界面,设置扫描参数,如图12.9所示。

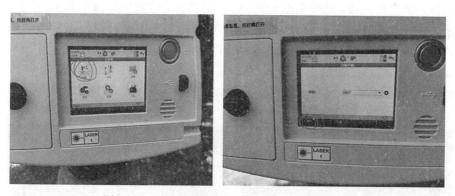

图12.9 选择刚才新建的项目名称,进入该项目

(3)扫描视场选择:如果水平方向要扫描360°,选择"全景扫描",如果只对局部区域进行扫描,选择"自定义"。选择自定义扫描之后,视场角左侧锁会打开,此时站在扫描仪无圆水准气泡一侧,从瞄准窗口大致瞄准待扫描物体的最左侧,然后点击锁定视场角左边锁;再转动扫描仪,从瞄准窗口大致瞄准待扫描物体的最右侧,最后点击锁定视场角右边锁,如图12.10所示。(注意,为保证目标全部被扫描,在瞄准时请稍微靠目标的外侧)

图 12.10　自定义水平视场角

(4) 其他扫描参数配置：

①扫描方式：仅扫描（只采集点云数据）、仅拍照（只采集影像数据）、扫描 & 拍照（两者都采集），如图 12.11 所示。拍照会增加数据采集的时间，请根据自己的项目需求合理选择扫描方式。如果不需要彩色点云，可以选择只扫描的模式，本实验中需要用到彩色点云，因此选择扫描 & 拍照的模式。②选择分辨率：本实验选择扫描点密度建议 6.3mm@10m，该参数表示距扫描仪 10m 处的点间距为 6.3mm，如图 12.12 所示。

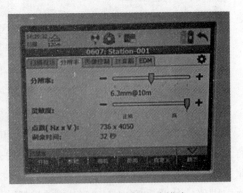

图 12.11　选择扫描方式　　　　　　图 12.12　选择扫描分辨率

③设置图像控制：与拍照相关参数，根据环境光线强度，设置拍照相关参数，曝光时间一般选自动，白平衡根据天气选择，图像像素设置为最高，HDR 拍照选择"是"，如图 12.13 所示。

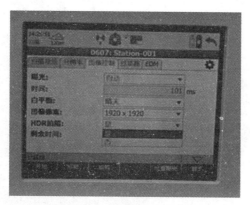

图 12.13　设置拍照参数

④设置过滤器与 EDM：选择扫描仪视线方向上的扫描范围。最小距离：小于该距离的物体不会被扫描；最大距离：大于该距离的物体不会被扫描。

⑤EDM：选择扫描仪的理论最大扫描距离，有 120m、270m、570m 和大于 1km 四种可供选择，该值越大，扫描速度越慢，可根据自己的需求合理选择，如图 12.14 所示。

3）第三步：扫描

各类参数按要求设置好以后，就可以点击"开始"按钮进行扫描，如图 12.15 所示。

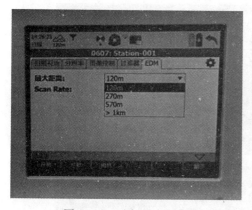

图 12.14　选择最大距离

图 12.15　开始扫描

（1）扫描标靶：在开始扫描前，就要设计测站。根据距离和扫描角度以及周围遮挡情况，估算扫描完整的物体或者建筑需要多少个测站，选好各测站的大致位置。为了完成多站点云之间的拼接，需要布设标靶或靶球。

①标靶布设：两个测站直接至少需要三个共同的标靶才能进行拼接。扫描开始前，要

将标靶布设在被测物体周围合理位置，确保相邻两个测站都能观测到至少三个共同标靶。注意：标靶不要在同一条直线上，如图 12.16 所示。

图 12.16　案例数据标靶布设方案

②获取标靶：点击"标靶"，进入标靶定义界面，选择标靶类型，在第一站时，须手动输入标靶号，然后点击获取标靶，如图 12.17 所示。

图 12.17　进入标靶页面，设置标靶编号，获取标靶

获取标靶有三种方式可供选择，这里推荐使用视频图像的方式。点击"获取标靶"后进入获取标靶界面。首先，点击图 12.18 中的红圈按键，使之变绿。然后用触屏笔点击屏幕，扫描仪的中心会自动转动到刚才点击的位置，点击"放大镜"按键可放大图像。通过以上方式使图像的中心"十"字与标靶中心近似重合，最后点击"√"。（注意：此时仪器反应较慢，请等待仪器做出反应之后再点击，不要连续点击多次。）在"十"字丝与标靶重合后，点击"观测"，仪器开始扫描标靶（双面观测是指盘左盘右各观测一次），如图 12.19 所示。

图 12.18 视频图像获取标靶

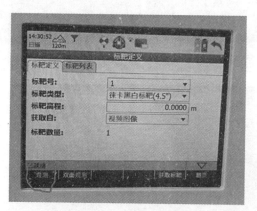

图 12.19 点击"观测"按钮进行观测

扫描结束以后，若标靶状态显示"OK"（说明系统自动识别标靶中心坐标）点击"储存"，否则重新扫描该标靶。然后重复以上操作，扫描所有标靶。所有标靶扫描完成以后，点击"开始扫描"，扫描得到的点云如图 12.20 所示。

（2）第一站扫描完成后，点击返回键，长按开关键关机。注意换站前，要将仪器关机装箱后再搬运设备，切勿连着脚架直接搬运。

（3）第二站扫描：架站整平以后，先点击"扫描"，再点击"继续"，点击倒三角，然后点击"新建测站"，此时变为 Station-002，如图 12.21 所示。

以同样的方式设置扫描视场角、扫描方式等参数。然后，在第二测站获取标靶：操作

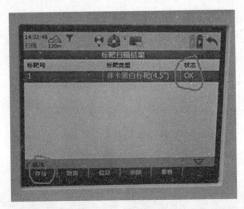

图 12.20　标靶扫描完成后，状态显示"OK"

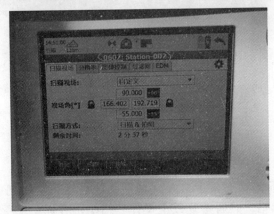

图 12.21　第二站扫描

与之前大部分相同，唯一不同点在于标靶定义界面的标靶号不再是工作人员手动输入，而是在下拉菜单中选择。（注意：标靶号与第一站要对应，例如同一个标靶第一站的标靶号为3，那么后面测站扫描该标靶时选择的标靶号也为3。）获取完所有的标靶后，开始扫描。重复以上步骤，直至所有测站扫描完毕，如图12.22所示。

图 12.22　以同样的方式扫描标靶

4)第四步：数据导出(导出到 U 盘)

插入 U 盘，点击"工具"，选择"传输"，点击本次扫描用到的项目，选择需要导出的项目，最后点击"到 USB"，如图 12.23 所示。

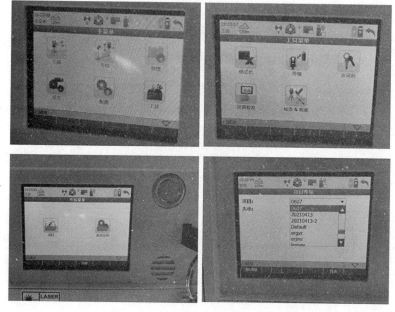

图 12.23　传输数据

12.5.2　数据配准

数据配准的目的是将扫描的点云导入到 Cyclone 软件里，然后根据标靶将各测站的点云数据配准到同一套坐标系下，再融合成一个统一坐标系下的完整数据，输出成通用的点云格式，为后期点云建模做准备。

数据预处理分为导入、配准、融合、导出 4 个步骤。

1) 第一步：导入

导入点云数据，打开 Leica 的点云预处理软件 Cyclone，新建一个 Databases，如图 12.24 所示，然后在新建的数据库下，单击鼠标右键选择"Import ScanStation Data"，再选择"Import ScanStation Partial Project"，如图 12.25 所示，导入本次扫描的所有测站。导入参数设置如图 12.26 所示。

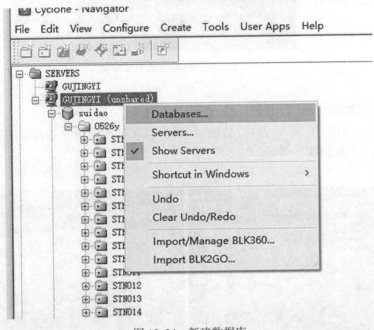

图 12.24 新建数据库

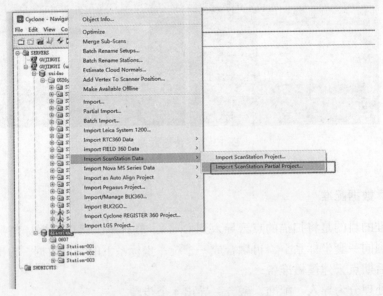

图 12.25 导入扫描数据

第12章 三维激光扫描及建模实验

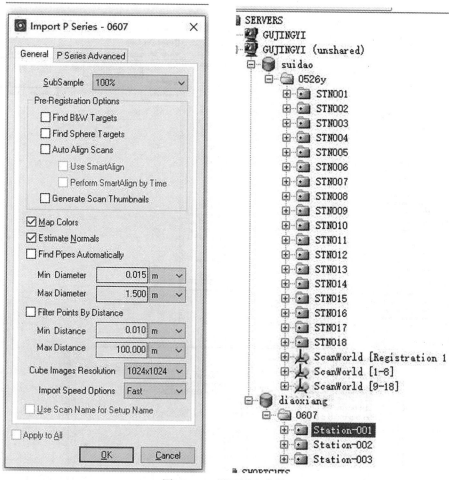

图 12.26 设置导入参数

2)第二步：配准

配准就是把3个测站扫描的数据，以标靶作为公共点，将坐标转换到同一个坐标系下。具体配准方法如下：在导入的项目文件夹上，单击鼠标右键，在弹出的菜单中选择"Create"→"Registration"。在弹出的注册界面下，选择"ScanWorld"→"AddScanWorld"选项，将需要拼接的数据导入，如图 12.27 所示。

然后，选择"Constraint"→"Auto-Add Constraints(Target ID only)"，将标靶点作为约束条件，导入到注册界面中。点击"Registration"→"Register"，软件会以选择好的标靶点为约束条件，进行配准计算，如图 12.28 所示。

计算好后，在弹出的菜单中可以查看本次配准的误差，如图 12.29 所示。如果误差较小(一般要求小于 0.005m)，说明配准精度较高，再点击"Registration"→"Create ScanWoeld/Freeze Registration"选项，对本次配准结果进行固定。然后选择"Create and Open ModelSpace"，打开配准好的点云界面，对点云数据进行登记和展示，如图 12.30 所示。选择"Tools"→"Info"→"ModelSpace Info"可以查看点云的数量和其他点云信息，如图

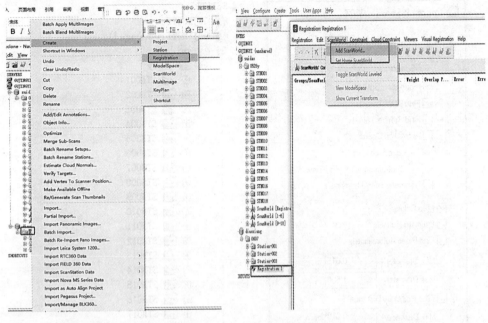

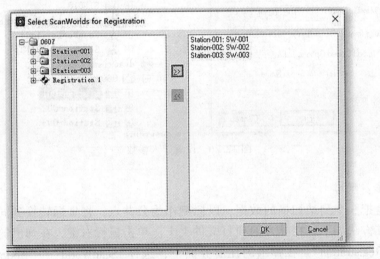

图 12.27 将本次扫描数据导入配准界面

12.31 所示。

若发现配准误差较大,则应该分析是不是标靶编号出现错误,或者测量过程中标靶位置有没有发生移动,可以选择删除明显错误的标靶,然后继续配准。若标靶数量不够,可以选择手动拼接模式,具体方法参见 Cyclone 说明书。

3)第三步:融合

融合就是把 3 个测站的点云融合成一个坐标系下完整的点云。由于多个测站扫描同一个物体,有大量重复且无用的点云,易造成数据量过大,因此可以对点云进行适当的抽

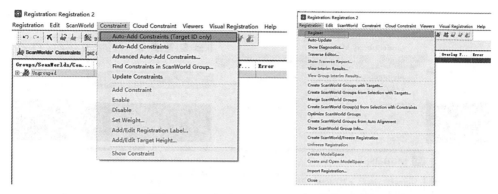

图 12.28　以标靶为公共点进行配准计算

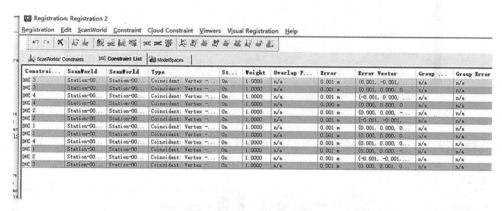

图 12.29　查看配准精度

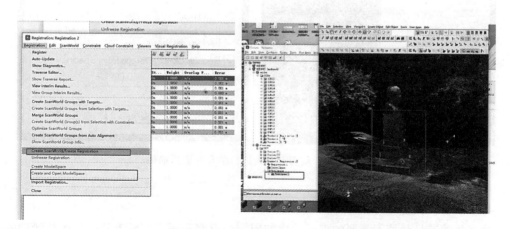

图 12.30　点击创建 ModelSpace

173

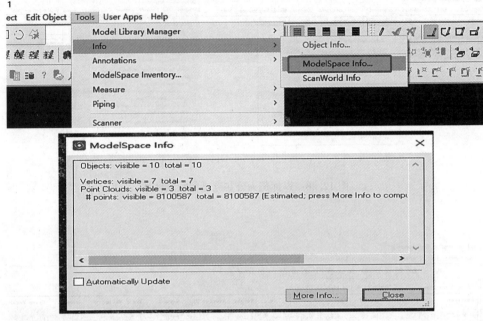

图 12.31　查看点云信息

稀。在抽稀界面设置好适当的点间距，抽稀完成后再查看点云的数量，如图 12.32 所示。

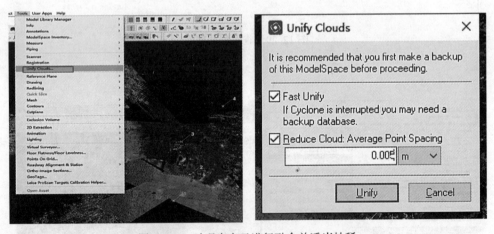

图 12.32　对现有点云进行融合并适当抽稀

4）第四步：裁剪与导出

通过裁剪工具裁掉不需要的点云，比如周围的道路和树木上的点云，只保留雕塑的点云。裁剪好以后，全选点云，再选择"File"→"Export"。把雕塑点云导成 e57 格式，输入到 ContextCapture 软件中建模，如图 12.33 所示。

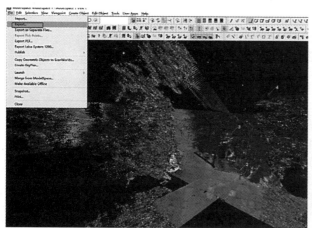

图 12.33　裁剪需要的点云，导出为 e57 格式

12.5.3　点云建模

点云建模是将上一步配准融合后的点云，导入到 Context Capture 软件中，软件对点云进行自动处理，并生成标准格式模型的过程。具体过程如下：

（1）利用静态扫描仪的随机软件导出扫描的点云数据（带颜色和强度信息），一般导出格式为 .las 或者 .e57，建议采用 e57 的格式。

（2）打开 ContextCapture Engine，然后打开 ContextCapture Master，如图 12.34 所示。

图 12.34　打开 ContextCapture Engine 和 ContextCapture Master

（3）在 ContextCapture Master 中新建工程，然后新建 block，在 block 的"点云"页中导入点云数据，注意工程名称不要带有中文字符，如图 12.35 所示。

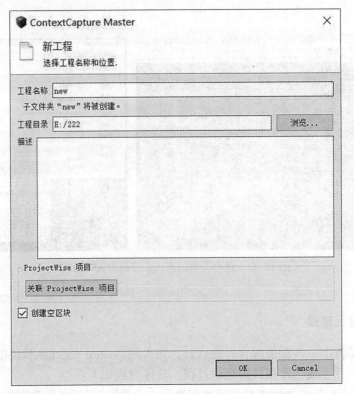

图 12.35　新建工程和 block

（4）在新建的 block 中单击鼠标右键，在弹出的右键菜单中选择"New 3D-Reconstruction"，如图 12.36 所示。

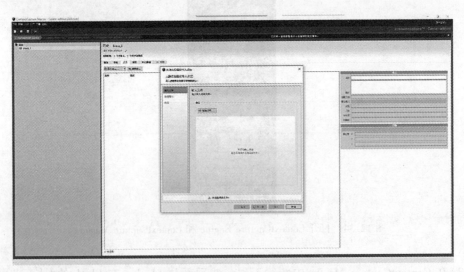

图 12.36　重建新的三维模型

(5）在新生产的 Reconstruction 中，单击"空间框架"中的 Tiling 页，选择点云构网的八叉树方式和构网的范围，一般情况选择"规则网格切块"即可，如图 12.37 所示。

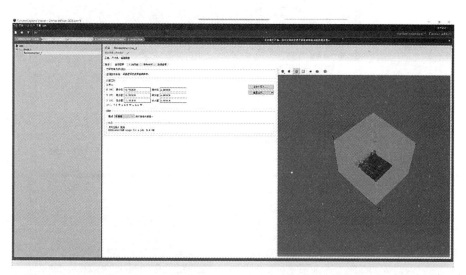

图 12.37　选择切块模式

(6）在 Reconstruction 中，在"概要"页面，选择右边的"提交新的生产项目"即可开始重建，如图 12.38 所示。

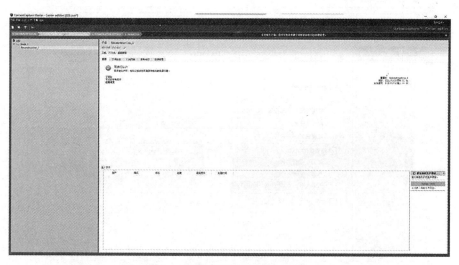

图 12.38　选择提交新的生产项目

(7）在弹出的重建选项中，选择"三维网格"格式，然后在"格式/选项"中选择"OSGB"格式，如图 12.39、图 12.40 所示。

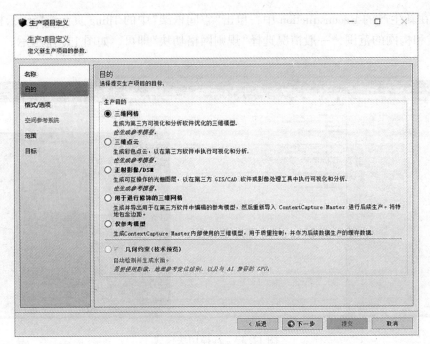

图 12.39 设置生产"三维网格"

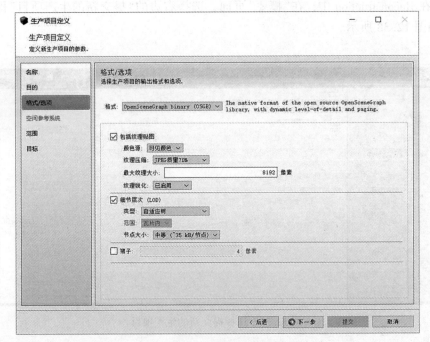

图 12.40 设置模型格式

(8) 最后提交重建任务, 待重建完成后, 即可利用 ContextCapture 的 viewer 打开重建的格网模型, 如图 12.41 所示。

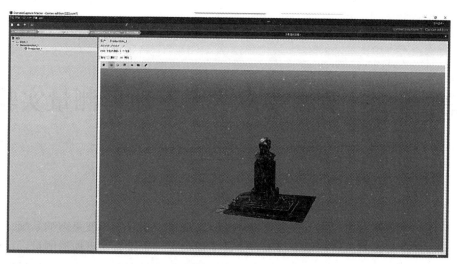

图 12.41　在模型浏览界面查看生成的模型

12.6　思考题

（1）除了公共标靶球的点云配准方法，目前还有哪些点云配准方法？
（2）三维激光扫描仪在扫描时，对于标靶摆放有哪些规则？
（3）Cyclone 软件除了做点云配准，还有哪些功能？

12.7　推荐资源

本次实验所用到的所有案例数据，以及仪器和软件操作说明及录屏资料都保存在百度网盘中，可通过以下网址下载学习：https://pan.baidu.com/s/1vl2ubsTEGI29dHLciFUrkA，提取码：3333。

12.8　注意事项

（1）扫描场景应存在足够的参考对象（球体、棋盘板），获得准确的配准结果；
（2）点云的配准以公共标靶球方式，公共标靶球的数量不少于 3 个，避免共线；
（3）考虑扫描仪单点扫描精度与工程精度要求，建议扫描仪扫描半径小于 30m；
（4）扫描分辨率与扫描时间成反比，应根据工程需求设置合适的分辨率和质量；
（5）刚开机时，仪器需要预热，避免在阳光直射、灰尘与雨雾较大的环境中扫描，高吸收和高反射的被测目标需要使用防眩光材料对其进行处理。

（罗喻真）

第13章 多波束声呐水下地形测量实验

13.1 实验目的

水下地形主要通过单波束、多波束等声呐设备测量。相较于单波束声呐系统,多波束声呐通过束控技术和多传感器集成技术,实现了条带式、全覆盖水下地形测量,从而大大提高了水深测量的效率和精度,在常规水下调查和工程中具有广泛的应用。通过本章实验学习,帮助学生理解多波束声呐系统的工作原理,掌握多波束声呐测深的外业操作方法和测深数据内业处理的流程。

13.2 实验原理

13.2.1 多波束换能器工作原理

目前,主流多波束声呐多为数字式束控声呐,换能器多采用十字米氏阵列或T型阵列,如图13.1所示。阵列由两个相互垂直的阵列单元组成,分别为发射阵列和接收阵列,二者独立工作。每个阵列都由若干(几百个)阵元组成。根据测深范围及精细程度,阵列长度可为几十厘米至几米。一般浅水多波束阵列尺寸相对较小,采用高频声波,测点密度高;深水多波束为了增大作业距离,需采用更大尺寸阵列来提高发射能级,因此采用低频声波,以此来降低声能衰减,测点密度稀疏。

Reson 8125型浅水多波束声呐

Reson 8150型深水多波束安装槽及模块化阵列

图13.1 多波束声呐系统T型换能器示例

换能器安装后，发射阵列沿载体艏尾向布设，根据束控原理，发射阵列在垂直阵列主轴方向上形成具有指向性的窄角波束。沿航迹向观察则为大开角扇形波束，如图13.2所示，图中窄角波束主瓣前后两侧存在旁瓣，现代主流多波束通过加权振幅处理可以较好地抑制旁瓣波束能级，将主要能量汇聚至中心主瓣上，从而使发射波束在海底照射面为换能器正下垂直于航迹的窄条带区域。

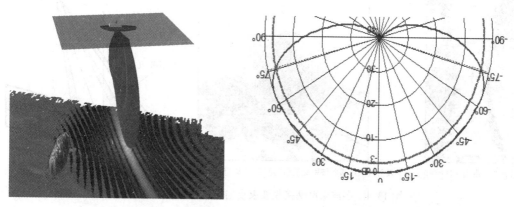

图13.2　多波束声呐声波发射（Huge Clark，2004）

接收阵列垂直艏尾向布设，在发射阵列声信号激发的瞬间，同步开始接收回波。工作时各阵元独立接收回波信号，海底同一θ方向回来的信号到达各阵元的时间或行程略有差异，由图13.3可知，该方向回波信号依次到达各阵元的行程偏移量为$A=l\sin\theta$。因此，对各阵元信号依次补偿相应的时间偏移量可实现同一θ方向回波的同步，累加各阵元时序信号就可得到该方向的相长干涉回波序列，而对其他方向的信号则不会相长干涉。

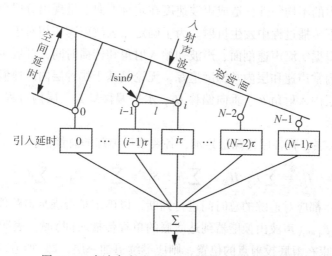

图13.3　多波束声呐θ方向回波接收及束控处理

基于上述接收波束形成思想，多波束换能器可形成任意方向和数量的回波信号。但按上述操作，接收波束也存在指向性接收波束角、旁瓣效应等性质，实际操作中，束控形成接收波束的个数与阵元个数和尺寸相匹配，从而保证实现海底全覆盖。接收波束与发射波束的指向性在海底投影的重叠区域及各方向回波的波束脚印，如图13.4所示。

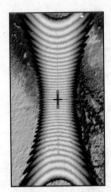  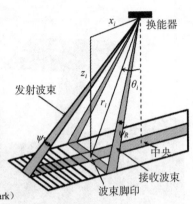

 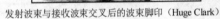

各接收波束指向性投影　　发射波束与接收波束交叉后的波束脚印（Huge Clark）

图 13.4　多波束声呐接收波束指向性及波束脚印示意图

对各方向回波序列开展底部检测，以判断上述各波束脚印中心在回波序列中的序号位置，再结合声呐信号采样率，便可得到各方向回波的返回时间。根据波束指向角和传播时间，结合声速、罗经、姿态、定位等信息，就可以求得床底各测深点的平面坐标和深度。

13.2.2　多波束声线弯曲改正

多波束声呐系统记录的原始测深信息为波束入射角和到达底部的传播时间，由于水体温度、盐度、压力的不均匀性，造成声波速度在垂直方向上呈现出分层变化的特点，进而引起声波在斜向下传播过程中发生折射。为了确定床表波束脚印相对于换能器的水平和垂直偏移量，需要根据实测声速剖面、声波初始入射角和传播时间，开展声线跟踪。最常用的追踪方法是层内常声速和层内常梯度追踪，无论是基于哪种层内声速假设理论，各层内追踪的要素包括层内入射角 θ_i、垂向偏移 H_i、水平偏移量 L_i、层内行程 S_i、层内耗时 t_i，如图 13.5(a)所示。

当追加到第 i 层，将各层追踪量累加，各要素已追踪的总量为：

$$L_{总}^i = \sum_{i=1}^n l_i, \quad H_{总}^i = \sum_{i=1}^n h_i, \quad S_{总}^i = \sum_{i=1}^n s_i, \quad T_{总}^i = \sum_{i=1}^n t_i \tag{13.1}$$

每追加一层，都应对追踪的总时间进行判断，以确定是否满足追踪停止条件：

- 当 $T_{总}^i < T_{单程}$（声波由换能器到达海底的单程传播时间）时，表明当前追踪的位置并不是波束在海底投射点的位置，则应继续追加一层，即"加追踪"；
- "加追踪"后，应按式(13.1)更新各要素的已追踪总量；
- 重复上述两个过程，直到 $T_{总}^i > T_{单程}$ 或声速剖面不够追踪，如图 13.5(b)所示；

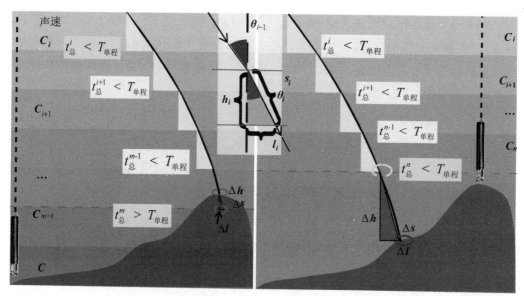

(a) 多追踪情况　　　　　　　　(b) 声速剖面不够追踪情况

图 13.5　声线逐层追踪计算过程

- 当出现 $T_{总}^i > T_{单程}$ 时，说明多追踪了一段声程，需将多追踪的去除，即所谓的"减追踪"，通过"减追踪"实现 $T_{总}^i = T_{单程}$ 后，波束在海底投射点的最终水平位移量 L 和深度 H 为：

$$L_{总} = L_{总}^i - \Delta l, \quad H_{总} = H_{总}^i - \Delta h \tag{13.2}$$

式中，Δl 和 Δh 分别为"减追踪"的水平位移量和深度。

- 当出现声速剖面不够追踪的情况时，根据最后一层的出射角，按照常声速或常梯度对剩余时间 ($T_{单程} - T_{总}^i$) 进行追踪，追踪的剩余水平位移和深度分别为 Δl 和 Δh，则最终的水平偏移量 L 和深度 H 为：

$$L_{总} = L_{总}^i + \Delta l, \quad H_{总} = H_{总}^i + \Delta h \tag{13.3}$$

基于上述声线跟踪过程，可求得各波束脚印相对于换能器在理想船体坐标系下的坐标。

13.2.3　多波束海底点坐标计算

多波束测深点的绝对坐标是通过载体平台 GNSS 定位天线经换能器传递得到的，坐标传递的基础是理想船体坐标系，该坐标系以船艏尾向为 X 轴（船艏为正），垂直 X 轴指向右舷为 Y 轴，Z 轴竖直向下，该坐标系在船体运动过程中只发生平动而轴系方向不变。姿态变化造成换能器与 GNSS 天线、姿态传感器 MRU 的相对位置改变，当然也造成前述的波束发射方向的改变。

(1) 姿态变化下，换能器与 GNSS、MRU 在理想船体坐标系下的相对位置求解。

初始状态换能器(Transducer)、GNSS 天线、MRU 在理想船体坐标系(Vessel Frame System, VFS)下的坐标分别为 $[x_0, y_0, z_0]_{VFS}^{Trans}$、$[x_0, y_0, z_0]_{VFS}^{GNSS}$、$[x_0, y_0, z_0]_{VFS}^{MRU}$，换能器绕 X、Y 轴的安装偏角为 (dr_t, dp_t)，姿态传感器安装偏角为 (dr_m, dp_m)；考虑姿态传感器安装偏差及姿态测量值 $r(\text{roll})$ 和 $p(\text{pitch})$，换能器相对 GNSS 在理想船体坐标系下的相对关系变为：

$$\begin{bmatrix} \Delta x \\ \Delta y \\ \Delta z \end{bmatrix}_{VFS}^{Trans-GNSS} = R(p - dp_m)R(r - dr_m)\left(\begin{bmatrix} x_0 \\ y_0 \\ z_0 \end{bmatrix}_{VFS}^{Trans} - \begin{bmatrix} x_0 \\ y_0 \\ z_0 \end{bmatrix}_{VFS}^{GNSS}\right) \tag{13.4}$$

同理，换能器相对 MRU 在理想船体坐标系下的相对关系变为：

$$\begin{bmatrix} \Delta x \\ \Delta y \\ \Delta z \end{bmatrix}_{VFS}^{Trans-MRU} = R(p - dp_m)R(r - dr_m)\left(\begin{bmatrix} x_0 \\ y_0 \\ z_0 \end{bmatrix}_{VFS}^{Trans} - \begin{bmatrix} x_0 \\ y_0 \\ z_0 \end{bmatrix}_{VFS}^{MRU}\right)$$

$$= R(p - dp_m)R(r - dr_m)\begin{bmatrix} \Delta x_0 \\ \Delta y_0 \\ \Delta z_0 \end{bmatrix}_{VFS}^{Trans-MRU} \tag{13.5}$$

式中，Δz_0 和 Δz 分别为姿态改变前后，换能器相对于 MRU 在理想坐标系下的垂向偏差。

(2) 各波束脚印相对于 GNSS 在理想船体坐标系下的相对坐标。

根据声线跟踪求得各波束脚印在理想船体坐标系下相对于换能器的坐标，再结合式(13.4)可求得各波束脚印相对于 GNSS 在理想船体坐标系下的相对坐标：

$$\begin{bmatrix} x \\ y \\ z \end{bmatrix}_{VFS}^{P-GNSS} = \begin{bmatrix} x \\ y \\ z \end{bmatrix}_{VFS}^{P-Trans} + \begin{bmatrix} \Delta x \\ \Delta y \\ \Delta z \end{bmatrix}_{VFS}^{Trans-GNSS} \tag{13.6}$$

(3) 波束脚印在地理坐标系下的坐标。

结合 GNSS 测得地理坐标系(GRF)下的坐标 $[x, y, z]_{GRF}^{GNSS}$、罗经安装偏角 dA 及罗经测量值 A，可得各测深点的地理坐标：

$$\begin{bmatrix} x \\ y \\ z \end{bmatrix}_{GRF}^{P} = \begin{bmatrix} x \\ y \\ z \end{bmatrix}_{GRF}^{GNSS} + R(A - dA)\begin{bmatrix} x \\ y \\ z \end{bmatrix}_{VFS}^{P-GNSS} \tag{13.7}$$

式中，最左项 P 点坐标中，x，y 为平面坐标，z 为测深点的大地高。

(4) 水深改正。

实际使用时，一般将测深点归算至某一深度基准面上，往往借助水面进行推算。为此，需要首先获得海底相对水面深度，即将声线追踪得到的海底点相对于换能器的深度，进行吃水改正和涌浪改正。换能器吃水分为静吃水和动吃水，吃水总改正为 ΔD_{draft}；涌浪主要通过姿态传感器或涌浪传感器监测，但传感器记录的瞬时垂向变化量 D_m 中包含了姿态引起的诱导深沉部分，结合式(13.5)，换能器实际垂向升沉变化为：

$$D_{\text{heave}} = \Delta z - \Delta z_0 + D_m \quad (13.8)$$

综合吃水和潮位面高，可将各测深点归算至深度基准面高：

$$H = D_{\text{tide}} - (h + D_{\text{heave}} + D_{\text{draft}}) \quad (13.9)$$

式中，h 为基于声线追踪得到的测深点相对于换能器的垂向距离。

13.3 实验工具

多波束声呐系统是一个多传感器集成系统。多波束测深系统包括换能器及安装支架、定位、罗经、船姿传感器、声速剖面仪、数据采集工作站、数据后处理工作站及显示等配套设备，如图13.6所示，其次还需要配套开展测量工作的船舶载体平台、安装支架、吊放装置等。

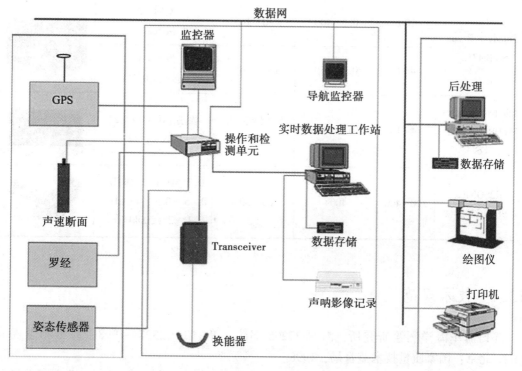

图13.6　多波束声呐系统组成

多波束声呐系统一般根据测量水深范围和任务需求进行选择，常见的多波束声呐系统参数如表13.1所示。

表 13.1　　　　　　　　　常见多波束声呐系统参数列表

型号	频率(kHz)	最小/最大深度(m)	最大条带宽度	可用配置	发射/接收阵列/成图
Kongsberg EM 710	70~100	3~2000	5.5倍水深/2300m/140°	0.5°×1°，1°×1°，1°×2°，2°×2°	
Kongsberg EM 302	30	10~7000	5.5倍水深/8000m/143°	0.5°×1°，1°×1°，1°×2°，2°×2°，2°×4°，4°×4°	
Wärtsilä ELAC SeaBeam1180	180	1~600	1000m	发射：1.5° 接收：1.5°	
Wärtsilä ELACSeaBeam3020	20	50~9000	10000m	发射：1°/2° 接收：1°/2°	
Teledyne Reson SeaBat7125	200	0.5~400	140°/165°	发射：2° 接收：1°	
	400	0.5~150	140°/165°	发射：1° 接收：0.5°	
Teledyne ATLAS HYDROSWEEP DS	14~16	10~11000	5.5倍水深/140°	发射：0.5°/1°/2° 接收：1°/2°	
R2SONIC SONIC2024	200~400	400+	160°/500m	0.3°×0.6°(700kHz) 0.45°×0.9°(450kHz) 1°×2°(200kHz)	

13.4　技术规范

(1) 海军海洋测绘研究所，海军 37205 部队，等．GB/12327—1998　海道测量规范[S]．北京：国家质量技术监督局，1998．

(2) 上海海事局．JT/T 790—2010　多波束测深系统测量技术要求[S]．北京：中华人民共和国交通运输部，2010．

(3) 中交天津航道局有限公司，中交天津港航勘察设计研究院有限公司．JTS/131—2012　水运工程测量规范[S]．北京：人民交通出版社，2012．

13.5 实验步骤

多波束声呐水下地形测量实验步骤主要包括外业和内业两部分。

13.5.1 多波束测深外业施测

多波束测深外业过程主要包括设备安装、安装偏差校准、测线布设、外业实施等环节。

13.5.1.1 设备安装

多波束声呐系统安装主要包括换能器安装、定位设备安装、姿态/罗经等传感器安装、船体坐标系测定等环节。

1) 换能器安装

多波束换能器应安装在噪声低且不容易产生气泡的位置，避开测船马达、螺旋桨等影响，换能器轴线指向应与船体的龙骨方向一致，横纵摇倾角控制在 $1°\sim2°$，舷挂式安装时支架应牢固、稳定，具备可量化升降功能，如图 13.7 所示。

图 13.7 多波束系统舷挂式安装

2) 定位设备安装

采用 GNSS/RTK 来进行定位，GNSS 接收机天线垂直安装至船顶开阔处，避免船体遮挡与测船信号干扰，GNSS 与多波束声呐的采集系统相连；尽量采用双频 GNSS 接收机，可实施 RTK/PPK/PPP/星间差分/CORS 等高精度定位测量。

3) 姿态、罗经传感器安装

姿态传感器应安装在能准确反映多波束换能器姿态或测船姿态的位置，其方向线应平行于测船的艏艉线；罗经安装时应使罗经的读数零点指向船艏并与船的艏艉线方向一致，同时避免船上的电磁干扰；罗经、姿态传感器安装方向偏差均应控制在 $1°\sim2°$ 范围内。

4) 船体坐标系测定

各设备在船体坐标系下的坐标可采用自由设站法进行测定，如图 13.8 所示。

在测量船锚定的岸边选择通视条件较好的已知点或自设点架设全站仪，选取已知方向或自设方向作为零方向，分别测量换能器中心、GNSS 接收机中心、罗经及姿态传感器、

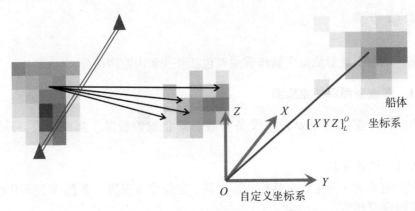

图 13.8 船体坐标系的自由设站法测定

船龙骨艏尾端点在全站仪局部坐标系下的坐标;以船艏尾端点连线指向船艏为 X 方向,垂直 X 轴方向指向右舷为 Y 方向,换能器坐标为原点,建立船体坐标系,并通过坐标旋转和平移来实现船体坐标系的测定。

13.5.1.2 安装偏差校准

多波束外业施测前应进行系统的误差测定与校准,包括定位时延、横摇偏差、纵摇偏差、艏向偏差(航向偏差)等项目。校准一般按定位时延、横摇偏差、纵摇偏差、艏向偏差(航向偏差)等顺序进行。

13.5.1.3 测线布设

多波束测线布设场采用导航软件进行,如 Hypack 软件,导航软件具备测线规划和布设的功能,待设置好测线后,可自动引导测量船舶按照既定路线行进测量。测线间距应考虑波束开角、水深及条带重叠宽度要求等因素,做到全覆盖测量。一般布设主测线、检查线和加密测线。

(1)主测深线布设方向应按工程的需要选择平行于等深线的走向、潮流的流向、航道轴线方向或测区的最长边等其中之一布设;

(2)主测线的间距应不大于有效测深宽度的 80%,有效测深宽度根据仪器性能、回波信号质量、潮汐、测区水深、测量性质、定位精度、水深测量精度以及水深点的密度而定;

(3)测线长度不宜过长,应综合考虑水位改正、声速变化、数据安全维护等因素。测线应覆盖所有检测区域,且有一定的上线下线预留量。

检查线应垂直于主测线布设,并至少通过每条主测线一次,检查总长度应不少于测线总长的 5%。

13.5.1.4 外业实施

数据采集过程中,应按照设计测线行船,船速设置应和多波束声呐脉冲速度匹配;随时监视采集软件的工作状态,如图 13.9 所示对突发系统问题作出判断和处理;在测区应采集一定密度和频次的声速剖面数据;测量任务结束前应检查数据的完整性。

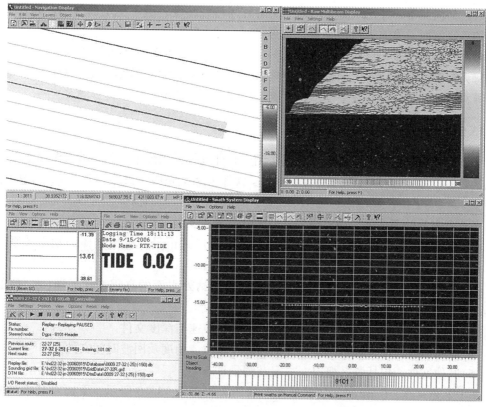

图 13.9　SeaBat8101 多波束测深系统外业采集主要窗口界面

1）船速设置

数据采集过程中测量船应保持均匀的航速和稳定的航向。应遵循"早上线，晚下线"原则，保证测船航速与航向的稳定。为保证测线方向的全覆盖，测量时的最大船速按下式计算：

$$v = 2 \times \tan\left(\frac{\alpha}{2}\right) \times (H - D) \times N \tag{13.10}$$

式中，v 为最大船速，α 为波束沿艏尾向开角，H 为测区内最浅水深，D 为换能器吃水，N 为多波束的实际数据更新率。

2）回波数据采集过程监视

测量过程中，应实时监控测深数据的覆盖情况和测深信号的质量，当信号质量不稳定时，应及时调整多波束发射与接收单元的参数（距离门限、角度门限、底部检测方法等），使波束的信号质量处于稳定状态。如发现覆盖不足或水深漏空、测深信号质量不满足精度要求等情况，应及时进行补测或重测。如发现检测目标，现场可从不同方向利用多波束中间区域的波束加密测量。

3）声速剖面采集

系统应配备表层声速仪与声速剖面仪，有些换能器设备内置表层声速仪，表层声速为换能器束控重要参数,决定了波束发射角度的正确性;其次,应在测区内不同水域进行若干次声速剖面测量,并记录所测声速剖面的时间与经纬度,当声速剖面结构差异较大时,应增加声速剖面采集的时间频次和空间密度。

4)测量数据检查与补测

每天测量结束后应备份测量数据,核对系统的参数并检查数据质量。发现水深漏空、水深异常、测深信号的质量差等不符合测量精度要求的情况,应进行补测。

13.5.2 多波束测深内业处理

多波束测深数据的内业处理主要基于相关软件进行,当前主流的多波束测深后处理软件包括 Caris、Qinsy、EVA 等。本书以 Caris 软件为例,介绍多波束测深内业处理的基本步骤。

多波束内业处理之前,应整理好外业测量的各类文件,包括:

(1)船型文件,通常以可扩展标记文本(XML)形式记录,包括船体的轴系关系、尺寸、各传感器在船体坐标系下的安装位置、安装偏差等。

(2)潮(水)位文件,记录了作业区域附近验潮站处水面的高程变化,潮(水)位的起算基准是测深成果的归算基准。

(3)声速剖面文件,测区内若干位置上采集的声速与深度文件。

(4)声呐测线文件,包括原始测线的姿态、定位、角度及回波时间文件。

(5)其他文件,包括测区概况、方案及测量日志等。

基于上述文件,Caris 测深数据处理的通用流程如图 13.10 所示,下面对其中主要步骤进行详细说明。

1)创建一个船文件(Create a Vessel File)

船文件是船体坐标系的定义文件,缺少船体文件或者文件错误将导致测深姿态改正和坐标归算错误。新建船文件,应注意日期要早于测线测量时间,除了各传感器安装参数外,还应同时给定船上所搭载换能器的型号、通道、波束、作业模式等参数,如图 13.11 和表 13.2 所示。当船体坐标系发生变化时,应重新设定船文件,如图 13.12 所示。

表 13.2　　　　　　　　　多波束测深数据处理船型文件命令

命令位置	目的	工具符号
"Tools"→"Vessel Editor"	打开"Vessel Editor"创建一个新的船文件	

2)创建一个工程(Create a New Project)

多波束测深数据处理中,一个工区往往包含众多个测线文件,测线文件的调入场采用工程管理方式,进行批量处理。通过软件的创建工程命令,可以将原始测深文件批量导入,同时选择需要的船文件,测线导入后将被解码,并基于导入的船文件进行初步测深计算,从而形成了可调整分辨率的栅格面,如表 13.3 和图 13.13 所示。

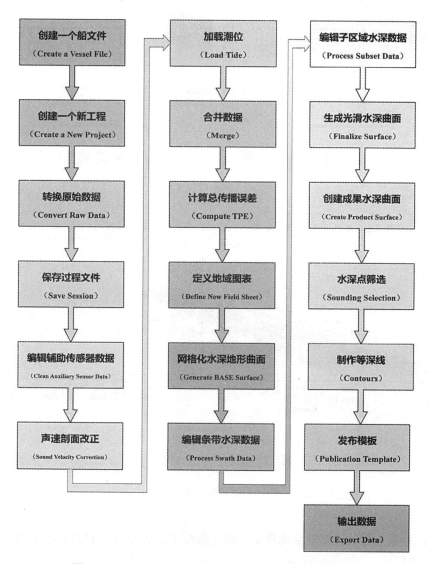

图 13.10 SeaBat8101 多波束测深系统测深数据处理流程

表 13.3 多波束测深数据处理创建工程命令

命令位置	目的	工具符号
"File"→"New Project"	为 HIP-SIPS 数据创建一个新的工程目录	

3) 编辑辅助传感器数据(Clean Auxiliary Sensor Data)

该步工作主要是对原始数据中记录的导航定位、姿态等数据进行质量控制。这类数据主要为时序数据,通过软件的编辑命令,可以将各时序数据以曲线形式绘制,如表 13.4

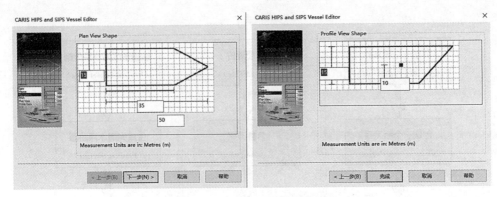

图 13.11　船文件设置向导

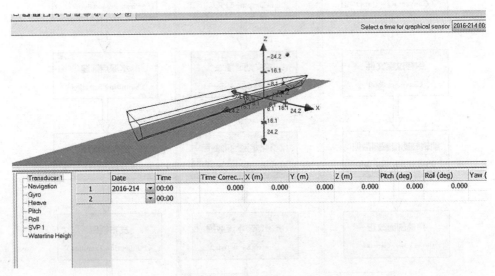

图 13.12　船文件显示

所示，进而根据数据的连续性变化规律，确定数据中是否存在不符合要求的跳变和粗差，并对其进行修复。

表 13.4　　　　多波束测深数据处理辅助传感器参数编辑命令

命令位置	目的	工具符号
"Tools"→"Navigation Editor"	打开"Navigation Editor"查看和编辑导航数据；也可用于导航数据的内插	
"Tools"→"Attitude Editor"	打开姿态编辑器查看和编辑运动传感器数据，如 heave，pitch，roll	
"Process"→"Load Delta Draft"	加载吃水改正	—

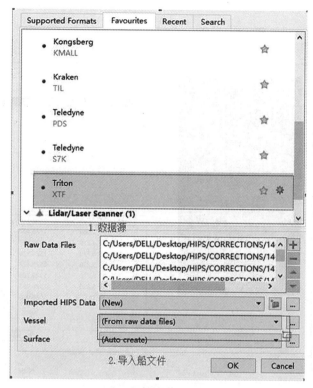

图 13.13　工程创建及原始测线文件导入

4）声速剖面改正（Sound Velocity Correction）

基于导入的声速剖面，按照层内常声速或常梯度进行声速剖面改正。声速剖面改正之前一般进行声速剖面文件编辑工作，如图 13.14 所示。根据声速在垂向上的变化趋势，判断声速剖面中是否存在粗差，并进行修复。一个测区可能存在若干个声速剖面文件，不同测线可按照时间最近或距离最近的原则来选择。多波束测深数据处理声速剖面改正命令见表 13.5。

表 13.5　　多波束测深数据处理声速剖面改正命令

命令位置	目的	工具符号
"Tools"→"SVP Editor"	打开 SVP Editor 创建或者编辑一个声速剖面文件	
"Process"→"Sound Velocity Correction"	将声速剖面应用于选择的测线	

5）加载潮位（Load Tide）

水深测量过程实际上是以水面为临时测量基准进行的，为了让各期测量成果统一，需

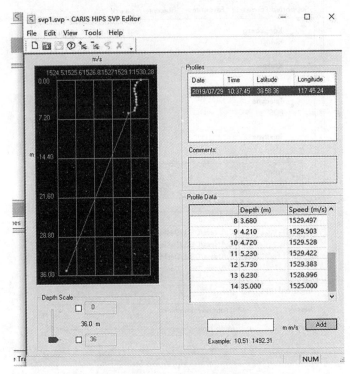

图 13.14　声速剖面文件编辑

要进行潮(水)位改正。沿海潮位变化明显,一般均有完整的验潮数据,潮位文件需按软件系统自定义格式进行整理,潮位改正后水下地形成果将转换至与验潮站的起算基准框架下;远海测量潮位变化不明显,有时不进行潮位改正;江河、湖泊水域,若有水位站提供水面高程,可将测深数据归算至水尺零点所在的基准下,对于无水位站且水位短期变化不明显区域,可以通过 GNSS 测高测量水面的大地高。多波束测深数据处理潮位编辑命令见表 13.6。

表 13.6　　　　　　　　多波束测深数据处理潮位编辑命令

命令位置	目的	工具符号
"Tools"→"Tide Editor"	打开"Tide Editor"创建和编辑潮位数据	
"Process"→"Compute GPS Tide"	从 GNSS 高程,传感器和水线偏移计算 GNSS 潮位	—
"Process"→"Load Tide"	使用单潮位或者多潮位文件,对选中的测线进行潮位改正	

6）合并数据（Merge）

上述处理过程，实现了各测线文件数据的质量控制及测深数据的相对坐标的计算，还需要根据定位、航向、姿态等数据，将所有测线数据归算至统一的框架系统。合并数据处理的结果为所有测线计算得到的一些列多波束测深散点数据，基于该数据可以构建水下地形曲面。多波束测深数据处理合并数据命令见表 13.7。

表 13.7　　　　　　　　　　　多波束测深数据处理合并数据命令

命令位置	目的	工具符号
"Process"→"Merge"	合并所有文件，归算每一波束的位置/水深	

7）编辑条带水深数据（Process Swath Data）

由于海洋环境的复杂性，多波束测深数据中存在大量噪点，部分离散值也可能为水下的浅点。为了对噪声和浅点进行甄别，通常利用"Swath Editor"（条带编辑器）对多波束条带数据进行浏览、检查和粗差清理。条带编辑是以测线为单位进行编辑，一次只能选择一条测线。多波束测深数据处理条带编辑命令见表 13.8。

表 13.8　　　　　　　　　　　多波束测深数据处理条带编辑命令

命令位置	目的	工具符号
"Tools"→"Swath Editor"→"Open"	打开"Swath Editor"，检查和编辑使用多波束或侧扫系统记录的声波信号数据	
"Tools"→"Set Filters"	设置 SWATH 过滤器的参数，用以自动剔除（恢复）波束数据	
"Tools"→"Swath Editor"→"Refraction Editor"	消除由于声速剖面改正不正确或者不足产生的"笑脸"或"哭脸"地形	
"Edit"→"Status Flag"→"Designated Soundings"	在使用特定波束标示浅滩波束，当产生最终 BASE 水中曲面时，这些标志的水深值将应用于最近的格网点	
"Edit"→"Status Flag"→"Find""Designated Soundings"	在一串高亮的波束中自动选择浅滩波束。这些标志的水深值将应用于最近的格网点	

测线编辑工具一般提供俯、后、侧视图多个视角，可观察测线测深数据的空间分布情况，工作人员对其中的异常点进行综合判断，并可以手动剔除其中跳变较大的噪点，如图 13.15 所示。

8）编辑子区域水深数据（Process Subset Data）

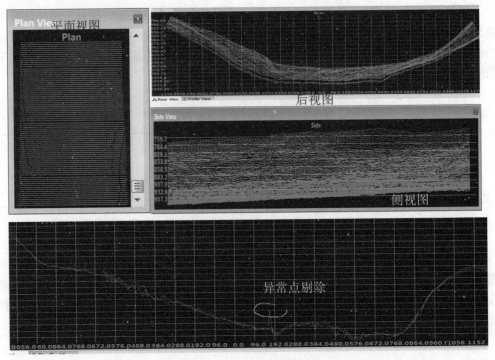

图 13.15　多波束测深处理测线编辑

相较于测线编辑，子区编辑可呈现框选区域内所有测深点的三维视图，进而对多个相邻测线成果内部符合程度进行判断。子区编辑状态下，可以对测深数据中的异常噪点进行手动剔除，此外还可以根据相邻条带地形的不符趋势，开展安装偏差的校准工作，如图 13.16 所示。多波束测深数据处理子区编辑命令见表 13.9。

表 13.9　　　　　　　　　多波束测深数据处理子区编辑命令

命令位置	目的	工具符号
"Tools"→"New Subset Tiles"	创建一个子区域瓦片来跟踪子区域数据清理情况	—
"Tools"→"Subset Editor"→"Open"	打开 Subset Editor，使用 2D 和 3D 视图，查看和清除不正确的波束	⊕
"Edit"→"Status Flag"→"Designated Soundings"	使用特定波束来标识浅滩波束，当产生最终 BASE 水中曲面时，这些标志的水深值将应用于最近的格网点	★
"Edit"→"Status Flag"→"Find Designated soundings"	在一串高亮的波束中自动选择浅滩波束。这些标志的水深值将应用于最近的格网点	★

续表

命令位置	目的	工具符号
"Tools"→"Subset Editor"→"Cleaning Status"→"Complete"	将子区域瓦片标记为"已经检查和清理过",所有波束数据都已经准备好做进一步处理	
"Tools"→"Subset Editor"→"Partially Complete"	将子区域瓦片标记为部分完成	
"Tools"→"Subset Editor"→"Incomplete"	将子区域瓦片标记为没有准备好进行下一步处理	

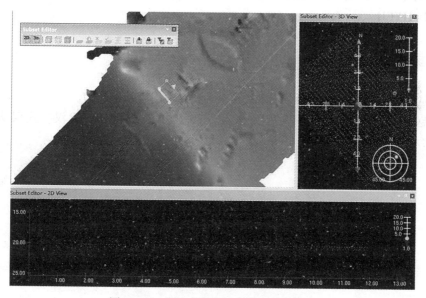

图 13.16　多波束测深处理子区编辑界面

9）输出数据（Export Data）

在 Caris 软件中,测深散点数据和 surface 面数据等可以输出为 10 多种格式的数据,输出范围、分辨率、投影方法均可根据需要进行选择。多波束测深数据处理数据输出命令见表 13.10。

表 13.10　　多波束测深数据处理数据输出命令

命令位置	目的	工具符号
"File"→"Export"	输出最终波束到一个 Caris 地图或者其他格式	
"File"→"Export"	输出 BASE 水深曲面数据（Data）到文本文件	
"File"→"Export"	输出 BASE 水深曲面图像（Image）	

197

13.6 思考题

(1)船体姿态变化对水下测深点位置确定的影响机理是什么？如何进行改正？
(2)多波束测深船体坐标系统是如何测定的？

13.7 推荐资源

(1)Caris 软件官方网站：http://www.teledynecaris.com/en/products/hips-and-sips/；
(2)海洋测绘期刊网站：http://hych.cbpt.cnki.net/WKE/WebPublication/index.aspx?mid=HYCH。

13.8 参考文献

(1)赵建虎. 现代海洋测绘[M]. 武汉：武汉大学出版社，2007.
(2)赵建虎，刘经南. 多波束测深及图像数据处理[M]. 武汉：武汉大学出版社，2008.

（王爱学）

第14章 惯导器件确定性误差标定实验

14.1 实验目的

掌握用经典六位置法标定惯性器件确定性误差的方法和实验流程，积累惯导系统使用和数据处理经验。通过实践来加强对惯性导航原理的理解。

14.2 实验原理

惯性导航系统(INS)通过陀螺与加速度计测量载体角运动、线运动，并通过投影积分算法得到载体的姿态、速度与位置信息。其定位误差很大程度上取决于陀螺和加速度计的误差水平。

由于传感器制作工艺和惯性测量单元(IMU)加工工艺精度的限制，IMU在出厂后都会存在系统性误差，对导航性能影响比较大的是陀螺和加速度计的系统性误差，也叫确定性误差，主要包括陀螺和加速度计的零偏、比例因子以及交轴耦合等误差。

零偏是所有加速度计和陀螺仪都有的表现出的常值误差。它是当陀螺或加速度计输入为零时，陀螺或加速度计的输出量。零偏与载体实际的比力和角速率都没有关系。在大多数情况下，零偏误差项是惯性仪表所有误差的主要成分。

比例因子误差是指经过IMU单位转换后，惯性仪表的输入-输出的单位斜率偏差。由加速度计比例因子误差导致的加速度计输出误差，与沿敏感轴方向的真实比力成正比；同样，由陀螺比例因子误差导致的加速度计输出误差，与沿敏感轴的真实转动角速率成正比。

交轴耦合误差是由于惯性传感器的敏感轴与载体坐标系的正交轴不对准造成的。导致轴与轴之间不对准的本质原因是受加工工艺所限。轴与轴之间的不对准，导致每个加速度计会测量到与其敏感轴轴向正交方向上的比力分量，并且每个陀螺会测量到与其敏感轴向正交方向上的比力分量；同样，每个陀螺会测量到与其敏感轴向正交方向上的角速率分量。轴间的不对准误差也会产生附加的比例因子误差。

这些误差通常通过实验室标定的方法进行估计。通过对惯导的原始数据进行补偿能够有效提高机械编排的精度，同时可以有效提高组合导航卡尔曼滤波算法的收敛速度。

因此，IMU的标定工作对于惯性导航系统来说是基础而重要的工作。在现有的标定方法中，六位置法是一种最常用的方法，六位置标定法简便、可靠，是常用的实验室标定方法。加速度计的六位置法可以标定出加速度计的零偏、比例因子、交轴耦合误差。标定要求加速度计的三个轴分别垂直向上指天、垂直向下指地并静止一段时间。陀螺的静态六位置法可以标定出陀螺的零偏，陀螺比例因子和交轴耦合的标定采用速率法，标定要求绕陀螺的三个轴线分别正转和反转过一定的已知角度，因此六位置标定法包括六次静止和六次旋转。六位置法所需要的静止和旋转如图 14.1 所示。

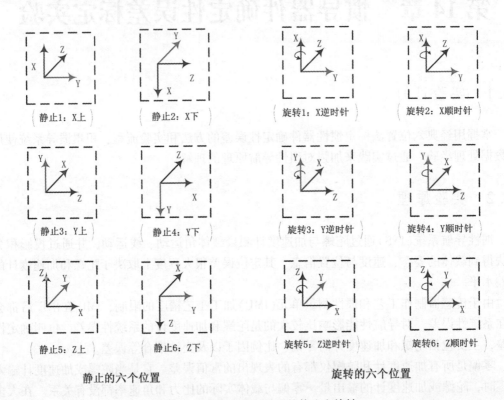

图 14.1 六位置法所需要的静止和旋转

14.2.1 加速度计的确定性误差标定

加速度计的测量模型为：

$$I_f = f + b_f + S_1 f + S_2 f^2 + Nf + \delta g + \varepsilon_f \tag{14.1}$$

式中，I_f 为测量值，f 为真实比力，b_f 为加速度计零偏，S_1 为加速度计线性比例因子误差矩阵，S_2 为非线性比例因子误差矩阵，N 为交轴耦合矩阵，δg 为重力异常矢量，ε_f 为加速度计传感器噪声矢量。

则加速度计的三轴输出形式为：

$$\begin{bmatrix} \tilde{f}_x \\ \tilde{f}_y \\ \tilde{f}_z \end{bmatrix} = \begin{bmatrix} s_x & m_{yx} & m_{zx} & b_{ax} \\ m_{xy} & s_y & m_{zy} & b_{ay} \\ m_{xz} & m_{yz} & s_z & b_{az} \end{bmatrix} \begin{bmatrix} f_x \\ f_y \\ f_z \\ 1 \end{bmatrix} \tag{14.2}$$

其中，$\begin{bmatrix} \tilde{f}_x \\ \tilde{f}_y \\ \tilde{f}_z \end{bmatrix} = \begin{bmatrix} \dfrac{I_{fx}}{\Delta t} & \dfrac{I_{fy}}{\Delta t} & \dfrac{I_{fz}}{\Delta t} \end{bmatrix}^T$，$\Delta t$ 为采样间隔。

用六位置法进行 IMU 标定，理想的加速度计输出形式为：

$$f'_1 = \begin{bmatrix} g \\ 0 \\ 0 \end{bmatrix}, f'_2 = \begin{bmatrix} -g \\ 0 \\ 0 \end{bmatrix}, f'_3 = \begin{bmatrix} 0 \\ g \\ 0 \end{bmatrix}, f'_4 = \begin{bmatrix} 0 \\ -g \\ 0 \end{bmatrix}, f'_5 = \begin{bmatrix} 0 \\ 0 \\ g \end{bmatrix}, f'_2 = \begin{bmatrix} 0 \\ 0 \\ -g \end{bmatrix} \quad (14.3)$$

经典六位置法标定惯导的最小二乘计算的设计矩阵为：

$$A = \begin{bmatrix} f'_1 & f'_2 & f'_3 & f'_4 & f'_5 & f'_6 \\ 1 & 1 & 1 & 1 & 1 & 1 \end{bmatrix} \quad (14.4)$$

而传感器观测获得的原始输出数据则构成观测矩阵：

$$L = \begin{bmatrix} l_1 & l_2 & l_3 & l_4 & l_5 & l_6 \end{bmatrix} \quad (14.5)$$

这里，$l_1 = \begin{bmatrix} \tilde{f}_x \\ \tilde{f}_y \\ \tilde{f}_z \end{bmatrix}_{X轴向上}$，$l_2 = \begin{bmatrix} \tilde{f}_x \\ \tilde{f}_y \\ \tilde{f}_z \end{bmatrix}_{X轴向下}$

其他两轴的观测方程类似，则整个方程形式如下：
$L = MA$，矩阵 M 的值可用最小二乘法估计得到：

$$M = LA^T (AA^T)^{-1} \quad (14.6)$$

14.2.2 陀螺的确定性误差标定

陀螺的测量模型：

$$I_\omega = \omega + b_\omega + S\omega + N\omega + \varepsilon_\omega \quad (14.7)$$

式中，I_ω 为测量值，ω 为真实的角速度，b_ω 是陀螺零偏。S 是陀螺比例因子矩阵，N 是陀螺交轴耦合矩阵，ε_ω 是陀螺传感器噪声矢量。

则陀螺的三轴输出：

$$\begin{bmatrix} \tilde{\omega}_x \\ \tilde{\omega}_y \\ \tilde{\omega}_z \end{bmatrix} = \begin{bmatrix} s_x & m_{yx} & m_{zx} & b_{ax} \\ m_{xy} & s_y & m_{zx} & b_{ay} \\ m_{xz} & m_{yz} & s_z & b_{az} \end{bmatrix} \begin{bmatrix} \omega_x \\ \omega_y \\ \omega_z \\ 1 \end{bmatrix} \quad (14.8)$$

其中，

$$\begin{bmatrix} \tilde{\omega}_x \\ \tilde{\omega}_y \\ \tilde{\omega}_z \end{bmatrix} = \begin{bmatrix} \dfrac{I_{\omega_x}}{\Delta t} & \dfrac{I_{\omega_y}}{\Delta t} & \dfrac{I_{\omega_z}}{\Delta t} \end{bmatrix}^T \quad (14.9)$$

这里 Δt 为采样间隔,

$$f'_1 = \begin{bmatrix} -\omega \\ 0 \\ 0 \end{bmatrix}, f'_2 = \begin{bmatrix} \omega \\ 0 \\ 0 \end{bmatrix}, f'_3 = \begin{bmatrix} 0 \\ -\omega \\ 0 \end{bmatrix}, f'_4 = \begin{bmatrix} 0 \\ \omega \\ 0 \end{bmatrix}, f'_5 = \begin{bmatrix} 0 \\ 0 \\ -\omega \end{bmatrix}, f'_6 = \begin{bmatrix} 0 \\ 0 \\ \omega \end{bmatrix}$$

(14.10)

经典六位置法标定惯导的最小二乘计算的设计矩阵为:

$$A = \begin{bmatrix} f'_1 & f'_2 & f'_3 & f'_4 & f'_5 & f'_6 \\ 1 & 1 & 1 & 1 & 1 & 1 \end{bmatrix} \quad (14.11)$$

而传感器观测获得的原始输出数据则构成观测矩阵:

$$L = [l_1 \quad l_2 \quad l_3 \quad l_4 \quad l_5 \quad l_6] \quad (14.12)$$

这里, $l_1 = \begin{bmatrix} \tilde{f}_x \\ \tilde{f}_y \\ \tilde{f}_z \end{bmatrix}_{X\text{轴向上}}, l_2 = \begin{bmatrix} \tilde{f}_x \\ \tilde{f}_y \\ \tilde{f}_z \end{bmatrix}_{X\text{轴向下}}$

其他两轴的观测方程类似, 则整个方程形式如下:
$L = MA$, 矩阵 M 的值可用最小二乘法估计得到:

$$M = LA^T (AA^T)^{-1} \quad (14.13)$$

14.2.3 补偿算法

加速度计和陀螺的输出可以表示为:

$$\hat{f} = [I + S_a]f + N_a f + b_a + w_a \quad (14.14)$$

$$\hat{\omega} = [I + S_g]\omega + N_g \omega + b_g + w_g \quad (14.15)$$

式中, $\hat{f}$, $\hat{\omega}$ 分别代表包含误差的加速度计输出的比力和陀螺输出的角速度。f, ω 分别代表比力和陀螺的真值输入。I 矩阵是单位对角矩阵, S_a 以及 S_g 是由比例因子组成的对角矩阵, b_a 以及 b_g 分别代表加表和陀螺的零偏, N_a 以及 N_g 是包含交轴耦合的对称矩阵, w_a 以及 w_g 分别代表加表和陀螺的噪声。

忽略传感器输出的随机误差项, 设陀螺和加表的误差矩阵为:

$$M = \begin{bmatrix} 1+S_x & N_{yx} & N_{zx} \\ N_{xy} & 1+S_y & N_{zy} \\ N_{xz} & N_{yz} & 1+S_z \end{bmatrix} \quad (14.16)$$

则加速度计和陀螺的输出可以改写为:

$$\hat{f} = Mf + b_a \quad (14.17)$$

$$\hat{\omega} = M\omega + b_g \quad (14.18)$$

则补偿后的传感器输出:

$$\tilde{f} = M^{-1}(\hat{f} - b_a) \quad (14.19)$$

$$\tilde{\omega} = M^{-1}(\hat{\omega} - b_g) \quad (14.20)$$

通过上述两式即可得到加表和陀螺补偿后的输出。

14.3 实验工具

1）战术级光纤惯导

本实验使用加拿大 Novatel 公司的 SPAN-FSAS 战术级光纤惯导，SPAN-FSAS 为分体式组合惯导系统，由高性能的 GNSS 和 IMU 两部分组成，如图 14.2 所示，系统中 GNSS 接收机和 IMU 独立封装，保证了模块化设计，同时也便于系统集成和安装。该系统采用 NovAtel 的 SPAN® 技术，可处理 NovAtel 高精度 GNSS 数据和 iMAR FSAS 数据。通过 SPAN 技术可以实现在 GNSS 信号接收受限的情况下仍能提供可靠、连续的导航定位结果；还可以提高 GNSS 信号重捕能力，获取更多的 GNSS 观测量辅助惯性解算；在卫星数目减少时，通过保持高精度的惯性导航来加快 RTK 初始化。

图 14.2 SPAN-FSAS

2）三轴惯导测试转台

本实验使用北京航空精密机械研究所生产的 SGT320E 型三轴惯导测试转台，该转台主要由机械台体、电控系统及计算机测控软件、专用电缆等组成。台体结构采用 U（外轴-外框）、O（中轴-中框）、O（内轴-内框）立式形式及精密机械轴系支撑的高强度铝合金铸件框架结构，如图 14.3 所示。

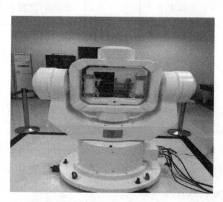

图 14.3 SGT320E 型三轴惯导测试转台的机械台体示意图

电控系统方面采用具有基准信号的光电增量角编码器作为运动测量反馈元件(相对于采用感应同步器构成的测角系统,采用光电增量角编码器构成的测角系统更稳定、更可靠);采用直流力矩电机及功率放大器作为驱动单元;采用以主流 PC 工控计算机为基础,结合 DSP 三轴运动控制器技术来实现数字式位置伺服控制,通过控制计算机参与,实现超速、过载等状态自动监测和系统安全保护功能;控制计算机配置用户通信接口可与上位计算机通信;在计算机测控软件方面充分考虑转台的使用性能,提供友好的人机界面进行转台操作,显示转台运动的位置、速率并具有转台性能自测和运行参数在线记录功能。

SGT320E 型三轴惯导测试转台主要有位置、速率、低频摇摆运动和仿真功能,可为被测单元提供精准的单轴、双轴或三轴的定位及速率基准,用于惯性元部件、惯导系统的静态测试和标定以及仿真实验。

14.4 实验步骤

惯性器件确定性误差标定实验以 SGT320E 型三轴惯导测试转台使用经典六位置法标定 SPAN-FSAS 为例来说明。实验总体流程如图 14.4 所示。

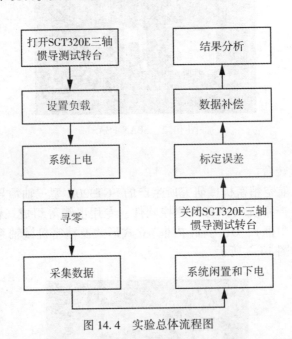

图 14.4 实验总体流程图

(1)打开 SGT320E 型三轴惯导测试转台:包括打开外部供电空气开关、打开电控柜电源、打开转台控制软件 SGT15.exe。

(2)设置负载:在操作转台运行之前(在上电之前,系统闭合之前),首先要选择负载,用户要根据转台台面上是否装有测试设备(负载)来决定软件界面上负载的选取,从而使转台控制软件选取不同的控制参数。

负载共有 3 档:空载、负载 1、负载 2,根据台面上是否有测试设备以及测试设备的重量，进行负载的选取，转台控制软件初始化时，默认选取负载1，如图14.5所示。

图 14.5　负载设置窗口

（3）系统上电：在负载设置完成之后，系统闭合之前要先上电。转台各轴除了可以手动上电，也可以通过软件上电，根据实际需要选择需要上电的内中外框，最好每次上电一个轴，没有用到的可以考虑将其框锁，推荐上电顺序：内框→中框→外框。给各轴上电之前先看各轴是否为框锁状态，若为框锁状态，需手动在机械台体解除框锁系统上电窗口，如图14.6所示。

注意：上电后必须等到控制柜面板上相应框的"故障"灯灭，"电源"灯亮后，才可进行后续操作。

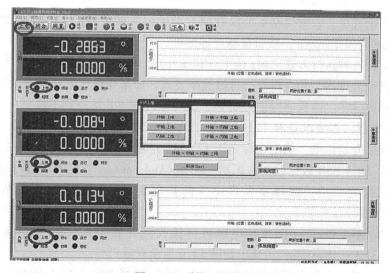

图 14.6　系统上电窗口

在负载设置完成并且上电完成之后，就可以闭合系统。系统闭合是指控制系统对转台进行闭环伺服控制。闭合时也建议每次闭合一个轴，顺序同上电。

注意：闭合时由于驱动器进行状态监测，因此会有几秒钟的延时，须耐心等待，待闭合完成后（观察各轴闭合状态灯，绿色为闭合完成），再进行其他操作。系统闭合之后，就可以根据需要选择各轴的具体运行方式以及相关参数，如图14.7所示。本三轴转台具有以下运动方式：位置方式、速率方式、正弦摇摆方式。运行参数不要超过转台规定的参数范围。

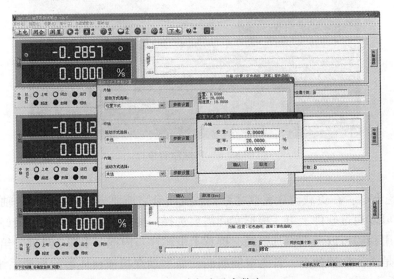

图14.7　运动方式及参数窗口

（4）寻零：寻零是转台控制软件找到转台某轴机械零位的过程，并以此零位作为该轴位置测量（定位）的起始基准。

如果寻零不成功，表明控制系统没有捕捉到标记机械零位的INDEX，此时可停止该轴的运行（见转台停止运行），然后重新寻零即可。

在某轴运行各种运行方式之前（速率方式除外），该轴必须寻零。

若该轴已经寻过零，并且没有运行过速率方式，而某些运行方式要求以零位开始启动时，可以不用再寻零，而只需"回零"即可，也可以位置方式运行到零位。

（5）采集数据：按要求连接IMU-FSAS、SPAN-SE设备，确认连接无误，检查确认电源正负极无误后开始供电，供电电源电压12～34V，建议使用12V。在电脑上打开NovAtel Connect软件，确认USB数据线正常识别。在NovAtel Connect软件界面进行IMU自动对准操作，确认对准完成后，选择要采集记录的数据类型，开始采集记录数据。NovAtel Connect操作的具体步骤如下：

①打开NovAtel Connect操作，观察可以接收到几颗卫星。如图14.8所示，点击"Wizards"→"SPAN Alignment"，弹出如图14.9所示对准向导。

②点击"Next"，直到出现如图14.10所示界面，选择IMU_IMAR_FSAS。

第14章　惯导器件确定性误差标定实验

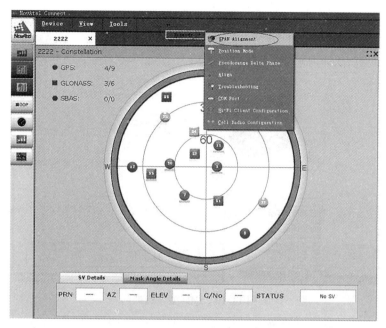

图 14.8　SPAN 对准操作

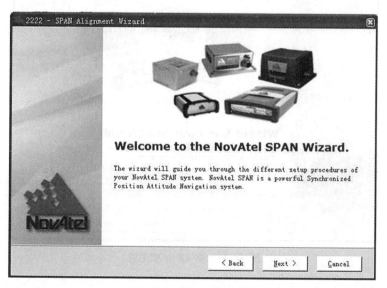

图 14.9　SPAN 对准向导

③点击"Next"，直到出现如图 14.11 所示界面，点击"Finish"，依次出现如图 14.12~图 14.14 所示界面，即完成 SPAN-FSAS 惯导对准。

④如图 14.15 所示，点击"Tools"→"Logging Control Window"，弹出如图 14.16 所示界面，设置存储数据路径及内容后，点击开始记录，开始数据采集。

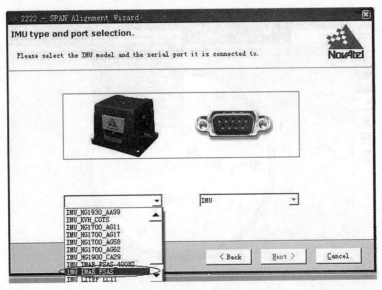

图 14.10　IMU 型号选择

图 14.11　SPAN 对准完成

然后，按图 14.1 采集六位置标定需要的数据，包括三个加速度计分别朝上、朝下的静止，每个动作静止 5min，一共 30min，以及绕陀螺三个轴线的正转和反转，分别正转和反转 360°，转速设定为 2°/s，每个动作转 3min，一共 18min，六位置标定实验转台参数设置根据 SPAN-FSAS 实际安装情况设定，如图 14.17 所示。

(6) 系统闲置和下电：采集完所需数据后，使控制系统释放对转台的伺服控制，使转台处于自由的闲置状态。闲置完后按照内框、中框和外框的顺序依次下电。系统下电窗口

第 14 章　惯导器件确定性误差标定实验

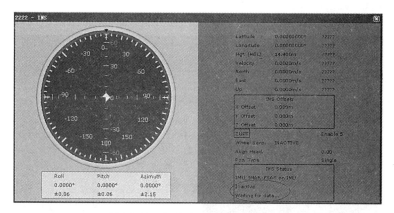

图 14.12　IMU_IMAR_FSAS Inactive

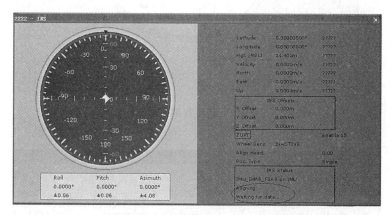

图 14.13　IMU_IMAR_FSAS Aligning

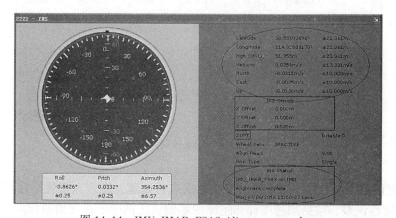

图 14.14　IMU_IMAR_FSAS Alignment complete

如图 14.18 所示。

(7) 关闭 SGT320E 三轴惯导测试转台：包括退出转台控制软件 SGT15.exe，关闭电控柜电源和断开外部供电空气开关。

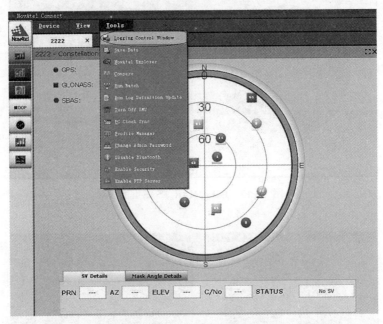

图 14.15 数据记录

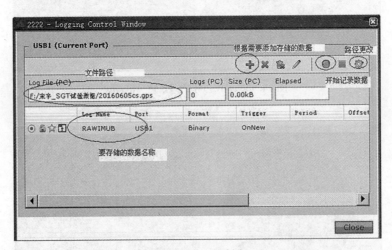

图 14.16 记录控制窗口

(8) 标定误差：编写程序对采集的实验数据进行处理，按照六位置标定法原理计算惯导器件的确定性误差，包括加速度计和陀螺的零偏、比例因子、交轴耦合。

(9) 数据补偿：编写补偿算法程序，对原始数据进行补偿，并对比补偿前后数据的差异。

(10) 结果分析：输出加速度计和陀螺的标定结果，并对结果进行分析与比较，对补偿后的数据再次进行误差标定，分析再次误差标定结果，并讨论对策。

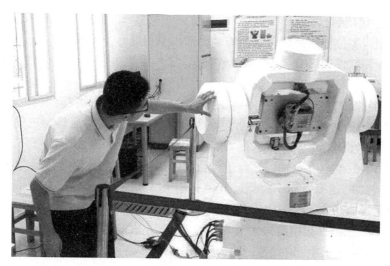

图 14.17 观察 SPAN-FSAS 在三轴惯导测试转台上实际安装情况

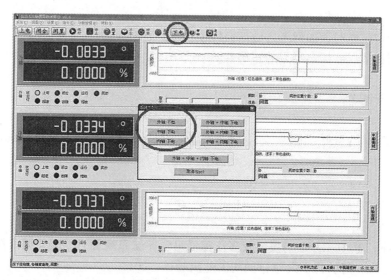

图 14.18 系统下电窗口

14.5 注意事项

实验中操作三轴惯导转台应注意的事项如下：

(1)转台启动前，需确认人员在隔离带外面，转台运行过程中切不可靠近，以免造成人身伤害，转台上面不可放置物品。

(2)转台电控柜须保持良好接地，信号配置单元上面的开关保持常开状态，用户不可改动电控柜中线缆及器件，如有需要须经厂家指导操作。

(3)转台点击"上电"后,必须等到控制柜面板上相应框的"故障"灯灭,"电源"灯亮后,才可进行后续闭合操作。

(4)出厂用户零位影响到转台负载安装面的水平程度,不得改变。

(5)转台控制软件中 PID 参数、控制参数、零位设置、限位限速设置为出厂设定值,不可随意改动。

(6)键盘"空格按键"为三轴急停应急按键,操作过程中不可碰到,以免造成三轴急停。三轴急停也可通过按下桌面上的红色急停旋钮来完成,按下后转台三框驱动器下电。

(7)框锁装置在闭合的情况下三框均不能上电,若要上电须将框锁打开。

(8)转台每次只上电一个轴,转台运行位置、摇摆功能之前需要进行寻零。三轴联动速率运动,三个轴的速率值均不应超过 100°/s。

(9)转台运行摇摆方式时,内框频率不应超过 8Hz,中框频率不应超过 6Hz,外框频率不应超过 4Hz。三框摇摆幅度最大值为 30°,摇摆方式的运动时间不应超过 2 小时。

(10)如遇到其他问题,请参考使用说明书。

14.6 思考题

(1)在标定陀螺时该如何考虑地球自转项?

(2)如何评估误差标定结果的正确性?

14.7 推荐资源

NovAtel Connect 软件:https://novatel.com/products/firmware-options-pc-software/novatel-connect.

14.8 参考文献

(1)Groves, P. D. GNSS 与惯性及多传感器组合导航系统原理[M]. 第二版. 练军想,唐康华,潘献飞,等,译. 北京:国防工业出版社,2011.

(2)David H. Titterton, JohnL Weston. 捷联惯性导航技术[M]. 第 2 版. 北京:国防工业出版社,2007.

(3)李由,牛小骥,章红平. 利用简易机械装置的 IMU 标定方法及其误差分析[C]//2011 年中国卫星导航学术年会,中国上海,2011 年 5 月 18-20 日.

(4)You Li, Xiaoji Niu, Quan Zhang, Hongping Zhang and Chuang Shi. An In-Situ Hand Calibration Method Using Pseudo Observation Scheme for Low-end Inertial Measurement Units[J]. Measurement Science and Technology, 2012, 23(10):1-10.

(张万威)

第15章 载体位置姿态测量实验

15.1 实验目的

掌握利用 INS/GNSS 数据采集、处理得到载体精确位置姿态参数的方法和流程。

15.2 实验原理

全球导航卫星系统(GNSS)能够提供全天候高精度的三维位置和时间信息,而且误差不随时间累积,但 GNSS 信号易受遮挡中断,易受干扰,自主性差,输出频率低,无法提供姿态;惯性导航系统(INS)不受外界电磁干扰的影响,对外无辐射,自主性很强,能提供位置、速度、方位和姿态等多种导航参数,数据更新率高、短期精度较好,但是 INS 定位误差随时间累积,长期精度差,使用前需进行初始对准,设备价格昂贵。INS 和 GNSS 的优缺点是互补的,应用滤波技术可将 GNSS/INS 组合起来,相较单一导航系统,INS/GNSS 组合导航能有效利用各导航子系统的导航信息,提高组合系统定位精度和可靠性,在 INS/GNSS 的组合导航系统中,GNSS 可有效抑制惯导器件的误差漂移,而 INS 对 GNSS 导航结果进行了平滑,并弥补了 GNSS 易受遮挡信号中断而导航结果不连续的不足。

根据信息融合深度的不同,INS/GNSS 组合导航系统的组合模式有:松组合(loosely coupled)INS/GNSS,紧组合(tightly coupled)INS/GNSS 和深组合(deeply coupled)INS/GNSS。

松组合(LC)架构图如图 15.1 所示,松组合对 GNSS/INS 各自解算的位置和速度进行融合,将组合导航滤波器估计的 INS 误差,对 INS 进行误差反馈校正,经过校正后的 INS 导航参数构成组合导航输出。其优点是:实现简单灵活,可以提供冗余的定位解决方案。缺点是:需要定位成功后才能进行松组合的测量更新。

紧组合(TC)架构图如图 15.2 所示,紧组合(TC)对 GNSS 和 INS 伪距、伪距率进行数据融合,将组合导航滤波器估计的 INS 误差,对 INS 进行误差反馈校正。其优点是:定位不成功时仍可以进行测量更新,GNSS 观测值粗差可以被检测到。缺点是:滤波器维数多,实现更复杂。

深组合(DC)架构图如图 15.3 所示,深组合将 INS/GNSS 组合和 GNSS 信号跟踪合并为单个估计算法。将 INS 估计的多普勒频移和相位偏移数据,实时反馈给 GNSS 跟踪环路,从而改善环路性能。其优点是:可降低跟踪带宽,抗干扰能力强;在较低的载噪比条件下仍能工作;可提高 GNSS 信号的重新捕获能力。缺点为:涉及接收机跟踪环路,工程

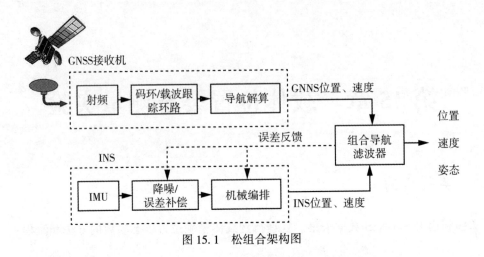

图 15.1 松组合架构图

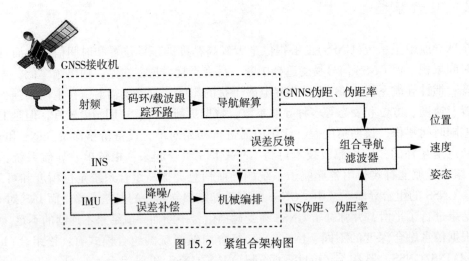

图 15.2 紧组合架构图

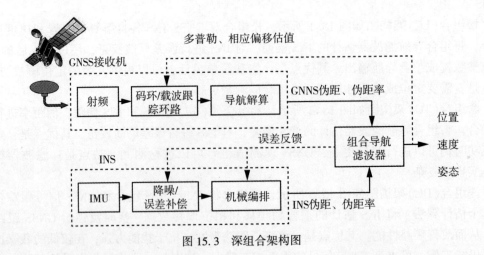

图 15.3 深组合架构图

实现比较困难。

15.3 实验工具

组合导航系统根据 INS 的精度等级不同可以分为战略级、导航级、战术级、MEMS 级。根据 GNSS 和 INS 是否独立封装,可分为分体式和一体式组合导航系统。例如,加拿大 Novatel 公司的 SPAN-FSAS 和 SPAN-CPT 产品是分体式和一体式组合导航系统的典型代表之一。国外比较知名的组合导航设备厂商除了加拿大 Novatel 公司,还有荷兰 Xsens 公司、法国 SBG 公司、美国 Inertial Labs 等。国内比较知名的组合导航设备厂商有北京耐威科技、北京星网宇达、武汉迈普时空、武汉立得空间等。本次载体位置姿态测量实验采用的是星网宇达 XW-GI7680 组合导航系统,该设备属于国产一体式的战术级组合导航系统,其外观如图 15.4 所示。

图 15.4 星网宇达 XW-GI7680 组合导航系统

XW-GI7680 是星网宇达公司采用多传感器数据融合技术将北斗/GNSS 与 INS 相结合,推出的一款能够提供多种导航参数的全新组合导航产品。XW-GI7680 内置光纤陀螺和石英加速度计、双北斗/GNSS 定位定向单元与里程计接口,系统支持北斗/GNSS 双系统。系统组合输出系统方位角,更适用于交通测量、测绘行业。当卫星信号被遮挡后,系统进入惯导模式,凭借惯导和里程计信息,在一定的时间内仍可保持良好的测量精度。XW-GI7680 的这一特性使其成为比单独使用北斗/GNSS 或 INS 更精确、更可靠的解决方案。该产品具有全天候、全球覆盖、高精度、快速省时高效率、应用广泛等优点。目前已成功应用于道路交通测量、驾校路考系统、航海、航空等众多领域。

15.4 实验步骤

载体位置姿态测量实验以车载组合导航为例,总体步骤如图 15.5 所示。

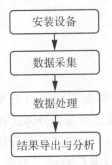

图 15.5　实验步骤流程图

15.4.1　安装设备

将 XW-GI7680 主机安装在载体上，主机铭牌上标示的坐标系 XOY 面尽量与载体被测基准面平行，Y 轴与载体前进方向中心轴线平行。主机单元必须与被测载体固连，主机安装底面应平行于被测载体的基准面，主机铭牌上标示的 Y 轴指向必须与被测载体的前进方向一致，如图 15.6 所示。

图 15.6　设备车载安装示意图

15.4.2　数据采集

在开始数据采集前需测量杆臂：GNSS/INS 组合导航的杆臂定义为 IMU 测量中心到 GNSS 天线相位中心的向量在 IMU 坐标系中的投影。可大致用卷尺测量，精度达到厘米级即可，记录时采用前向杆臂值、右向杆臂值、垂向杆臂值来记录。设备上电，检查 GNSS/INS 原始数据采集是否正常，数据采集时先静止 5min，用于惯导的静态初始对准，然后按规划路线行驶，每次动态测试 20~30min，可静止 1~3min（如有条件），数据采集结束前静止 5min。

15.4.3 数据处理

使用 GNSS/INS 后处理软件对车载实验采集的 GNSS/INS 原始数据进行处理,即可得到载体精确位置姿态参数,比较知名的 GNSS/INS 后处理软件有 NovAtel Inertial Explorer 软件、迈普时空高精度后处理 MP-GINS 软件、POSMind 等,本实验以 NovAtelInertial Explorer 软件为例,INS/GNSS 原始数据处理的主要步骤如图 15.7 所示。

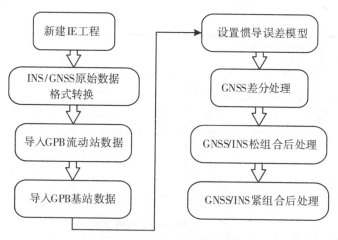

图 15.7 实验步骤流程图

(1)在 IE 中新建工程,在菜单中"File"目录中选择"New Project"→"Empty Project",如图 15.8 所示。

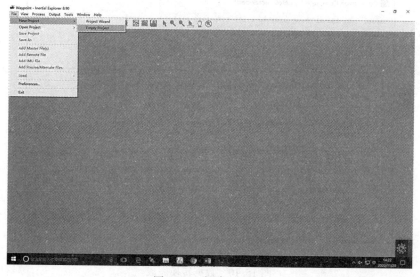

图 15.8 新建 IE 工程

（2）GNSS/INS 原始数据格式转换。选择菜单中"Tools"目录下"Convert Raw GNSS to GPB"，选择星网宇达数据所在的文件夹，选择星网宇达记录的原始二进制数据，点击"Add"后选择"Convert"，如图 15.9 所示弹出的消息框内会显示转换的进程和结果。IE 软件会将星网宇达原始二进制数据（含有 GNSS 原始数据的文件和惯导原始数据），转换为一个 GPB 文件（对应 GNSS 原始数据）和一个 IMR 文件（对应惯导原始数据）。转换后数据名与原数据相同，如图 15.10 所示。

注意：数据所在文件夹路径需全部由英文构成，否则可能会出现不显示文件名、不显示文件等错误。同理，将基站数据转换为 GPB 格式。

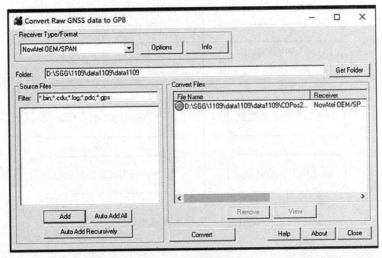

图 15.9　数据转换

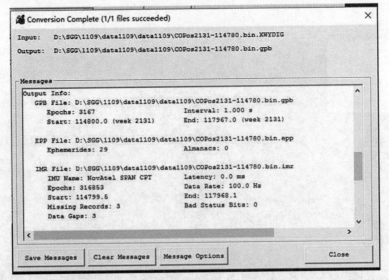

图 15.10　数据转换完成

(3) 导入 GPB 格式的流动站数据。选择"File"目录下"Add Remote File"选项。选择已经转换成 GPB 格式的流动站数据，设置天线高、天线种类等信息，如图 15.11 所示。IE 会自动识别和 GNSS 流动站信息文件名相同的 IMR 文件并询问是否导入。选择导入 IMR 惯导观测文件。导入成功后会生成模拟路径。

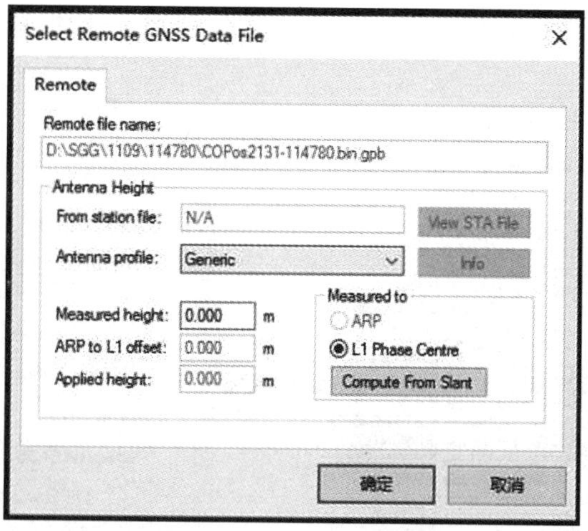

图 15.11　导入流动站数据

(4) 导入 GPB 格式基站数据。先将基站 GNSS 原始观测数据文件转换成 GPS 文件，再导入 GPS 文件，选择"File"目录下"Add Master File"选项，选择已经转换成 GPB 格式的基站数据，配置基站名称、基站坐标、参考基准、天线类型、天线高等内容，如图 15.12 所示。

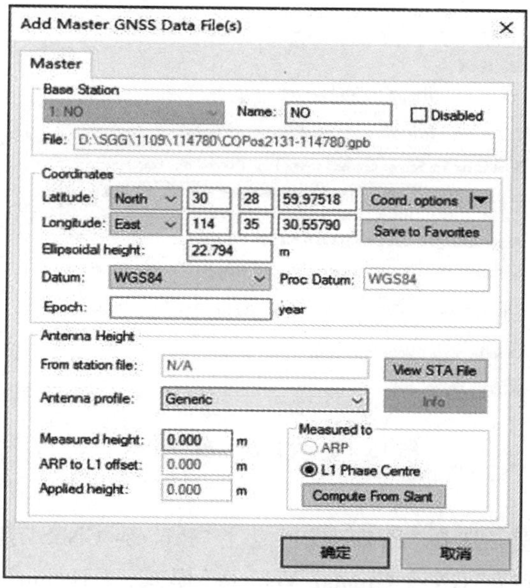

图 15.12　导入基站数据

(5)设置惯导误差模型。首先,在"Tools"目录下选择"Profile Manager"选项,在"List of Profiles"选择"SPAN Ground Vehicle(CPT)",如图 15.13 所示,然后在右下方"Profile Settings"中,选择"IMU",其次,在"View IMU Settings of Profile 'SPAN Ground Vehicle (CPT)'"中选择"States",如图 15.14 所示。再次,在"Error Model"中选择"NovAtel SPAN (CPT/KVH)",单击"Copy",如图 15.15 所示。最后,根据星网宇达用户手册配置惯导加速度计零偏、陀螺仪漂移、角度随机游走等信息,完善误差模型,如图 15.16 所示。

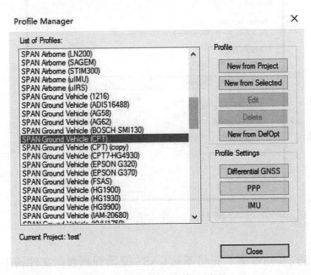

图 15.13 设置误差模型步骤 1

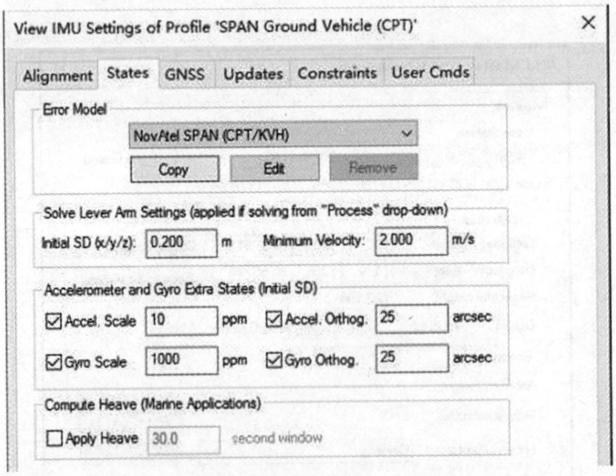

图 15.14 设置误差模型步骤 2

(6)GNSS 差分处理。选择"Process"目录下"Process GNSS"选项,在弹出的对话框"Process Settings"中选择"GNSS Ground Vehicle"模式,"Datum"选择"WGS84"。按图 15.17 完成设置后,点击"Process"进行 GNSS 差分处理。处理过程和结果如图 15.17

图 15.15　设置误差模型步骤 3

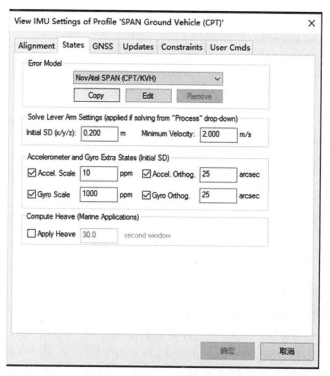

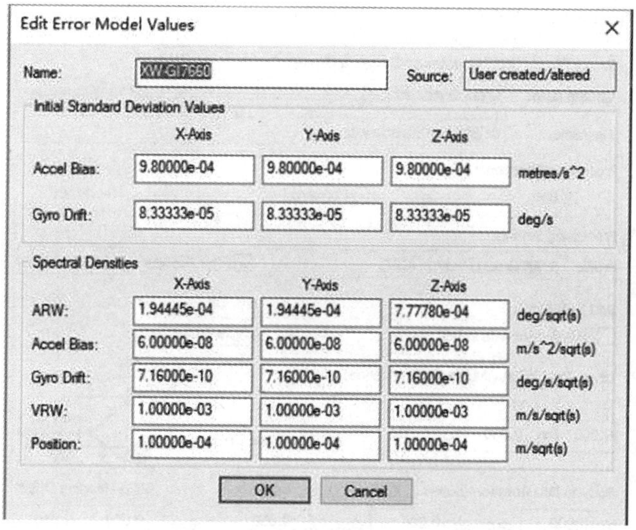

图 15.16　设置误差模型步骤 4

所示。

（7）GNSS/IMU 松组合后处理。首先，在"Process"对话框中选择"Process LC（Loosely Coupled）"，弹出相应的对话框，"Source File for GNSS Updates or Choose INS only"一栏下

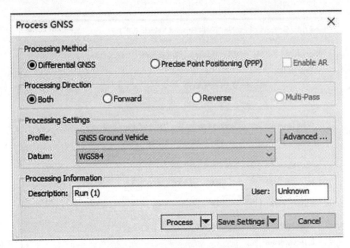

图 15.17　差分 GNSS 步骤

"Update data"中选择"GNSS Combined（0k）"，如图 15.18 所示，要注意，下方的 GNSS 差分文件 .cg 是否真的存在，若不存在则无法进行运算，需返回步骤(6)重新计算 GNSS 差分。然后，在"Processing Direction"中选择合适的滤波方向。其次，在"Processing Settings"一栏中"Profile"选择"SPAN Ground Vehicle（CPT）"，单击"Advanced"选项，在"Alignment"中选择合适的对准模式和所需处理的时间段，如图 15.19 所示。再次，在

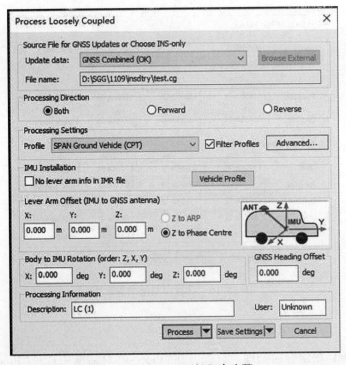

图 15.18　GNSS/INS 松组合步骤 1

"States"的误差模型"Error Model"中选择先前设置的星网宇达的误差模型,点击"确定"保存,如图 15.20 所示。在"Lever Arm Offset"设置正确的杆臂信息,点击"Process",如图 15.21 所示。

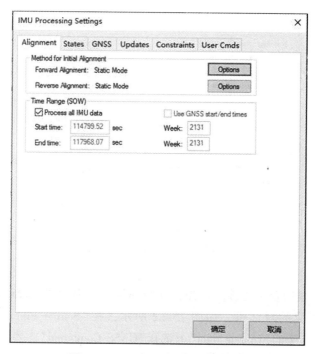

图 15.19　GNSS/INS 松组合步骤 2

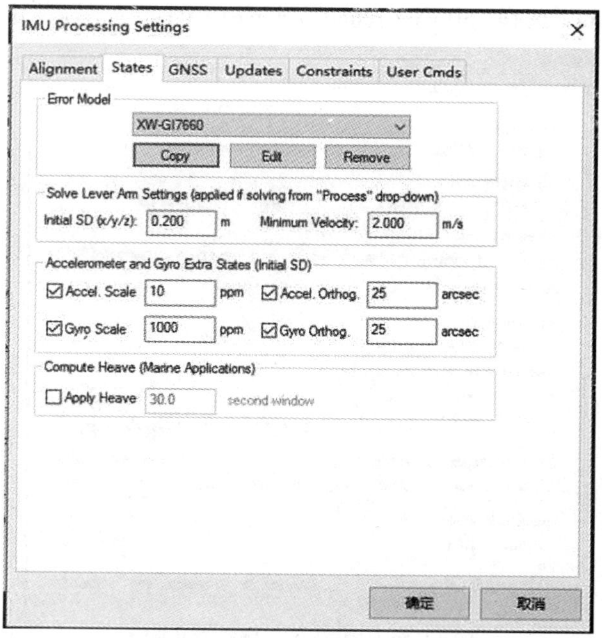

图 15.20　GNSS/INS 松组合步骤 3

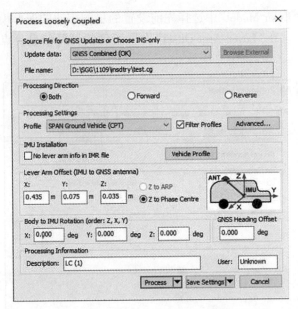

图 15.21　GNSS/INS 松组合步骤 4

（8）GNSS/IMU 紧组合后处理。首先，在"Process"对话框中选择"Process TC（Tightly Coupled）"，弹出相应的对话框，如图 15.22 所示，在"Source File for GNSS Updates or Choose INS only"一栏中的"Update data"下选择"GNSS Combined"，要注意，下方的 GNSS 差分文件 .cg 是否真的存在，若不存在则无法进行运算，需返回步骤（6）重新计算 GNSS 差分。然后，在"Processing Direction"中选择合适的滤波方向。其次，在"Processing Settings"一栏中"Profile"选择"SPAN Ground Vehicle（CPT）"，单击"Advanced IMU"选项，

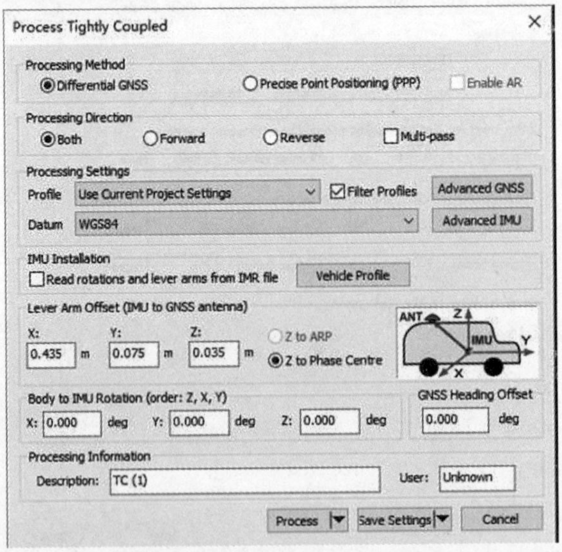

图 15.22　GNSS/INS 紧组合步骤 1

在"Alignment"中选择合适的对准模式和所需处理的时间段。再次,在"States"模型中的误差模型"Error Model"中选择先前设置的星网宇达的误差模型,点击"确定"保存。最后,在"Lever Arm Offset"设置正确的杆臂信息,点击"Process",处理过程如图 15.23 所示。

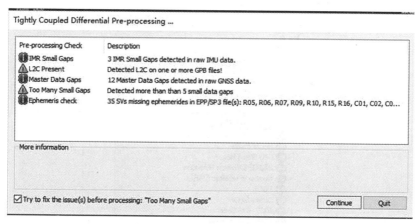

图 15.23　GNSS/INS 紧组合步骤 2

15.4.4　结果导出与分析

在菜单栏单击"Output",选择"Export Wizard"选项,可以根据所需选择输出文件的格式和内容等。或者将数据输出成其他格式,如 kml 格式,然后车载实验运动轨迹将在 Google Earth 上显示,和之前数据采集的规划路线做比较,分析用 IE 软件介绍的位置结果是否与规划路线一致,如图 15.24 所示。

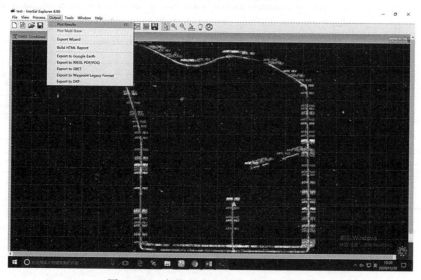

图 15.24　车载实验实际运动轨迹示意图

此外，在"Plot Results"选项中查看比对各种数据结果，如图 15.25 所示。

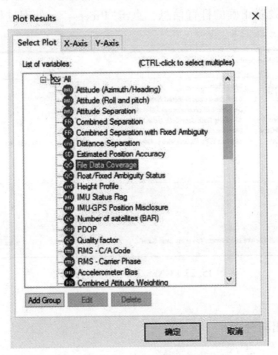

图 15.25　查看各种数据结果

姿态的结果输出如图 15.26 所示。

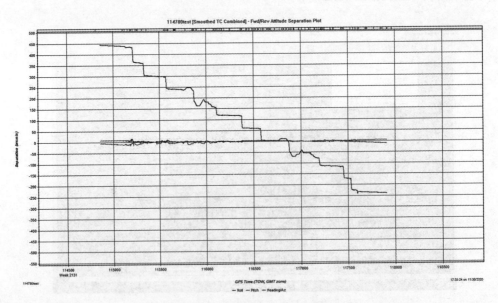

图 15.26　车载实验实际姿态结果

15.5 思考题

(1)城市复杂环境下,当卫星数量不足导致定位不成功时,松组合是否可以解算?紧组合是否可以解算?

(2)从组合导航原理上分析为什么紧组合比松组合抗干扰能力强?

15.6 推荐资源

(1)Inertial Explorer 软件(https://www.gpsolution.com/support-cn#software)。

15.7 参考文献与资料

(1)Noureldin A,Karamat T B,Georgy J. Fundamentals of Inertial Navigation,Satellite-based Positioning and their Integration[M]. 2013.

(2)格鲁夫,P. D. GNSS 与惯性及多传感器组合导航系统原理[M]. 李涛,练军想,曹聚亮,等,译. 北京:国防工业出版社,2011.

(3)星网宇达设备及软件使用说明及参考资料(http://www.starneto.com)Inertial Explorer User Guide(https://hexagondownloads.blob.core.windows.net/public/Novatel/assets/Documents/Waypoint/Downloads/Inertial-Explorer-User-Manual-870/Inertial-Explorer-User-Manual-870.pdf)

(张万威)

第16章 重力加密测量实验

16.1 实验内容

在各级重力控制点的基础上,通过重力测量加密一定的重力点,测定地球重力场的精细分布,为大地测量学、地球物理学等相关领域所需的重力异常、高程异常和空间扰动引力场等提供地球重力场数据。

16.2 实验目的

(1)帮助学生了解重力仪和重力测量的基本原理。
(2)掌握重力仪的操作方法,学会重力数据的处理。
(3)培养学生实事求是、严肃认真的科学态度和勇于探索、不畏艰苦的工作作风。
(4)理论联系实际,巩固理论知识,培养学生的动手能力、分析和解决问题的能力,并在综合设计和分析问题方面得到初步训练。
(5)培养学生独立思考、文字表达和口头阐述能力。

16.3 实验工具

加密重力测量一般使用标称精度优于 $\pm 20\times 10^{-8} \mathrm{m/s^2}$ 的相对重力仪。通过加密重力测量,获得测区内相应分辨率的精确重力场分布。目前应用比较广泛的相对重力仪主要为金属弹簧型和石英弹簧型两种。

L&R G 型、Burris 金属零长弹簧相对重力仪如前文图 5.3、图 5.4 所示,CG-6 石英弹簧相对重力仪如前文图 5.5 所示。

16.4 实验原理

16.4.1 加密重力测量

加密重力测量是为实现各种科学或工程目的,在各级重力控制点的基础上,对目标测区进行一定分辨率的重力点加密测量。如建立国家、地区平均重力异常模型,确定(似)大地水准面格网平均重力异常,为精密水准测量进行正常高系改正等。

根据《加密重力测量规范》(GB/T 17944—2018)，加密点的重力联测中误差一般应优于±0.60×10⁻⁵m/s²，困难地区可放宽至±1.00×10⁻⁵m/s²；若需要布设二等点，则二等点的联测中误差应优于±0.25×10⁻⁵m/s²。对于5′×5′的国家基本格网的平均重力异常中误差一般应优于±5.00×10⁻⁵m/s²，困难地区可放宽至±10.00×10⁻⁵m/s²；对于30′×30′格网的平均重力异常中误差应优于±3.00×10⁻⁵m/s²。

16.4.2 加密点布设原则

加密点的布设方案应根据不同用途和不同地形类别进行确定。

重力异常代表误差系数是反映重力场等位面起伏变化的特征之一，是加密点布设方案的重要依据，重力异常代表误差系数可按下式计算：

$$C = \Delta H / (90\sqrt{d}) \tag{16.1}$$

式中，C 是重力异常代表误差系数；ΔH 为最小格网中的最大高差，单位为米；d 是最小格网的边长，单位为千米。

对于30′×30′的格网，也可划分成5′×5′的分格网，分别计算出各分格网的重力异常代表误差系数，取平均值作为30′×30′格网的重力异常代表误差系数。

地形类别与重力异常代表误差系数对应关系如表16.1所示。

表 16.1　**地形类别与误差代表系数**

地形类别	重力异常代表误差系数
平原	0.5
丘陵	0.8
小山地	1.4
中山地	2.3
大山地	3.5
特大山地	5.0

加密点宜布设在重力场特征点和已有的大地控制点、水准点上。点位应保障地基稳定，远离人工震源，便于重力、坐标和高程的观测，可不用埋设标石。

在条件允许的情况下，对丘陵和山地等地形变化剧烈地区应增大加密点的布设密度。对于在国家一、二等水准线路上布设加密点应按照国家一、二等水准测量规范执行。在山地对于30′×30′国家平均重力异常模型网格进行加密重力测量的最低布点密度按表16.2执行，并且应均匀布设在格网不同高程的地点，布设点的平均高程与格网平均高程互差不大于200m。

16.4.3 仪器测量原理

以弹簧型重力仪为例，当弹簧受力平衡时，可以通过测量弹簧受重力变化而产生的位移来测定两点间的重力差。

表 16.2　　　　　　　　　　　　　山地布点密度

类别	地区	布设点数			
		小山地	中山地	大山地	特大山地
一	交通方便，大地点多	6	9	12	16
二	青藏、沙漠边境等交通困难地区	6	9	9	12
三	特殊困难地区	4	6	9	9

本实验使用的 L&R G 型相对重力仪的力学原理如图 16.1 所示。实现测量系统中的三个受力均达到平衡状态，三个力分别是主弹簧（零长弹簧）N，扭丝 f 和摆右端的重物处施加的力（mg）。系统在三个力的作用下力矩达到平衡，实际可测量读取的力只有 N，而 f 和 mg 大小是固定的，每次测量时使扭丝处于水平面内即可保证每次测量时扭丝处的力是相等的。通过测量上端点的变化量测定每两点处的 N，然后求两点间的差值，就可得到两点间的相对重力差值。

测量系统的工作原理为：测量时旋转读数盘，经过齿轮箱，由齿轮带动精密测量螺杆，驱动下长杠杆，再用连杆推动短杠杆。因为主弹簧上端点挂在短杠杆，下端点挂在摆杆处，所以当上杠杆被推动时即带动主弹簧，携带摆杆使其处于水平位置（归零）。读取计数器和读数盘上的读数，完成一个观测过程。

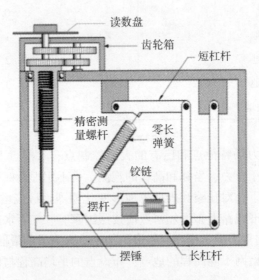

图 16.1　L&R 重力仪测量系统示意图

Burris 相对重力仪原理与 L&R G 型重力仪基本一致，两者都采用金属材质的零长弹簧，通过弹簧在不同重力作用下的不同形变实现相对重力的测量。不同的是，Burris 在数据记录、读数方法等方面有所变化。主要体现在提高了电子化程度，实现了电子化观测和记录，内置了格值改正、固体潮改正等模式，安装了电子自动操控系统。这些措施大大地减少了人为误差，提高了仪器的精度和准确度。

CG-6 相对重力仪与前两种的主要区别在于采用坚固的熔凝石英弹簧传感器，无需锁摆。仪器同样安装了电子自动操纵系统，屏显内置 GPS 接收机，并按照人体工程学设计前置调平螺丝，拥有可视化反馈和更轻的三脚架，以及改进的倾斜传感器使得调平变得更快更容易。

16.5 技术规范

GB/T 17944—2018，加密重力测量规范[S]. 国家市场监督管理总局/中国国家标准化管理委员会，2018.

16.6 实验步骤

16.6.1 仪器准备及性能测试

重力加密测量与重力控制测量实验步骤基本相同。在进行测站观测之前，需要对仪器进行检验与调整，并对仪器性能进行测试。仪器的性能测试主要包括静态测试、动态测试和多台仪器一致性的测试。当以上三条均满足要求时，方可投入使用。

静态测试应选在无电、磁及震动干扰、地基稳定、温度变化小的室内进行，可在位于武汉大学的国家重力基准点进行测试。

在整个测试过程中，仪器应处于读数状态。对于 L&R 相对重力仪，待仪器稳定后每隔 30min 进行一次读数，连续观测时间需长于 16h。由于 Burris 相对重力仪实现了电子化观测和记录，可设置每隔 1min 进行一次读数。经固体潮改正后，绘制静态零漂曲线，检查零漂线性度。

动态试验应在段差不小于 50×10^{-5}m/s² 的两点间进行往返对称观测，且不少于三个往返。本实验可在位于庐山的国家重力仪标定基线场完成。经固体潮改正及零漂改正，计算出各台仪器的段差观测值，按下式计算各台仪器的联测中误差：

$$m_\Delta = \pm\sqrt{\frac{[vv]}{n(n-1)}} \tag{16.2}$$

式中，m_Δ 为一台仪器的联测中误差，单位为 10^{-5}m/s²；v 为重力段差与该仪器的段差平均值之差，单位为 10^{-5}m/s²；n 为段差个数。仅实施加密重力测量仪器的联测中误差优于 $\pm0.60\times10^{-5}$m/s²，实施二等重力测量仪器的联测中误差优于 $\pm0.25\times10^{-5}$m/s²。

仪器间一致性中误差按下式计算：

$$m = \pm\sqrt{\frac{[vv]}{(n-1)}} \tag{16.3}$$

式中，m 为一台仪器的一致性中误差，单位为 10^{-5}m/s^2；v 为某台相对重力仪的平均重力段差与各台相对重力仪平均重力段差之差，单位为 10^{-5}m/s^2；n 为相对重力仪台数。仅使用一台仪器完成所有加密重力测量或二等重力测量时，不计算一致性中误差。其他情况下，实施加密重力测量仪器的联测中误差优于 $\pm 0.60\times 10^{-5}\text{m/s}^2$，实施二等重力测量仪器的联测中误差优于 $\pm 0.25\times 10^{-5}\text{m/s}^2$。

16.6.2 测站观测

进行测站观测时，采用环线测量方案。本实验测区以武汉大学整个校区为例，测量范围如图 16.2 所示，点位坐标见表 16.3，其中线号以经度表示，每条测线对应 9 个点，点号以纬度表示。测量时，根据设计的点从实际位置找点，并在图上标记实际点位，点位坐标在室内从 Google Earth 上读取(近似坐标)。要求每条测线在经过地下通道时，在地下通道上面的地面增加一个点。限差要求：站点读数互差<5μGal(读数的尾数)。

图 16.2　武汉大学格网范围示意图

表 16.3　　　　　　　　　格网图点位坐标表

线号	经度	点号	纬度
1	114°21′05.30″东	1	30°31′43.70″北
2	114°21′08.30″东	2	30°31′51.70″北

续表

线号	经度	点号	纬度
3	114°21′12.30″东	3	30°31′59.70″北
4	114°21′15.30″东	4	30°32′07.70″北
5	114°21′18.30″东	5	30°32′15.70″北
6	114°21′22.30″东	6	30°32′23.70″北
7	114°21′25.30″东	7	30°32′31.70″北
8	114°21′28.30″东	8	30°32′39.70″北
		9	30°32′47.70″北

对于单个测站观测,具体观测程序如下:

(1)清理现场,消除不安全因素;

(2)放置仪器,使仪器的横水准器泡(如图16.3所示,以L&R G相对重力仪面板为例)与磁北方向平行;

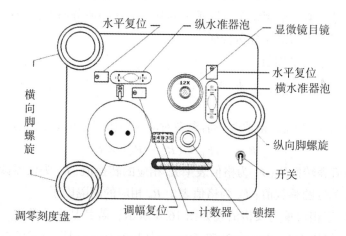

图16.3 L&R G相对重力仪面板示意图

(3)精确整平仪器,并保持仪器左前方的脚螺旋不动,确保仪器高在同一测线中变化不大;

(4)整平后的仪器在测站环境中停放5min后,再按下面程序进行读数:

• 对于L&R G型相对重力仪:

①松摆,转动读数轮,使读数线到达预设位置;

②读数:确保读数轮沿同一方向归零;

a. 顺时针(或逆时针)转动读数轮,亮线精确对准读数轮(或使检流计、数字电压表归零),读取计数器和读数轮读数;

b. 反方向转动读数轮半圈,再顺时针(或逆时针)转动读数轮归零,读取第二次读数;

c. 重复上面(2)操作,读取第三次读数。

- 对于 Burris 相对重力仪:

①松摆,转动读数轮,使 FBK 读数在 $-25 \sim +25$ 之间;

②读数:使用随机携带的 PDA 读取一组(三个)合格读数。

- 对于 CG-6 相对重力仪:

按下测量按钮,仪器开始自动读数,选取一组(三个)合格读数。

(5)每次读数后,立即记录读数和时间,时间记录至整分;

(6)如果读数超限,应增加一次读数;增加一次读数仍超限的,应重测;

(7)锁摆(L&R G 型、Burris 相对重力仪)或关闭(CG-6 相对重力仪)仪器,装箱;

(8)检查手簿记录(记录表如表 16.4 和表 16.5 所示);

(9)观测结束。

16.6.3 数据处理

测得原始数据后,需要对其进行取平均值、格值改正、固体潮改正、零漂改正等,并计算网格点重力异常值,绘制整个测区重力异常等值线图或分布图,分析重力沿某些方向的变化规律及局部重力的空间分布特征。

1)计算测站读数的平均值

$$R_m = (R_1 + R_2 + R_3)/3 \tag{16.4}$$

2)格值改正

对于 L&R 相对重力仪,格值改正需参考对应仪器出厂格值表,转换为:

$$R_{mGal} = F_1 + (R_m - R_0) \times F_2 \tag{16.5}$$

式中,R_{mGal} 为格值表转换值;F_1 为格值表中 R_0 相应的转换值;R_m 为仪器读数;R_0 为仪器读数凑整至 100 格单位的整数值;F_2 为格值表中 R_0 相应的间隔因子。

某台 L&R G 型相对重力仪格值表如图 16.4 所示,若其某次读数 R_m 为 2654.320,则 R_0 为 2600。根据格值表查得 F_1 为 2658.50,F_2 为 1.02345,根据公式可得,对应格值转换值 R_{mGal} 为 2714.094mGal。

对于 Burris 相对重力仪,由于其实现了电子化观测和记录,内置了格值改正、固体潮改正等模式,得到的观测值 OBS-G = 改正后的重力值(大盘值对应的重力值)+反馈值+固体潮修正值(功能开启时)+水准平衡修正值(功能开启时)+温度修正值,无需进行格值转换。

3)潮汐改正

固体潮改正主要采用零潮汐系统:

$$\delta g_t = -[\delta_{th} G(t) - \delta f_c] \tag{16.6}$$

表 16.4　　**L&R 相对重力仪的观测记录格式**

仪器编号		内温	℃	日期		观测值	××	天气	
点名		点号		仪器高	mm	记录者	××	检查者	××
运输工具					仪器读数	分划/mV		备注	
横气泡	上	中	下	灵敏度					
纵气泡	左	中	右						
					$Q=$				
点名		时间		读数		外温		备注	
点号						气压			
仪器高						仪器位置			
等级									
中数									
点名		时间		读数		外温		备注	
点号						气压			
仪器高						仪器位置			
等级									
中数									
点名		时间		读数		外温		备注	
点号						气压			
仪器高						仪器位置			
等级									
中数									

表 16.5　　　　　　　**Burris、CG-6 相对重力仪的观测记录格式**

仪器编号		内温	℃	日期		观测值	××	天气	
点名		点号		仪器高	mm	记录者	××	检查者	××
横气泡	上	中	下	运输工具					
纵气泡	左	中	右	备注					

点名		时间	读数	外温		备注
点号				气压		
仪器高				仪器位置	N	
等级						
中数						
点名		时间	读数	外温		备注
点号				气压		
仪器高				仪器位置	N	
等级						
中数						
点名		时间	读数	外温		备注
点号				气压		
仪器高				仪器位置	N	
等级						
中数						

CALIBRATION TABLE FOR G-1066

MILLIGAL VALUES FOR LACOSTE & ROMBERG, INC. MODEL G GRAVITY METER

COUNTER READING*	VALUE IN MILLIGALS	FACTOR FOR INTERVAL	COUNTER READING*	VALUE IN MILLIGALS	FACTOR FOR INTERVAL
000	000.00	1.02211			
100	102.21	1.02208	3600	3682.33	1.02424
200	204.42	1.02206	3700	3784.76	1.02429
300	306.63	1.02205	3800	3887.19	1.02434
400	408.83	1.02206	3900	3989.62	1.02438
500	511.04	1.02207	4000	4092.06	1.02440
600	613.24	1.02209	4100	4194.50	1.02442
700	715.45	1.02212	4200	4296.94	1.02443
800	817.66	1.02215	4300	4399.38	1.02443
900	919.88	1.02219	4400	4501.83	1.02442
1000	1022.10	1.02224	4500	4604.27	1.02440
1100	1124.32	1.02229	4600	4706.71	1.02437
1200	1226.55	1.02235	4700	4809.15	1.02433
1300	1328.79	1.02240	4800	4911.58	1.02428
1400	1431.03	1.02247	4900	5014.01	1.02421
1500	1533.27	1.02253	5000	5116.43	1.02414
1600	1635.53	1.02260	5100	5218.84	1.02406
1700	1737.79	1.02268	5200	5321.25	1.02396
1800	1840.06	1.02276	5300	5423.64	1.02386
1900	1942.33	1.02284	5400	5526.03	1.02375
2000	2044.61	1.02292	5500	5628.40	1.02363
2100	2146.91	1.02300	5600	5730.77	1.02350
2200	2249.21	1.02309	5700	5833.12	1.02337
2300	2351.52	1.02318	5800	5935.45	1.02323
2400	2453.83	1.02327	5900	6037.78	1.02309
2500	2556.16	1.02336	6000	6140.09	1.02294
2600	2658.50	1.02345	6100	6242.38	1.02279
2700	2760.84	1.02354	6200	6344.66	1.02263
2800	2863.20	1.02363	6300	6446.92	1.02248
2900	2965.56	1.02372	6400	6549.17	1.02232
3000	3067.93	1.02381	6500	6651.40	1.02216
3100	3170.31	1.02389	6600	6753.62	1.02200
3200	3272.70	1.02397	6700	6855.82	1.02184
3300	3375.10	1.02405	6800	6958.00	1.02168
3400	3477.50	1.02412	6900	7060.17	1.02152
3500	3579.91	1.02418	7000	7162.32	

*Note: Right-hand wheel on counter indicates approximately 0.1 milliGal

08/31/95

图 16.4 某台 L&R G 相对重力仪格值表

$$G(t) = -165.17F(\varphi)\left(\frac{C}{R}\right)^3\left(\cos^2Z - \frac{1}{3}\right)$$

$$-1.37F^2(\varphi)\left(\frac{C}{R}\right)^4\cos Z(5\cos^2Z - 3)$$

$$-76.08F(\varphi)\left(\frac{C_s}{R_s}\right)^2\left(\cos^2Z_s - \frac{1}{3}\right) \tag{16.7}$$

$$F(\varphi) = 0.998327 + 0.00167\cos 2\varphi \tag{16.8}$$

$$\delta f_c = -4.83 + 15.73\sin^2\Psi - 1.59\sin^4\Psi \tag{16.9}$$

式中，δg_t 是固体潮改正值，δ_{th} 是潮汐因子，δf_c 是永久性潮汐对重力的直接影响，φ 是测站大地纬度，Ψ 是测站地心纬度。

一般观测中，首先得到潮汐数据表。按观测时间 t_i 在潮汐数据表中查取 t_i 前后各一个潮汐值 (t_1，g_{t1}，t_2，g_{t2})。则潮汐改正

$$g_{ti} = g_{t1} + (g_{t2} - g_{t1})\frac{t_i - t_1}{t_2 - t_1} \tag{16.10}$$

潮汐改正后

$$R_{mGalT} = R_{mGal} - g_{ti} \tag{16.11}$$

4)零漂改正

重力仪零漂率可写为：

$$k = -\frac{R_{mGalT} - R'_{mGalT}}{t - t'} \tag{16.12}$$

式中，R_{mGalT} 和 R'_{mGalT} 分别表示测线起始点的往返观测值；t 和 t' 分别表示测线起始点往返观测的时刻。则对应的零漂改正值可写为：

$$\delta g_k = k \times \Delta t \tag{16.13}$$

式中，Δt 为测站点与起始点的观测时间差。

零漂改正后的重力值

$$R_{mGalk} = R_{mGalT} - \delta g_k \tag{16.14}$$

5)重力差

$$dg_i = R_{mGalki} - R_{mGalk0} \tag{16.15}$$

式中，R_{mGalk0} 为起始点，绝对重力值已知。

6)绝对重力值

$$g_i = g_0 + dg_i \tag{16.16}$$

16.4 注意事项

(1)当仪器读数为格值时，三个读数的互差不应大于0.5格，当仪器读数为重力单位时，三个读数的互差不应大于5μGal。对于超限成果，再补读一个，仍超限时，应重测。一组读数的时间不应少于3min，不应超过8min。

(2)为减少隙动差，每次读数时应向同一方向旋转读数轮。

(3)时间采用24小时制，记录至整分。

(4)一条测线中各台仪器在同一测站上的观测位置应相对固定。

(5)为了测量零漂，结束测量前必须闭合到起点。

(6)由于重力仪十分灵敏，在未进行测量时必须保持锁摆状态。

(7)L&R 相对重力仪读数时分别读取位于旋钮下方的读数器前4位作为整数位，再读取刻度盘上的值，估读一位作为小数值。再次读数时，不需要调整脚螺旋，只需要反方向旋转旋钮至少一圈，然后再重复进行调节，读取数据。

(8)注意仪器安全，轻拿轻放。搬运仪器时由一个同学肩背仪器，另一个同学在后面托扶，避免振动和大角度倾斜。测量时注意避免阳光直晒仪器，避免雨水淋湿。

16.5 参考文献

(1)国家测绘地理信息局测绘标准化研究所. GB/T 20256—2019 国家重力控制测量规范[S]. 北京：国家市场监督管理总局/中国国家标准化管理委员会，2019.

(2) GB/T 24356—2009 测绘成果质量检查与验收[S]. 北京：中国标准出版社, 2009.

(3) 操华胜, 王正涛, 赵珞成. 地球物理基础综合实习与实践[M]. 武汉：武汉大学出版社, 2009.

(4) GB/T 17944—2018 加密重力测量规范[S]. 国家市场监督管理总局/中国国家标准化管理委员会 2018-12-18 发布.

(5) GB/T 12897—2006 国家一、二等水准测量规范[S]. 北京：中国标准出版社, 2006.

(6) CH/T 1001—2005 测绘技术总结编写规定[S]. 北京：测绘出版社, 2005.

(7) CH/T 1004—2005 测绘技术设计规定[S]. 北京：中国标准出版社, 2005.

(8) 管泽霖, 宁津生. 地球形状及外部重力场(上)[M]. 北京：测绘出版社, 1982.

(9) 李瑞浩. 重力学引论[M]. 北京：地震出版社, 1988.

(10) Wolfgang Torge. 重力测量学[M]. 徐菊生, 等, 译. 北京：地震出版社, 1993.

(11) 方俊. 重力测量学[M]. 北京：科学出版社, 1965.

（贾剑钢　张文颖）

第17章 基于地图 API 的 WebGIS 开发实验

17.1 实验目的

理解基于地图 API 的 WebGIS 开发原理,掌握利用地图 API 进行 WebGIS 开发的方法和流程。

17.2 实验原理

17.2.1 WebGIS

WebGIS 即网络地理信息系统,是利用成熟的 Web 技术、计算机技术、GIS 技术,基于互联网实现的一种新型地图服务方式,即以网页作为地理信息系统软件的用户界面,将互联网和地理信息技术结合起来完成各种交互操作的网络地理信息系统。

随着移动互联网的飞速发展,WebGIS 在不断地影响和改变着人们的日常生产生活,地理信息技术逐渐由原来的专业化走向大众化的服务,如百度地图、高德地图、腾讯地图、滴滴打车以及美团外卖等。WebGIS 技术在国内外的发展主要聚焦于互联网地图方向和行业应用方向,如以谷歌地图、百度地图、高德地图、腾讯地图等为代表的互联网应用系统;以自然资源规划管理、房产、农业、林业、旅游等行业为主流的网络 GIS 行业应用系统。

17.2.2 地图 API

API(Application Programming Interface),即应用程序开发接口,是软件平台为程序开发人员提供的一些预先定义的函数,在被用来调用一组功能的时候,无须访问底层代码或理解其内部工作机制的细节。

地图 API 能够利用 JavaScript 语言或其他语言将地图服务嵌入到网页中,并能向地图服务添加各种地图功能,从而在网站上创建功能全面的地图应用。随着网络技术的开放,已经有相当多的在线地图服务商为互联网提供了免费或收费的地图 API 程序接口,如"天地图"、谷歌地图(国内无法访问)、高德地图、百度地图、腾讯地图、ArcGIS 地图等。地图程序开发者不仅可以使用这些开放的 API 进行二次开发,制作第三方 Web 地图应用,还可以通过这些地图 API 快速调用地图服务商提供的各种免费的地图资源,并根据用户需要来开发各种各样的第三方 Web 地图应用,为各行业提供基于地理信息的便捷服务,此类地理信息服务,就属于基于地图 API 的 WebGIS。

地图 API 提供的通用功能如图 17.1 所示。

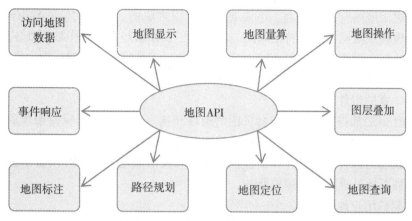

图 17.1　地图 API 提供的通用功能

地图 API 工作原理如图 17.2 所示,由图可见,地图数据的存储、使用等服务是由地图 API 提供的应用服务器和地图服务器共同完成的,这些服务的请求方式都是 XML 形式,允许开发者通过编程接口的方式调用地图服务器数据库中的信息。同时,开发者可以使用 JavaScript 语言将地图 API 提供的在线网络地图服务嵌入自己的应用系统之中,建立新的基于在线网络地图信息服务的网页应用(WebGIS)。

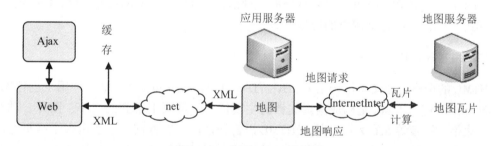

图 17.2　地图 API 工作原理

17.2.3　基于地图 API 的 WebGIS 特点

1) 稳定可靠的多层架构体系

基于地图 API 的 WebGIS 采用的是典型的 B/S 构架,包括负责数据处理的数据层、负责逻辑流转控制的业务逻辑层以及负责前台界面显示的客户层架构,其中业务逻辑层根据逻辑分工又详细地分解为 Web 页面程序控制层和地图资源服务层。通过这种多层架构体系使得系统开发结构逻辑层次非常分明,业务功能分工更加明确,进一步保证了这种多层次架构系统的运行效率。同时,在服务器端也更容易维护,客户端操作更简单,因此提高了系统的稳定性和可持续性。

2)简单易用的空间数据库

WebGIS地图显示采用地图资源服务商免费提供的地图服务，所请求的地图数据资源基本上都来源于地图资源服务商，不需要设计组织多层的、复杂的空间数据库，WebGIS能充分利用现有互联网资源，将全局的、复杂的、工作量超大的地图数据处理交给服务商的服务器去执行，而相对数据量比较小的、基础的局部数据及简单操作则由客户端直接完成，这就大大降低了中小企业或开发者的开发成本。

3)更多丰富的组件和接口

地图API一般都提供了很多丰富灵活的组件和接口，同时为了保持系统的可扩展性，为今后系统的扩展和更新作充分的准备，系统中设计和预留了程序应用接口。开发者为了进一步提高系统的运行效率，在开发过程中编写和灵活调用一些API内置的组件和接口，让它们直接独立地处理相关的逻辑业务。

4)可定制的用户地图

主流的电子地图，例如高德地图、百度地图和腾讯地图等，在电子地图的基本控制操作方面和业务服务功能方面，都提供了丰富的应用接口，开发者可以按照方便快捷及人性化的设计原理来定制用户界面，从用户的业务需求和使用习惯的角度出发，开发用户真正需要的地图。

17.3 实验基础

基于地图API的WebGIS开发一般采用"HTML+CSS+JavaScript"模式，HTML、CSS和JavaScript是基于地图API开发必须掌握的三种语言。HTML定义网页的内容，CSS描述网页的样式，JavaScript定义网页的行为。

17.3.1 HTML

HTML的全称为超文本标记语言(HyperText Markup Language)，是一种用于创建网页的标准标记语言。HTML是构成网页文档的主要语言，网页上看到的文字、图片、动画、声音、表格、链接等元素大部分是由HTML语言描述的。Web网站一般由多个网页组成，通过地址向服务器发布请求后，接收可以被浏览器运行解释的文件，由浏览器显示出来。HTML具有以下特点：①可进行网页设计；②是标签式的程序设计语言；③是纯文本式的语言；④是简单易学的语言；⑤可以用任何文本编辑器进行编辑；⑥文件后缀名是".html"；⑦对大小写不敏感；⑧是可以被广泛使用的Web开发语言。

17.3.2 CSS

CSS的全称为层叠样式表(Cascading Style Sheets)，是一种用来表现HTML或XML(标准通用标记语言的一个子集)等文件样式的计算机语言。CSS不仅可以静态地修饰网页，还可以配合各种脚本语言动态地对网页各元素进行格式化。CSS具有以下特点：①具有丰富的样式定义；②易于使用和修改；③多页面应用；④层叠；⑤可以重复使用。

17.3.3 JavaScript

JavaScript(简称为 JS)是一种客户端解释型或即时编译型的脚本语言,它是以对象和事件驱动为基础的,并具有较高的安全性。它是特地为开发 Web 网页而出现的一种简单易学的程序语言,随着 Web 用户对动态网页的需要而诞生。JavaScript 是一种采用事件驱动的脚本语言,网页和用户之间的关系是实时、动态和交互的,它不需要经过 Web 服务器就可以对用户的输入做出响应。在访问一个网页时,鼠标在网页中进行鼠标点击或上下移、窗口移动等操作,JavaScript 都可直接对这些事件给出相应的响应。JavaScript 脚本语言不依赖于操作系统,仅需要浏览器的支持便可在 Web 浏览器上执行,并且语言简洁,使得网页的访问速度和交互操作性有了很大的提升。JavaScript 具有以下特点:①一种脚本语言;②简单易学;③基于对象;④具有动态性;⑤具有跨平台性;⑥广泛应用于 Web 开发。

17.4 实验工具

基于地图 API 的 WebGIS 开发可以使用任何文本编辑器进行开发,主流浏览器都可以运行,例如 IE、搜狐、谷歌、360 浏览器等。本实验选择具有代表性的高德地图和 ArcGIS 的 JavaScript API 接口,使用轻量级、简单易学的开发工具 Visual Studio Code(下载地址:https://code.visualstudio.com)进行开发。本实验具体开发运行环境如表 17.1 所示。

表 17.1 开发运行环境

开发平台	Visual Studio Code
编程语言	HTML、CSS、JavaScript
运行环境	谷歌浏览器
地图 API	高德地图 JavaScript API 版本 1.4.15 ArcGIS API for JavaScript 版本 4.1.9

17.5 实验步骤

17.5.1 基于高德地图 JavaScript API 的开发实验

高德地图 JavaScript API(以下简称为高德地图 API)是一套用 JavaScript 语言开发的地图应用编程接口,移动端、PC 端一体化设计,一套 API 兼容众多系统平台。目前高德地图 API 免费开放使用。高德地图 API 提供了 2D、3D 地图模式,满足绝大多数开发者对地图展示、地图自定义、图层加载、点标记添加、矢量图形绘制的需求,同时也提供了 POI 搜索、路线规划、地理编码、行政区查询、定位等众多开放服务接口。本实验采用高德地图 JavaScript API V1.4.15 版本。

17.5.1.1 注册账号并申请 Key

浏览器访问 https：//lbs.amap.com/dev/id/choose，打开开发者注册页面，注册账号，在登录之后进入"应用管理"页面，点击"创建新应用"，如图 17.3 所示。

图 17.3 创建新应用

选择"添加"，设置 Key 的名称，选择"Web 端（JS API）"，然后勾选"阅读并同意……"，最后点击"提交"，完成 Key 的申请，如图 17.4 所示免费申请的 Key 为"28a525dbc923a581a90c6805b8d0886e"，如图 17.5 所示。

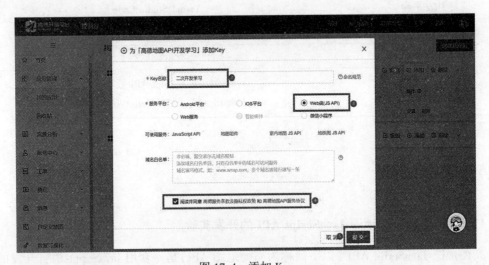

图 17.4 添加 Key

17.5.1.2 地图加载与初始化

1）新建 html 文件

图 17.5　申请 Key 成功

打开"Visual Studio Code",新建 html 文件,命名为"HELLO AMAP.html"。在英文输入法状态下,输入感叹号"!"如图 17.6 所示,点击选择提示框里的「!」,直接生成标准 html 模板代码如下:

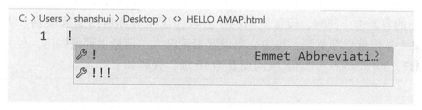

图 17.6　Visual Studio Code 快速生成标准模板

```
<!DOCTYPE html>
<html lang="en">
<head>
  <meta charset="UTF-8">
  <meta http-equiv="X-UA-Compatible" content="IE=edge">
  <meta name="viewport" content="width=device-width, initial-scale=1.0">
  <title>Document</title>
</head>
<body>
</body>
</html>
```

2) 引入高德地图 API

在 body 标签中使用 script 标签将高德地图 API 引入 html 页面中,并将其中"您申请的 key 值"替换为您申请的 key 值,代码如下:

```
<script type="text/javascript" src="https://webapi.amap.com/maps?v=1.4.15&key=您申请的key值"></script>
```

3) 创建地图容器元素

在 body 标签中创建一个 div 元素,用于将地图显示在 Web 网页上,id 属性设置为 "container",代码如下:

```
<div id="container"></div>
```

4) 设置地图容器大小

在 head 标签中添加 style 标签,设置容器的宽和高,代码如下:

```
<style>#container { width: 100%; height: 600px; }</style>
```

5) 创建地图实例并初始化

在 body 标签中,添加 script 标签,使用关键字 new 来创建地图实例,将地图显示在 id 为 container 的容器中。同时,设置地图的中心经纬度坐标和地图缩放级别。为了能够直接显示武汉大学信息学部范围,将中心点设置为武汉大学信息学部范围内,经纬度坐标为(114.360097,30.527509),缩放级别设置为 16 级,代码如下:

```
<script>
    var map = new AMap.Map('container', {
        zoom: 16,  //初始化地图层级
        center: [114.360097, 30.527509],  //初始化地图中心点
    })
</script>
```

地图初始化效果如图 17.7 所示。

图 17.7　高德地图加载与初始化

6) 完整代码

地图加载与初始化完整代码如下：

```html
<!DOCTYPE html>
<html lang="en">
  <head>
    <meta charset="UTF-8" />
    <meta http-equiv="X-UA-Compatible" content="IE=edge" />
    <meta name="viewport" content="width=device-width, initial-scale=1.0" />
    <title>HELLO AMAP</title>
    <style> #container { width: 100%; height: 600px; } </style>
</head>
<body>
  <script type="text/javascript"
    src="https://webapi.amap.com/maps?v=1.4.15&key=28a525dbc923a581a90c6805b8d0886e"></script>
  <div id="container"></div>
  <script>
    var map = new AMap.Map('container', {
      zoom: 16, //初始化地图层级
      center: [114.360097, 30.527509], //初始化地图中心点
    })
  </script>
</body>
</html>
```

17.5.1.3 地图功能实现

高德地图 API 提供了丰富的功能接口，本次实验可实现地图控件、图层叠加、地图覆盖物、路径导航等功能。

1) 地图控件

高德地图控件包括地图工具条、比例尺、鹰眼、3D 罗盘等，在创建控件之前，要在引用中使用 plugin 进行声明，声明方式如下：

```html
<script type="text/javascript" src="https://webapi.amap.com/maps?v=1.4.15&key=您申请的key值&&plugin=AMap.Scale,AMap.OverView,AMap.ToolBar,AMap.ControlBar"></script>
```

使用 new 关键字创建地图控件，并添加到地图中，具体代码如下：

```
<script>
    var scale = new AMap.Scale()  //初始化比例尺控件
    map.addControl(scale)  //将比例尺控件添加到地图
    toolBar = new AMap.ToolBar()  //初始化工具条控件
    map.addControl(toolBar)  //将工具条控件添加到地图
    overView = new AMap.OverView()  //初始化鹰眼控件
    map.addControl(overView)  //将鹰眼控件添加到地图
    overView.open()  //打开鹰眼界面
    map.addControl(new AMap.ControlBar())  //添加3D罗盘控制,地图选择3D模式
</script>
```

地图控件效果如图17.8所示。

图17.8 高德地图控件

完整代码如下:

```
<!DOCTYPE html>
<html lang="en">
  <head>
    <meta charset="UTF-8" />
    <meta http-equiv="X-UA-Compatible" content="IE=edge" />
    <meta name="viewport" content="width=device-width, initial-scale=1.0" />
    <title>高德地图控件</title>
    <style>
      #container {
        width: 100%;
```

```
            height: 600px;
        }
    </style>
</head>
<body>
    <script
        type="text/javascript" src="https://webapi.amap.com/maps?v=1.4.15&key=28a525dbc923a581a90c6805b8d0886e&&plugin=AMap.Scale,AMap.OverView,AMap.ToolBar,AMap.ControlBar"
    ></script>
    <div id="container"></div>
    <script>
        var map = new AMap.Map('container', {
            zoom: 16, //初始化地图层级
            center: [114.360097, 30.527509], //初始化地图中心点
            viewMode: '3D', //3D视图模式
            pitch: 50, //俯仰角度
        })
        var scale = new AMap.Scale() //初始化比例尺控件
        map.addControl(scale) //将比例尺控件添加到地图
        toolBar = new AMap.ToolBar() //初始化工具条控件
        map.addControl(toolBar) //将工具条控件添加到地图
        overView = new AMap.OverView() //初始化鹰眼控件
        map.addControl(overView) //将鹰眼控件添加到地图
        overView.open() //打开鹰眼界面
        //添加3D罗盘控制
        map.addControl(new AMap.ControlBar())
    </script>
</body>
</html>
```

2) 图层叠加

高德地图 API 提供了默认标准地图、实时路况图层、卫星图、路网图、楼块图等基本图层,世界和中国等简易行政区图层,WMTS、栅格等第三方标准图层,图片、视频、Canvas、热力图等自有数据图层。本次实验实现了以卫星图为底图叠加实时路况图层功能。使用 new 关键字创建实时路况图层,并添加到地图中,具体代码如下:

```
<script>
    var map = new AMap.Map('container', {
      zoom: 16,  //初始化地图层级
      center: [114.360097, 30.527509],  //初始化地图中心点
      layers: [
        //卫星图
        new AMap.TileLayer.Satellite(),
      ],
    })
    //实时路况图层
    var trafficLayer = new AMap.TileLayer.Traffic({
      zIndex: 10,
      zooms: [7, 22],
    })
    trafficLayer.setMap(map)  //添加到地图
</script>
```

图层叠加效果如图 17.9 所示。

图 17.9　高德地图图层叠加效果

完整代码如下：

```
<!DOCTYPE html>
<html lang="en">
  <head>
    <meta charset="UTF-8" />
```

```html
      <meta http-equiv="X-UA-Compatible" content="IE=edge" />
      <meta name="viewport" content="width=device-width, initial-scale=1.0" />
      <title>高德地图图层叠加</title>
      <style>
        #container {
          width: 100%;
          height: 600px;
        }
      </style>
   </head>
   <body>
      <script
        type="text/javascript"
        src="https://webapi.amap.com/maps?v=1.4.15&key=28a525dbc923a581a90c6805b8d0886e"
      ></script>
      <div id="container"></div>
      <script>
        var map = new AMap.Map('container', {
          zoom: 16, //初始化地图层级
          center: [114.360097, 30.527509], //初始化地图中心点
          layers: [
            //卫星图
            new AMap.TileLayer.Satellite(),
          ],
        })
        //实时路况图层
        var trafficLayer = new AMap.TileLayer.Traffic({
          zIndex: 10,
          zooms: [7, 22],
        })
        trafficLayer.setMap(map) //添加到地图
      </script>
   </body>
</html>
```

3) 地图覆盖物

高德地图 API 提供了点标记、海量点、矢量图形等覆盖物功能接口。本次实验实现了添加地图点标记功能。使用 new 关键字创建点标记，并添加到地图中。具体代码如下：

```
//创建一个 Marker 实例：
    var marker = new AMap.Marker({
        position:[114.360097,30.527509],//经纬度对象
})
//将创建的点标记添加到已有的地图实例：
map.add(marker)
```

点标记效果如图 17.10 所示。

图 17.10　高德地图点标记效果

完整代码如下：

```
<！DOCTYPE html>
<html lang="en">
    <head>
        <meta charset="UTF-8" />
        <meta http-equiv="X-UA-Compatible" content="IE=edge" />
        <meta name="viewport" content="width=device-width,initial-scale=1.0" />
        <title>高德地图点标记</title>
        <style>
            #container {
                width:100%;
                height:600px;
            }
```

```
        </style>
    </head>
    <body>
        <script
            type="text/javascript"
            src="https://webapi.amap.com/maps?v=1.4.15&key=28a525dbc923a581a90c6805b8d0886e"
        ></script>
        <div id="container"></div>
        <script>
            var map = new AMap.Map('container', {
                zoom:16, //初始化地图层级
                center:[114.360097,30.527509], //初始化地图中心点
            })
            //创建一个 Marker 实例:
            var marker = new AMap.Marker({
                position:[114.360097,30.527509], //经纬度对象
            })
            //将创建的点标记添加到已有的地图实例:
            map.add(marker)
        </script>
    </body>
</html>
```

4)路径导航

高德地图 API 提供了驾车导航、公交导航、步行导航、骑行导航和货车导航等路径导航功能接口。本次实验实现了基于地点关键字搜索的公交路线导航功能。在使用公交路线导航接口之前要在引用中使用 plugin 进行声明,并且需要引用高德地图的 JavaScript 库文件 demoutils.js。代码如下:

```
<script type="text/javascript" src="https://webapi.amap.com/maps?v=1.4.15&key=您申请的 key 值 &plugin=AMap.Transfer"></script>
<script src="https://a.amap.com/jsapi_demos/static/demo-center/js/demoutils.js"></script>
```

首先,在 body 标签内定义一个 div 标签,设置 id 为"panel",作为导航信息展示窗口。代码如下:

```html
<div id="panel"></div>
```

接着，在 head 标签内，使用 style 标签定义导航信息窗口"panel"的样式。代码如下：

```css
<style type="text/css">
    #panel {
        position: fixed;
        background-color: white;
        max-height: 90%;
        overflow-y: auto;
        top: 10px;
        right: 10px;
        width: 280px;
    }
    #panel. amap-call {
        background-color: #009cf9;
        border-top-left-radius: 4px;
        border-top-right-radius: 4px;
    }
    #panel. amap-lib-transfer {
        border-bottom-left-radius: 4px;
        border-bottom-right-radius: 4px;
        overflow: hidden;
    }
</style>
```

然后，定义公交换乘属性，使用 new 关键字创建公交路线导航对象。代码如下：

```javascript
var transOptions = {
        map: map,
    city: '武汉市', //设置导航所在城市
    panel: 'panel', //导航信息展示窗口
    policy: AMap. TransferPolicy. LEAST_TIME, //设置乘车策略为时间最短
}
//构造公交换乘类
var transfer = new AMap. Transfer( transOptions )
```

最后，根据起点和终点名称关键字查询公交换乘路线。导航结果如图 17.11 所示。代

码如下:

```
transfer.search(
  [
    {keyword:'武汉大学', city:'武汉'},
    {keyword:'武昌火车站', city:'武汉'},
  ],
  function(status, result) {
    // result 即是对应的公交路线数据信息,相关数据结构文档请参考 https://lbs.amap.com/api/javascript-api/reference/route-search#m_TransferResult
    if(status === 'complete') {
      log.success('绘制公交路线完成')
    } else {
      log.error('公交路线数据查询失败' + result)
    }
  }
)
```

图 17.11　高德地图公交导航

完整代码如下:

```
<!DOCTYPE html>
<html lang="en">
  <head>
    <meta charset="UTF-8" />
    <meta http-equiv="X-UA-Compatible" content="IE=edge" />
    <meta name="viewport" content="width=device-width, initial-scale=1.0" />
```

```
        <title>路径导航</title>
        <style>html, body, #container {width: 100%; height: 100%;}</style>
        <style type="text/css">
          #panel {
            position: fixed;
            background-color: white;
            max-height: 90%;
            overflow-y: auto;
            top: 10px;
            right: 10px;
            width: 280px;
          }
          #panel.amap-call {
            background-color: #009cf9;
            border-top-left-radius: 4px;
            border-top-right-radius: 4px;
          }
          #panel.amap-lib-transfer {
            border-bottom-left-radius: 4px;
            border-bottom-right-radius: 4px;
            overflow: hidden;
          }
        </style>
        <link rel="stylesheet" href="https://a.amap.com/jsapi_demos/static/demo-center/css/demo-center.css"/>
        <script src="https://a.amap.com/jsapi_demos/static/demo-center/js/demoutils.js"></script>
        <script type="text/javascript" src="https://webapi.amap.com/maps?v=1.4.15&key=28a525dbc923a581a90c6805b8d0886e&plugin=AMap.Transfer"></script>
      </head>
<body>
      <div id="container"></div>
      <div id="panel"></div>
      <script>
        var map = new AMap.Map('container', {
          zoom: 16, //初始化地图层级
```

```
        center: [114.360097, 30.527509], //初始化地图中心点
    })
    var transOptions = {
        map: map,
        city: '武汉市', //设置导航所在城市
        panel: 'panel', //导航信息展示窗口
        policy: AMap.TransferPolicy.LEAST_TIME, //设置乘车策略为时间最短
    }
    //构造公交换乘类
    var transfer = new AMap.Transfer(transOptions)
    //根据起、终点名称查询公交换乘路线
    transfer.search(
        [
            { keyword: '武汉大学', city: '武汉' },
            { keyword: '武昌火车站', city: '武汉' },
        ],
        function (status, result) {
            // result 即是对应的公交路线数据信息,相关数据结构文档请参考; //https://lbs.amap.com/api/javascript-api/reference/route-search#m_TransferResult
            if (status === 'complete') {
                log.success('绘制公交路线完成')
            } else {
                log.error('公交路线数据查询失败' + result)
            }
        }
    )
</script>
</body>
</html>
```

17.5.2 基于 ArcGIS API for JavaScript 的开发实验

ArcGIS API for JavaScript 是 Esri 公司推出的新一代 WebGIS 地图开发接口库,与高德、百度等互联网地图 API 相比,其开发门槛高、学习成本高、入门难,在线 API 访问速度较慢。但它是完整的企业级 WebGIS 开发库,其接口之丰富、数量之多、功能之强大,足以满足企业级 WebGIS 应用开发的需求,接口包括地图显示、地图浏览、地图控件和地图工具、地图定位、覆盖物、地图事件、图层叠加、空间量算、要素查询、要素统计、空间

分析等。同时还支持离线地图 API 的部署方式，在很多复杂的地理信息应用中发挥着重要的作用。本次实验采用 ArcGIS API for JavaScript 4.19 版本开发，主要介绍使用 ArcGIS API for JavaScript 创建地图应用程序的基本步骤。

17.5.2.1 ArcGIS API for JavaScript 引用方法

ArcGIS API for JavaScript 的引用方式分为在线引用和基于本地部署的引用。在线引用的优点在于使用方法简单，缺点在于当处于离线或网络不稳定时，会存在无法访问或访问速度较慢的问题。基于本地部署的引用优点在于可以在不连接互联网的情况下，进行局域网内的访问，缺点是与在线引用相比，增加了本地部署的过程。为了简化实验过程，本实验使用在线引用方法。

在线引用 ArcGIS API for JavaScript 只需将以下两行代码放入 html 页面的 head 标签内即可。第一行为样式表引用，第二行为 API 接口引用。

```
<link rel="stylesheet" href="https://js.arcgis.com/4.19/esri/themes/light/main.css">
<script src="https://js.arcgis.com/4.19/"></script>
```

17.5.2.2 ArcGIS API for JavaScript 创建地图应用程序的基本步骤

1）新建 html 页面

打开 Visual Studio Code，新建 html 文件，命名为"HELLO ArcGIS API.html"。在英文输入法状态下，输入感叹号"!"，如图 17.6 所示，点击选择提示框里的「!」，直接生成标准 html 文件模板。将 title 标签内容改为"HELLO ArcGIS API"。

```
<!DOCTYPE html>
<html lang="en">
    <head>
        <meta charset="UTF-8" />
        <meta http-equiv="X-UA-Compatible" content="IE=edge" />
        <meta name="viewport" content="width=device-width, initial-scale=1.0" />
        <title>HELLO ArcGIS API</title>
    </head>
    <body></body>
</html>
```

2）添加 ArcGIS API for JavaScript 和样式表引用

在 head 标签内添加 ESRI 样式表和 ArcGIS API for JavaScript 的引用，代码如下：

```
<link rel="stylesheet" href="https://js.arcgis.com/4.19/esri/themes/light/main.css">
<script src="https://js.arcgis.com/4.19/"></script>
```

3) 加载模块

在创建地图对象之前，必须首先通过使用一个名为 require() 的函数来完成对地图资源的引用。在 head 标签内添加"esri/Map"和"esri/views/MapView"引用。"esri/Map"表示地图模块代码，"esri/views/MapView"表示二维视图模块代码。加载模块代码如下：

```
<script>
  require(["esri/Map","esri/views/MapView"],(Map,MapView) => {
    //创建地图具体代码在此处编写
  });
</script>
```

4) 创建地图

可以通过定义一个 map 的变量来创建地图，并使用 basemap 参数来指定地图类型。basemap 类型包括 topo(拓扑地图)、streets(街道地图)、satellite(卫星影像图)、hybrid(带标注的卫星影像图)、dark-gray(深灰风格地图)、gray(灰色地图)等。

```
require(["esri/Map","esri/views/MapView"],(Map,MapView) => {
  const map = new Map({
    basemap:"hybrid"//带标注的卫星影像图
  });
});
```

5) 创建二维视图

首先，在 body 标签内定义一个 id 为"viewDiv"的 div 标签，作为放置地图的容器。然后，创建一个 MapView，设置 map 属性为上一步定义的地图变量"map"；设置 container 属性为"viewDiv"；设置地图级别 zoom 属性为 4；设置地图中心点经纬度坐标为(114.35, 30.53)，保证地图视图在中国范围内。

```
const view = new MapView({
  container:'viewDiv', //地图容器
  map: map, //地图
  zoom: 4, //地图显示级别
  center:[114.35, 30.53], //地图中心点经纬度坐标
});
```

6) 页面样式设置

在 head 标签内使用 style 标签设置 html 页面的样式，以保证地图适应整个浏览器窗口。代码如下：

```
<style>
  html,
  body,
  #viewDiv {
    padding: 0;
    margin: 0;
    height: 100%;
    width: 100%;
  }
</style>
```

7)二维地图显示效果

以上步骤创建的地图应用效果即可显示在电脑上。

8)完整代码

完整代码如下:

```
<!DOCTYPE html>
<html lang="en">
  <head>
    <meta charset="UTF-8" />
    <meta http-equiv="X-UA-Compatible" content="IE=edge" />
    <meta name="viewport" content="width=device-width, initial-scale=1.0" />
    <title>HELLO ArcGIS API</title>
    <style>
      html,
      body,
      #viewDiv {
        padding: 0;
        margin: 0;
        height: 100%;
        width: 100%;
      }
    </style>
    <link rel="stylesheet" href="https://js.arcgis.com/4.19/esri/themes/light/main.css"/>
    <script src="https://js.arcgis.com/4.19/"></script>
    <script>
      require(['esri/Map', 'esri/views/MapView'], (Map, MapView) => {
```

```
            const map = new Map({
              basemap: 'hybrid',
            })
            const view = new MapView({
              container: 'viewDiv', //地图容器
              map: map, //地图
              zoom: 4, //地图显示级别
              center: [114.35, 30.53], //地图中心点经纬度坐标
            })
          })
      </script>
  </head>
  <body>
      <div id="viewDiv"></div>
  </body>
</html>
```

17.6 思考题

(1) 基于高德地图 JavaScript API 和 ArcGIS API for JavaScript 二次开发如何设置地图为三维视图？

(2) ArcGIS API for JavaScript 在何种情况下需要进行离线部署？如何进行离线部署？

(3) 如何使用高德地图 JavaScript API 实现海量点云数据展示？

(4) 如何使用 ArcGIS Server 发布自定义地图或数据服务，并利用 ArcGIS API for JavaScript 进行调用？

17.7 推荐资源

(1) 菜鸟教程 (https://www.runoob.com/)；

(2) w3school (https://www.w3school.com.cn/)；

(3) 高德地图 API (https://lbs.amap.com/)；

(4) 百度地图 API (https://lbsyun.baidu.com/)；

(5) 腾讯地图 API (https://lbs.qq.com/)；

(6) 天地图 API (http://lbs.tianditu.gov.cn/)；

(7) ArcGIS API for Javascrip (https://developers.arcgis.com/javascript/latest/)。

17.8　参考文献

（1）周贵云，刘晓莉．基于地图 API 的 WebGIS 课程实验设计［J］．实验科学与技术，2018，16(03)：39-42.

（2）杜明义，靖常峰，霍亮，等．网络 GIS 课程全栈式层次教学体系思考与构建［J］．测绘通报，2020(3)：145-149.

（3）方新，熊立伟，龙岳红，等．基于开源软件的 WebGIS 课程实践教学改革探索［J］．2021(9)：188-189.

（4）李艳，高扬．基于地图 API 的 Web 地图服务及应用研究［J］．地理信息世界，2010(2)．

（5）刘西杰，张婷．HTML CSS JavaScript 网页制作从入门到精通［M］．第 3 版．北京：人民邮电出版社，2016.

（6）曾庆丰．WebGIS 从基础到开发实践（基于 ArcGIS API for JavaScript）［M］．北京：清华大学出版社，2015.

（7）［美］派普勒．JavaScript 构建 Web 和 ArcGIS Server 应用实战［M］．北京：人民邮电出版社，2019.

（石淼　张敏）

第18章 Fortran 调用 C++函数读取 grib 文件实验

18.1 实验目的

(1)了解 grib 文件的格式；
(2)掌握利用 Fortran 调用 C++动态链接库读取 grib 文件的方法。

18.2 实验原理

18.2.1 grib 格式

气象数据在测绘导航领域有着重要的应用和研究价值。grib 格式是一种用于存储气象数据的格式，由世界气象组织进行标准化。以一个 ERA5 的 model level 数据为例，其数据结构由很多个消息块组成(Message #)，如图 18.1 所示。

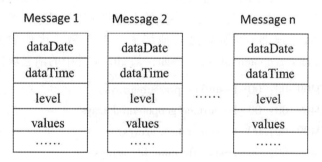

图 18.1 ERA5 的 grib 文件数据结构示意图

每一个消息块，包含某时刻的某一种气象参数，其属性在消息块的 key 中给出，如"dataDate""dataTime""level""parameterName""Values"，每一个 key 有具体的值(Value)，如"20190409"(日期)、"0100"(代表 01:00)、"1"(层序号)、"Temperature"(温度)、"227.235；226.541；227.123；227.523"(温度值)。注意，"Values"的 value 多数情况下是一个一维数组，如图 18.2 所示，对应一定的经纬度格网，如图 18.3 所示，经纬度的范围在下载 grib 文件时可以指定。

263

图18.2 数组排列顺序

图18.3 经纬度格网

综合上述两图可知其一维数组按照纬度优先排列。即先按同一纬度，从西向东列出各个经度上的值；当同一个纬度的格网值全部列完后，再列下一个纬度的值。

各消息块按照日期、时间、气压层、参数的先后顺序进行排列。第一层（level=1，注意：这不是地面，而是顶部）可能会比其他层多一些参数，比如表面的气压（surface pressure）和位势（surface geopotential）等。例如，某girb文件中的消息块排列顺序为：

消息块1：20190409-00：00-1-surface pressurearrays

消息块2：20190409-00：00-1- surface geopotentialarrays`

消息块3：20190409-00：00-1-temperature arrays

消息块4：20190409-00：00-1-specific humidity arrays

消息块5：20190409-00：00-2-temperature arrays

消息块6：20190409-00：00-2-specific humidity arrays

……

消息块275：20190409-00：00-137-temperature arrays

消息块276：20190409-00：00-137-specific humidity arrays

消息块277：20190409-01：00-1-surface pressurearrays

消息块278：20190409-01：00-1- surface geopotentialarrays

消息块279：20190409-01：00-1-temperature arrays

> 消息块 280：20190409-01：00-1-specific humidity arrays
> ……

从上面可以看出，第一层有 4 个消息块，而其余各层均为 2 个消息块。

18.2.2 ecCodes

ecCodes 是欧洲中尺度气象预报中心（ECMWF）推出的一个开源工具包，是 GRIB-API 的升级版，旨在为用户提供一系列函数，可用于包括 grib1、grib2、burf3、burf4 等多种格式在内的气象数据解码。ecCodes 提供命令行工具，可用于对 grib 文件进行解码。如果要在代码中调用，ecCodes 为 Linux 提供了功能丰富的 C、Fortran 90 和 Python 的接口；但对于 Windows，源代码中仅提供了一个 MSVC 的项目，对于 Fortran 和 Python 则没有提供 Windows 版本支持。本实验就是为了解决这一矛盾，使得 Windows 下的 Fortran 代码可以调用 ecCodes 的 API，从而提高 Fortran 程序的开发效率。

18.2.3 Fortran 与 C 互操作

通常有一些算法已经用某种语言（如 C 语言）实现了，若想在另一种语言（比如 Fortran）中调用该算法，这时就涉及互操作。互操作对象可以是函数、数据、类乃至对象。对于函数的互操作，需要在以下几个方面达成一致：数据类型、参数传递形式（传值或传址）、参数的顺序。Fortran 与 C 语言互操作（Fortran and C interoperability）是众多互操作中的一种模式，在本实验中具体是指利用 Fortran 语言调用 C 的函数。相比其他语言间的互操作，Fortran 与 C 语言互操作的优势在于：①Fortran 实现函数、子例程和过程的方式与 C 语言大致相同；②Fortran 提供了许多标准功能来提高与 C 语言的互操作性。如果两种语言中都有相同的声明，则认为是可互操作的。

18.2.3.1 调用约定

调用约定（Calling Convention）决定了：①函数参数传送时入栈和出栈的顺序；②由调用者还是被调用者把参数弹出栈；③名称修饰（Name Decoration）规则，即编译器用来识别函数名称的修饰约定。这些在互操作中都具有重要意义。

表 18.1 给出了 MSVC 支持的各调用约定。

表 18.1　　　　　　　　　　　　MSVC 支持的调用约定

关键字	堆栈清理	参数传递
__cdecl	调用方	在堆栈上按相反顺序推送参数（从右到左）
__clrcall	n/a	按顺序将参数加载到 CLR 表达式堆栈上（从左到右）
__stdcall	被调用方	在堆栈上按相反顺序推送参数（从右到左）
__fastcall	被调用方	存储在寄存器中，然后在堆栈上推送
__thiscall	被调用方	已推送到堆栈上，this 存储在 ECX 中的指针

关键字	堆栈清理	参数传递
__vectorcall	被调用方	存储在寄存器中,然后按相反顺序在堆栈上推送(从右到左)

IVF(Intel Visual Fortran)与之对应的调用约定如表 18.2 所示。

表 18.2　　　　　　　　　　IVF 与 C/C++调用约定对应表

C/C++	IVF
__cdecl(default)	C(default)
__stdcall	STDCALL

18.2.3.2　名称修饰

名称修饰(Name Decoration)在 C++中有着广泛应用。最早的 C++编译器将 C++代码转换为 C 代码,然后使用 C 编译器编译,从而得到目标代码。对于 C++,通过函数重载,不同参数类型的多个函数可以使用同一函数名称;而在 C 语言中,不允许存在同名函数。如果这些 C++函数不做任何改变而直接转换为 C 代码,则会导致错误。通过名称修饰,可以对同名的函数进行区分。现代 C++的编译器能够直接将 C++代码转换为目标代码,系统的连接器却通常不支持 C++的符号,所以仍然需要名称修饰。

名称修饰的效果由调用约定(Calling Convention)和语言类别(C 或 C++)共同决定。假设有下列函数:

```
void CALLTYPE test(void);
```

表 18.3 给出了微软编译器 MSVC 多种调用约定的名称修饰效果。默认情况下,C++利用函数名称、参数和返回类型共同创建其函数名称。而 extern "C"将强制 C++函数使用 C 命名约定,使之可以被 C 程序调用。MSVC 的编译器开关/Tc 或/Tp 如果打开,编译器将忽略文件扩展名而分别将文件编译为 C 或 C++。

表 18.3　　　　　　　　MSVC 不同调用约定产生的名称修饰效果

调用约定	.c 或 extern "C" 或/Tc	.cpp、.cxx 或 /Tp
__cdecl	_test	? test@@ZAXXZ
__fastcall	@test@0	? test@@YIXXZ
__stdcall	_test@0	? test@@YGXXZ
__vectorcall	test@@0	? test@@YQXXZ

需要注意的是,以上只是 MSVC 的情况。由于 C++编程语言并未规定标准的名称修饰

方案,所以每一种编译器按照自己的方法实现,甚至同一编译器的不同版本间也会有所不同。因而几乎没有链接器能够链接不同的编译器产生的目标文件。

18.2.3.3 函数导出

dllexport 是微软特定的标识符,用于指示整个类、某个函数或变量从 C/C++的动态链接库(DLL)中导出,以便另一个程序或 DLL 调用。

其语法格式为:

```
__declspec(dllexport) declaratory;
```

例:

```
__declspec(dllexport) void func();
```

dllexport 将基于名称修饰(Name decoration)规则导出函数。需要注意的是,对于 C 函数,或者是加有 extern "C"修饰的 C++函数,只要使用__cdecl 调用约定,都不会进行名称修饰。不论怎样,要想调用成功,导入和导出的名称修饰规则应保持一致。

dllexport 为调用模块(如可执行程序.exe 或动态链接库.dll)定义了被调用模块(DLL)的接口。使用 dllexport 默认为是函数的定义(实现),加上 extern 则可以表示申明。一旦将某个函数或对象用 dllexport 进行了申明(如头文件中),就务必要在申明代码所在的模块,或同一个程序中的另一个模块中进行定义,否则会产生链接错误。

18.2.3.4 数据类型

Fortran 77 与 C 数据类型对照见表 18.4,Fortran 90 与 C 数据类型对照见表 18.5。

表 18.4 **Fortran 77 与 C 数据类型对照表**

Fortran 77 数据类型	C 数据类型	字节
BYTE X	char x	1
CHARACTER X	unsigned char x	1
CHARACTER * nX	unsigned char x[n]	n
COMPLEX X	struct {float r, i;} x;	8
COMPLEX * 8 X	struct {float r, i;} x;	8
DOUBLE COMPLEX X	struct {double dr, di;} x;	16
COMPLEX * 16 X	struct {double dr, di;} x;	16
COMPLEX * 32 X	struct {long double dr, di;} x;	32
DOUBLE PRECISION X	double x	8
REAL X	float x	4
REAL * 4 X	float x	4
REAL * 8 X	double x	8
REAL * 16 X	long double x	16

续表

Fortran 77 数据类型	C 数据类型	字节
INTEGER X	int x	4
INTEGER * 2 X	short x	2
INTEGER * 4 X	int x	4
INTEGER * 8 X	long long int x	8
LOGICAL X	int x	4
LOGICAL * 1 X	char x	1
LOGICAL * 2 X	short x	2
LOGICAL * 4 X	int x	4
LOGICAL * 8 X	long long int x	8

表 18.5　**Fortran90 与 C 数据类型对照表**

Fortran 90 数据类型	C 数据类型	字体
CHARACTER x	unsigned char x ;	1
CHARACTER（LEN=n）x	unsigned char x[n] ;	n
COMPLEX x	struct {float r, i;} x;	8
COMPLEX（KIND=4）x	struct {float r, i;} x;	8
COMPLEX（KIND=8）x	struct {double dr, di;} x;	16
COMPLEX（KIND=16）x	struct {long double, dr, di;} x;	32
DOUBLE COMPLEX x	struct {double dr, di;} x;	16
DOUBLE PRECISION x	double x ;	8
REAL x	float x ;	4
REAL（KIND=4）x	float x ;	4
REAL（KIND=8）x	double x ;	8
REAL（KIND=16）x	long double x ;	16
INTEGER x	int x ;	4
INTEGER（KIND=1）x	signed char x ;	1
INTEGER（KIND=2）x	short x ;	2
INTEGER（KIND=4）x	int x ;	4
INTEGER（KIND=8）x	long long int x;	8
LOGICAL x	int x ;	4
LOGICAL（KIND=1）x	signed char x ;	1
LOGICAL（KIND=2）x	short x ;	2
LOGICAL（KIND=4）x	int x ;	4
LOGICAL（KIND=8）x	long long int x;	8

18.2.3.5 字符传递

IVF 默认(使用缺省调用约定，不要用 C 或 STDCALL)将字符串的长度作为隐藏参数放于参数列表的末尾，因此在 C 代码中应将字符数组的长度作为参数放在参数列表的最后。

例如：C 中的函数声明为：

```
DllExport int grib_f_get_real4_array(int * gid, char * key, float * val, int len);
```

其中 len 是字符串 key 的长度。

在 IVF 中不需要声明字符串长度，因为编译时 IVF 会自动添加这个隐藏参数。代码如下：

```
integer function grib_f_get_real4(gid, key, val)
! DEC$ ATTRIBUTES DLLIMPORT, ALIAS: 'grib_f_get_real4' :: grib_f_get_real4
! DllExport int grib_f_get_real4(int * gid, char * key, float * val, int len);
        integer gid
        character * ( * ) key
        real * 4 val
end function
```

传递多个字符串的情形：
C 声明：

```
DllExport int grib_f_get_string(int * gid, char * key, char * val, int len, int len2);
```

Fortran 声明：

```
integer function grib_f_get_string(gid, key, val)
! DEC$ ATTRIBUTES DLLIMPORT, ALIAS: 'grib_f_get_string' :: grib_f_get_string
! DllExport int grib_f_get_string(int * gid, char * key, char * val, int len, int len2);
        integer gid
        character * ( * ) key, val
    end function
```

18.2.3.6 数组传递

1) 元素排列顺序

对于 C/C++，数组在内存中采用行优先模式，而 Fortran 数组采用列优先排列。例如，C 定义某数组：

```
int a[2][3];
```

表示 2 行 3 列的数组，数组元素(下标默认从 0 开始)在内存中排列顺序为：

| a[0][0] | a[0][1] | a[0][2] | a[1][0] | a[1][1] | a[1][2] |

Fortran 定义某数组：

INTEGER A(2, 3)

也表示 2 行 3 列的数组，数组元素(下标默认从 1 开始)在内存中排列顺序则为：

| a(1, 1) | a(2, 1) | a(1, 2) | a(2, 2) | a(1, 3) | a(2, 3) |

2) 数组参数

IVF 的数组参数要与 C 交换，只能采取固定形状(explict-shape)或假定大小(assumed-size)数组形式，且以引用方式传递数组首地址。

REAL A(2, 3, 4)！固定形状
REAL A(:,:,:)！假定形状
REAL A(-4: -2, 4: 6, 3: *)！假定大小(带星号)
REAL, ALLOCATABLE :: A(:,:,:)！延迟形状：

而由于数据文件中的数据量大小是动态的，因此在 Fortran 中实际初始定义的数组往往必须是延迟形状。为解决这个矛盾，可以在 C 中将数组的大小作为一个参数，传递给 Fortran。这里以一维数组为例，C 中的函数原型为：

DllExport int grib_f_get_real4_array(int * gid, char * key, float * val, int size, int len);

其中 val 就是要传递的数组，而 size 是数组的大小；len 是字符串 key 的长度。注意在 Fortran 中申明函数时，应该将数组定义成固定大小 val(size)。

integer function grib_f_get_real4_array(gid, key, val, size)
! DEC$ ATTRIBUTES DLLIMPORT, ALIAS: 'grib_f_get_real4_array' :: grib_f_get_real4_array
    integer(kind=kindOfInt), intent(in) :: gid
    character(len = *), intent(in) :: key
    integer(kind=kindOfInt) :: size
    real(kind = kindOfFloat), intent(out) :: val(size)
end function

这样就可以在 Fortran 中正常调用了。

18.2.3.7 注意事项

在 IVF 中，可以通过 ATTRIBUTES 编译指令来选择使用不同的调用约定，其中 C、STDCALL、REFERENCE、VALUE 和 VARYING 指令属性都对调用约定产生影响。IVF 与 MSVC 的互操作需要注意以下几点：

（1）Fortran 参数传递方式受调用约定影响。默认情况下，Fortran 以引用方式传递所有参数（隐含长度的字符串参数除外）；C 或 STDCALL 约定状态下，数组参数为引用传递，单个参数为值传递。此外，还可以再单独对参数规定 VALUE（值）或 REFERENCE（引用）属性。在混合编程中，应通过 VALUE 和 REFERENCE 属性明确规定参数的传递方式，而不是依赖于调用约定。例如，在 Fortran 代码中导入 test 函数：

```
integer function test(a, b, c, d)
! DEC$ ATTRIBUTES DLLIMPORT, C, ALIAS:'test':: test
! DEC$ ATTRIBUTES REFERENCE:: a, b
! DEC$ ATTRIBUTES value:: c, d
```

C/C++ 参数传递方式不受调用约定影响。数组参数为引用传递；单个参数为值传递。单个参数可转换为引用方式传递，C 中可选指针参数，C++ 中可选指针参数或引用参数。

（2）Fortran 的目标程序名默认是不区分大小写的，而 C/C++ 区分大小写。不过 IVF 提供了 ALIAS 属性，可用来消除这种命名差异。协调 Fortran 与 C/C++ 的例程命名分全部大写、全部小写和大小写混合三种情况：

①全部大写。C/C++ 采用_stdcall 约定，并用大写命名外部函数；Fortran 采用缺省约定。

②全部小写。C/C++ 采用_cdecl 或_stdcall 约定，并用小写命名外部函数；Fortran 与 C/C++ 对应地采用 C 约定或 STDCALL 约定。

③大小写混合。C/C++ 的外部函数名是大小写混合形式；在 Fortran 中采用 ALIAS 属性来限定产生的目标例程名。

18.3 实验工具

本实验使用 Visual Studio 2010 和 Intel Visual Fortran 2013 作为开发工具。

18.4 实验步骤

总体思路如图 18.4 所示：由 grib_api_lib 项目生成静态库（.lib），供 grib_fortran 项目调用，生成的 grib_fortran.dll 提供面向 Fortran 的接口；Fortran 主程序依次通过 interface 和 module 实现对 grib_fortran.dll 的调用。

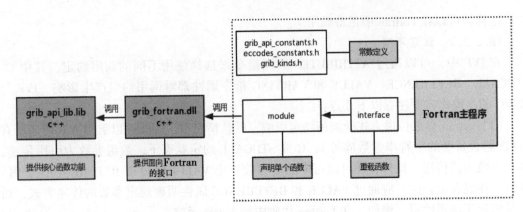

图 18.4　实验总体流程

18.4.1　准备工作

从 https：//confluence.ecmwf.int/display/ECC/Releases 下载 ecCodes 的软件包 eccodes-x.x.x-Source.tar.gz，其中 x.x.x 为版本号，本实验以 2.4.1 版本为例来解压。

1）添加系统环境变量

在系统环境变量中添加：ECCODES_DEFINITION_PATH 值为 definitions 目录的绝对路径，如 D：\ code \ grib \ eccodes-2.4.1-Source \ definitions

2）创建 grib_kinds.h 文件

新建一个名为 grib_kinds.h 的文件，输入以下代码：

```
integer, public, parameter :: kindOfInt = 4
integer, public, parameter :: kindOfLong = 4
integer, public, parameter :: kindOfSize_t = 8
integer, public, parameter :: kindOfSize = 8
integer, public, parameter :: kindOfDouble = 8
integer, public, parameter :: kindOfFloat = 4
integer, public, parameter :: sizeOfInteger = 4
integer, public, parameter :: sizeOfInteger2 = 2
integer, public, parameter :: sizeOfInteger4 = 4
integer, public, parameter :: sizeOfReal4 = 4
integer, public, parameter :: sizeOfReal8 = 8
```

其含义为给出当前运行环境下各数据类型的字节长度，可通过 C/C++ 中的 sizeof 函数获得。

3）生成 grib_f90.f90 和 eccodes_f90.f90

可创建一个 C++ 控制台程序，以判断当前系统的 int 和 long 两种类型的字节数是否相等，代码如下：

```
#include "stdafx.h"
int _tmain(int argc, _TCHAR* argv[])
{
    printf("sizeof int=%d, size of long=%d", sizeof(int), sizeof(long));
    getchar();
    return 0;
}
```

若是，则用 fortran 目录下的 grib_kinds.h、grib_f90_head.f90、grib_f90_tail.f90、grib_f90_int.f90、grib_f90_int_size_t.f90 合成文件 grib_f90.f90；用 fortran/文件夹下的 grib_kinds.h、eccodes_f90_head.f90、eccodes_f90_tail.f90、eccodes_f90_int_size_t.f90、eccodes_f90_int.f90 合成文件 eccodes_f90.f90。若否，则将上述源文件名中的 int 用 long 代替，如表 18.6 所示。

表 18.6   **grib_f90.f90 和 eccodes_f90.f90 生成方法**

int 和 long 字节数相等	源文件名	合成文件名
是	grib_kinds.h、grib_f90_head.f90、grib_f90_tail.f90、grib_f90_int.f90、grib_f90_int_size_t.f90	grib_f90.f90
是	grib_kinds.h、eccodes_f90_head.f90、eccodes_f90_tail.f90、eccodes_f90_int_size_t.f90、eccodes_f90_int.f90	eccodes_f90.f90
否	grib_kinds.h、grib_f90_head.f90、grib_f90_tail.f90、grib_f90_long.f90、grib_f90_long_size_t.f90	grib_f90.f90
否	grib_kinds.h、eccodes_f90_head.f90、eccodes_f90_tail.f90、eccodes_f90_long_size_t.f90、eccodes_f90_long.f90	eccodes_f90.f90

经测试：win8/win10 64 位，int 和 long 的长度均为 4byte。

grib_f90.f90 和 eccodes_f90.f90 文件中包含了大量 grib_API 和 ecCodes API 的 Fortran90 接口，后者是前者的升级版，但二者的函数名称、用法几乎一致，主要区别在于前缀不同，分别为"grib_"和"codes_"。虽然在 IVF 中无法使用，但其接口代码大多可直接复制，可为 IVF 项目节省大量的代码编写时间。本实验以 grib_API 为例进行说明。

18.4.2 修改 C 静态库项目属性

找到目录\windows\msvc，里面的 grib_api.sln 是 MSVC 解决方案，可以直接用

Visual Studio 打开。其中包含了多个项目，找到 grib_api_lib 项目，如图 18.5 所示此为静态库，包含了大量的.c 文件，该项目生成的.lib 文件中封装了 ecCodes 的各种 API 函数，可供调用。

图 18.5　解决方案项目视图

选中项目名称，单击鼠标右键→"属性"→"常规"→"输出目录"：

..\ $(Platform)\ $(Configuration)\

其中，$(PlatformName)表示当前平台名称（如"Win32"或"X64"），$(ConfigurationName)表示当前配置(如"Debug"或"Release"）。具体的宏的含义，可以通过点击"Edit"选项，便可以在弹出的窗口中查看。

点击"属性"→"常规"→"中间目录"：

$(ProjectDir)\ $(OutDir)

18.4.3　新建 C 类库项目

在解决方案中添加一个 VC++类库项目，命名为 grib_fortran，用于生成面向 Fortran 的 DLL。

18.4.3.1　项目属性设置

选中项目名称，单击鼠标右键选择"属性"→左上角"配置"选为"所有配置"；

平台根据需要设定为 x64 或 win32；

属性→常规→平台工具集：v100（对应 VS2010）；

公共语言运行时支持：无公共语言运行时支持；

单击鼠标右键→"属性"→"常规"→"输出目录"：..\ $(Platform)\ $(Configuration)\（使本项目和 grib_fortran 生成的程序位于同一位置，如\ windows\ msvc\ x64\ debug，便于调试）。

选择"属性"→c/c++→"常规"→附加包含目录,填入:..\..\..\src(注意:这里使用了相对路径,在 VC 项目属性配置附加包含目录,附加库目录则是相对*.dsp、*.vcproj 文件所在目录而言的。)

选择"属性"→"c/c++"→公共语言运行时支持:无公共语言运行时支持。

选择"属性"→"c/c++"→预编译头:不使用预编译头。

选择"属性"→"c/c++"→"高级"→"调用约定":_cdecl(/Gd);编译为:编译为 C 代码(/TC)。

选择"属性"→"链接器"→附加库目录,添加 grib_api_lib 的输出路径。

选择"属性"→"链接器"→"输入"→附加库依赖项,添加 grib_api_lib.lib。

单击鼠标右键→项目依赖项,勾选 grib_api_lib。

选择"属性"→"c/c++"→"预处理器"→"预处理器定义",添加:ECCODES_ON_WINDOWS 和 HAVE_STRING_H。

18.4.3.2 源文件添加

将 eccodes-2.4.1-Source\fortran 下的 grib_api_internal.h、grib_fortran.c、grib_fortran_prototypes.h 加入项目中。

18.4.3.3 代码改造

打开 grib_fortran_prototypes.h 文件,添加宏定义:

```
#define DllExport    __declspec( dllexport )
```

同时,将 DllExport 置于需要导出的函数名之前,如图 18.6 所示:

```
DllExport int grib_f_new_from_file( int *fid, int *gid );
```

注意:个别函数的声明在 grib_fortran.c 中。

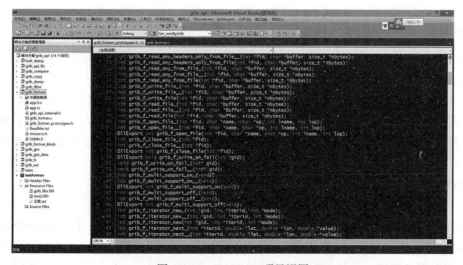

图 18.6 grib_fortran 项目视图

具体要导出哪些,可以在后续的调用程序中看需要哪些再添加。

18.4.3.4 编译

编译过程中,会提示有两处 grib_api_lib 中的函数找不到定义。首先找到 src \ grib_accessor_class_bufr_extract_datetime_subsets. c 中的 round 函数,将

long rounded_second =(long)round(second[i]);

改为:

double sec = second[i];
　　　double Temp = sec >=0 ?(sec+0.5):(sec-0.5);
　　　long rounded_second =(long)Temp;

再找到 \ src \ grib_optimize_decimal_factor. c 中的 log2 函数,将

*ke = floor (log2((pa * grib_power(kdec,10))/(grib_power(knbit,2)
-0.5)))+1;

修改为:

*ke = floor (log((pa * grib_power(kdec,10))/(grib_power(knbit,2)-
0.5))/log(2.0))+1;

编译成功后,可通过命令行查看 dll 中导出的函数名称:

dumpbin /exports grib_fortran. dll

18.4.4 新建 fortran 项目

本项目用于调用上一步生成的 grib_fortran. dll 读取 grib 文件。

18.4.4.1 项目属性设置

在解决方案中添加一个 Fortran 项目,如 testFortran,选中项目名称,单击鼠标右键,选择"属性"→"fortran"→"General"→"Optimization",选择 Disable(/Od)(注意:此优化 Debug 默认关闭,而 Release 默认打开。若不关闭,则程序调试过程中无法查看变量的值)。

选择"属性"→"fortran"→"Additional include directories",填入:..\..\..\ fortran。

选择"属性"→"Linker"→"General"→"Output File",填入:..\ $(PlatformName)\ $(ConfigurationName)\ $(ProjectName). exe(这样,grib_api_lib、grib_fortran、testFortran 生成的程序将全部位于与各项目文件夹同级的目录中,如 \ windows \ msvc \ x64 \ debug,

便于调试)。

选择"属性"→"Linker"→"Additional Library Directories",填入 grib_fortran 的输出路径:..\ $(PlatformName)\ $(ConfigurationName)(等价于 MSVC 中的..\ $(Platform)\ $(Configuration),注意 IVF 中宏名称与 MSVC 中不同)。

选择"属性"→"Linker"→"Input"→"Additional Dependecies",填入 grib_fortran.lib。(根据 IVF 的说明,如果 Fortran 项目有一个依赖项目是 C/C++ DLL 项目,则应在 Linker > Additional Dependencies 属性中明确地给出这个项目输出的库文件(.lib)的路径,或者将.lib 文件作为源文件添加到项目中)

18.4.4.2 源文件添加

将..\..\..\fortran\下的 grib_api_constants.h、eccodes_constants.h、grib_kinds.h(此文件在准备工作时已建好)文件添加到项目中,如图 18.7 所示。

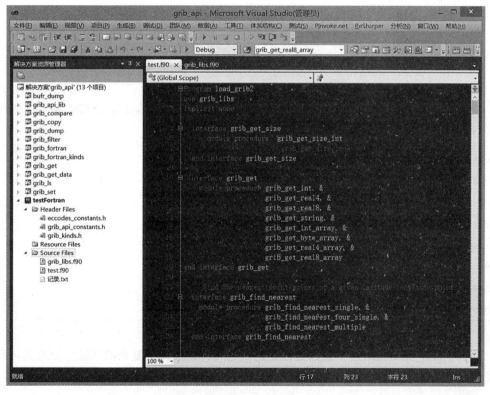

图 18.7 grib_fortran 项目视图

新建一个 Fortran 源文件 grib_libs.f90,编写相应的 grib 函数,功能主要是通过调用 grib_fortran 中的函数来实现,调用前应进行申明。实际可以利用前述生成的 grib_f90.f90 文件(详细方法见"准备工作"),从中复制需要的函数接口即可。例如想编写 grib_open_file 函数(为什么要用这个函数,这是由 grib_api 读取方法决定的,后文会讲到),可以发现在 grib_fortran 项目中并没有这个函数的声明。因此,尝试在 grib_f90.f90 中搜索该函数名，发现如下定义：

```fortran
subroutine grib_open_file ( ifile, filename, mode, status )
      integer(kind=kindOfInt), intent(out)            :: ifile
      character(len=*), intent(in)                    :: filename
      character(LEN=*), intent(in)                    :: mode
      integer(kind=kindOfInt), optional, intent(out)  :: status
      integer(kind=kindOfInt)                         :: iret

      iret=grib_f_open_file(ifile, filename, mode)
      if (present(status)) then
         status = iret
      else
         call grib_check(iret, 'open_file', '('//filename//')')
      endif
end subroutine grib_open_file
```

直接将这些代码复制到 grib_libs.f90 中 contains 和 end module 之间（下述代码中的"xxx"部分）：

```fortran
module grib_libs
implicit none
include "grib_kinds.h"
include "eccodes_constants.h"
include "grib_api_constants.h"
contains
   xxx
end module
```

那么，grib_open_file 这个函数为什么这么短几行就实现了复杂的功能？原来其内部调用了 grib_f_open_file 和 grib_check 函数，进一步深挖，grib_check 调用了 grib_f_check：

```fortran
subroutine grib_check ( status, caller, string )
     integer(kind=kindOfInt), intent(in)  :: status
     character(len=*),        intent(in)  :: caller
     character(len=*),        intent(in)  :: string
     call grib_f_check( status, caller, string )
end subroutine grib_check
```

然而，在 grib_f90.f90 中找不到函数 grib_f_open_file 和 grib_f_check 的定义，故其定义必然在 C 函数中。切换到 grib_fortran 项目，从 grib_fortran_prototypes.h 果然找到了 grib_f_open_file 和 grib_f_check 的定义，在其函数前添加 DLLExport 标识，以便将这两个函数导出：

```
DllExport int grib_f_open_file( int * fid, char * name, char * op, int lname, int lop);
……
DllExport void grib_f_check( int * err, char * call, char * key, int lencall, int lenkey);
```

并在 grib_libs.f90 中添加对应的导入代码：

```
integer function grib_f_open_file(fid, name, op)
! DEC $ ATTRIBUTES DLLIMPORT, ALIAS: 'grib_f_open_file' :: grib_f_open_file
! 对应: int * fid, char * name, char * op,   int lname, int lop
! 字符串的长度不需要作为参数传递, IVF 会自动添加
    integer fid
    character * ( * ) name, op
end function grib_f_open_file

subroutine grib_f_check(err, cstr, key)
! DEC $ ATTRIBUTES DLLIMPORT, ALIAS: 'grib_f_check' :: grib_f_check
    integer err
    character * ( * ) cstr, key
end subroutine
```

注意：grib_f90.f90 中部分函数的参数属性说明部分并不能直接复制到 IVF 中使用，需要稍作修改，主要是涉及数组的函数，例如：grib_get_real8_array、grib_get_real4_array、grib_get_byte_array、grib_get_data_real8、grib_get_data_real4、grib_find_nearest_multiple 等。

由于这些 Fortran 函数定义中将数组申明为假定形状(dimension(:))，在 Fortran 内部传递是没有问题，但实践中发现 IVF 与 MSVC 间只能传递固定大小或假定大小的数组，如果函数是从 C 函数导出的，那么就不能采用这种数组声明方式。因为 C 函数的参数列表中实际上是有数组大小的，因此将数组直接申明为固定大小即可，但注意声明顺序，即应先声明数组大小，再申明数组。例如，grib_f90.f90 中 grib_get_data_real8 为：

```
subroutine grib_get_data_real8 ( gribid, lats, lons, values, status )
    integer(kind=kindOfInt),                          intent(in)  :: gribid
    real ( kind = kindOfDouble ), dimension(:), intent(out) :: lats, lons
    real ( kind = kindOfDouble ), dimension(:), intent(out) :: values
    integer(kind=kindOfInt), optional, intent(out)           :: status
```

```
            integer( kind = kindOfInt )                          :: iret
            integer( kind = kindOfSize_t )                       :: npoints

            npoints = size( lats )
            iret = grib_f_get_data_real8 ( gribid, lats, lons, values, npoints )
            if ( iret /= 0 ) then
               call grib_f_write_on_fail( gribid )
            endif
            if ( present( status ) ) then
               status = iret
            else
               call grib_check( iret, 'grib_get_data', '' )
            endif

        end subroutine grib_get_data_real8
```

其中，lats，lons 和 values 均声明为 dimension(:) 数组。而 grib_f_get_data_real8 来自 C 函数，故在我们自己编写的 grib_libs.f90 中，不得将 grib_f_get_data_real8 的参数表中 lats，lons 和 values 声明为 dimension(:) 数组，而应声明为固定大小数组，且应放置于 npoints 的属性说明之后（参数表中顺序不变）：

```
integer function grib_f_get_data_real8 ( gribid, lats, lons, values, npoints )
! DEC $ ATTRIBUTES DLLIMPORT, ALIAS: 'grib_f_get_data_real8' :: grib_f_get_data
_real8
integer( kind = kindOfInt ),    intent( in ) :: gribid
integer( kind = kindOfSize_t )  :: npoints
real ( kind = kindOfDouble ),   intent ( out ) :: lats ( npoints ), lons ( npoints ), values
( npoints )
end function
```

添加主程序（如 test.f90），通过 use grib_libs 引用上述模块，即可以调用其中声明的函数，例如：

```
Program load_grib2
use grib_libs  ! 与 grib_libs.f90 中的 module 对应
implicit none
integer i, fid
character fname * 20, fop
```

```
fname = 'test.grib2'
fop = 'r'
i = grib_open_file(fid, fname, fop)
end
end program
```

如果要调用重载函数，还应在主程序中定义 interface，如 grib_get 函数：

```
interface grib_get
    module procedure grib_get_int, &
                     grib_get_real4, &
                     grib_get_real8, &
                     grib_get_string, &
                     grib_get_int_array, &
                     grib_get_byte_array, &
                     grib_get_real4_array, &
                     grib_get_real8_array
end interface grib_get
```

注意：应保证最新生成的 grib_fortran.dll 与当前生成的 exe 在同一目录，以便 debug 模式下能进入 dll 源代码中进行单步调试。

上述步骤简单归纳一下，就是对 C++DLL 项目（grib_fortran 项目）中要导出的函数添加 DllExport 标识（在 grib_fortran_prototypes.h 文件中操作），并从 Fortran 项目中调用前述 C++ DLL 中输出的函数。grib_f90.f90 的作用在于，可以减少我们编写 Fortran 函数的工作量。

18.4.5 读取 grib 文件

grib_api 读取文件的流程如图 18.8 所示。

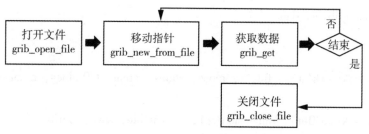

图 18.8　grib 文件读取流程

调用的主要函数为：
(1) grib_open_file，打开指定的 grib 文件；
(2) grib_new_from_file，每执行一次，就向前读取一个消息块；
(3) grib_get，用于获取消息块中的数据；
(4) grib_close_file，关闭当前 grib 文件。
示例代码如下：

```
Program load_grib2
use grib_libs
implicit none

interface grib_get_size
      module procedure    grib_get_size_int
!                         grib_get_size_long
   end interface grib_get_size

interface grib_get
     module procedure grib_get_int, &
                      grib_get_real4, &
                      grib_get_real8, &
                      grib_get_string, &
                      grib_get_int_array, &
                      grib_get_byte_array, &
                      grib_get_real4_array, &
                      grib_get_real8_array
   end interface grib_get

   ! > Get latitude/longitude and data values.
   interface grib_get_data
     module procedure grib_get_data_real4, &
                      grib_get_data_real8
     end interface grib_get_data


integer(kind = kindOfInt) :: fid, i, nmsg, status, numberOfValues, numberOfPoints, i_level, i_time
integer(kind = kindOfInt), dimension(:), allocatable, save :: igrib
character fop
```

```fortran
character  100 fname, name
character(:), allocatable :: msg
real(kind=8) date
real(kind=8), dimension(:), allocatable  :: values, lats, lons

fname = '..\gribs\test2.grib'
fop = 'r'
call grib_open_file(fid, fname, fop, status)
call grib_multi_support_on()
call grib_count_in_file(fid, nmsg)
allocate(igrib(nmsg))

Do i=1, nmsg
    call grib_new_from_file(fid, igrib(i), status)
    call grib_get(igrib(i), 'dataDate', date)     ! 日期
    call grib_get(igrib(i), 'dataTime', i_time)   ! 时分
    call grib_get(igrib(i), 'level', i_level)     ! 层序号
    call grib_get(igrib(i), 'shortName', name)    ! 数据代号
    call grib_get_size(igrib(i), 'values', numberOfValues)   ! 格网点数
    if(i==1) then
        call grib_get(igrib(1), 'numberOfPoints', numberOfPoints)   ! 格网点数
        allocate(lats(numberOfPoints))
        allocate(lons(numberOfPoints))
        allocate(values(numberOfPoints))
    endif
    call grib_get_data(igrib(i), lats, lons, values, status)
    write(*, 102) int(date), int(i_time*0.01), i_level, trim(name), numberOfValues, char(10)
    msg = ''
end do
102 format('time: ', I8, ' ', I2, ': 00, level=', I3, ', shortName=', A, ', n=', I6, A)

call grib_close_file(fid)
deallocate(lats)
deallocate(lons)
deallocate(values)
```

end Program load_grib2

程序的运行效果如图18.9所示。

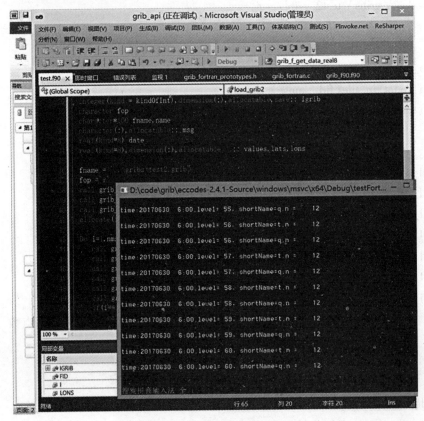

图18.9 grib文件读取结果

18.5 思考题

(1)互操作有什么好处？
(2)调用约定会影响到互操作的哪些方面？

18.6 推荐资源

(1)ERA5基本知识：https://confluence.ecmwf.int/display/CKB/Copernicus+Knowledge+Base；

(2) ecCodes 下载地址：https：//confluence. ecmwf. int//display/ECC/Releases；

(3) ecCodesGRIB examples：https：//confluence. ecmwf. int/display/ECC/GRIB+examples；

(4) 调用约定：https：//docs. microsoft. com/zh-cn/cpp/cpp/calling-conventions？view=msvc-160；

(5) 本实验相关数据及代码：

链接：https：//pan. baidu. com/s/1tqELotCwVnY_ckUQVDiG2A

提取码：dqb4。

18.7 参考文献与资料

(1) Colin Robertson，等. dllexport、dllimport [OL] (2016/11/04). https：//docs. microsoft. com/en-us/cpp/error-messages/tool-errors/name-decoration？redirectedfrom=MSDN&view=msvc-160.

(2) Intel Fortran Compiler Developer Guide and Reference [OL] (2021/06/28). https：//software. intel. com/content/www/us/en/develop/documentation/fortran-compiler-oneapi-dev-guide-and-reference/top/compiler-reference/mixed-language-programming/standard-fortran-and-c-interoperability. html#standard-fortran-and-c-interoperability.

(3) 周振红，徐进军，毕苏萍，等. Intel Visual Fortran 应用程序开发[M]. 郑州：黄河水利出版社，2006.

（章迪）

第 19 章 位置监控微信小程序开发实验

19.1 实验目的

掌握微信小程序开发的方法和流程。

19.2 实验原理

19.2.1 微信小程序及其特点

2016 年 1 月 11 日,微信之父张小龙在公开活动中指出微信内部正在研究新的形态——微信小程序。9 月 21 日,微信小程序正式开启内测阶段,其触手可及、用完即走的特点引起了广泛关注。2017 年 1 月,微信小程序正式上线。此后,微信小程序功能不断升级更新,主要包括:可自定义的内容增加,为开发者提供更多的自由;支持小程序与公众号、小程序与小程序之间的关联与跳转,使得商家与用户的联系更为紧密;开放微信小程序云开发,帮助开发者快速构建小程序的后端服务,等等。

微信小程序依附于微信这个超级社交软件,继承了其庞大的用户群体及卓越的跨平台性能。在此基础上,它拥有着和 Native App 几乎一样的功能和形式,在保持流畅的使用体验的前提下,还不会占用太多的手机内存。

微信小程序具有如下特点:

1) 跨平台的应用

现今广泛普及的智能手机存在一定的系统差异(常见的 iOS 系统、安卓系统、windows phone),导致很多软件不能跨平台使用,给使用者造成了诸多不便。而微信小程序可以完美地跨平台进行信息交互,系统差异不再是智能手机应用程序开发的负担。

2) 丰富的组件和 API

微信小程序拥有包含视图容器、表单、导航、媒体、画布等多个种类在内的丰富组件及覆盖路由、转发、网络、支付、数据缓存等多种功能的上百个 API,为开发者提供在微信中开发具有原生 App 体验的服务。

19.2.2 微信小程序开发基础

微信小程序开发包含 .json、.wxml、.wxss 以及 .js 四种文件,分别进行小程序的配置、模板编写、样式定义及逻辑交互。其中,.wxml、.wxss 及 .js 使用语言分别与 HTML、

CSS、JavaScript 类似。

19.2.2.1 JSON 配置

JSON 是一种数据格式，在小程序中扮演着静态配置的角色。小程序的项目根目录下存在 app.json、project.config.json 及 sitemap.json 三个 .json 文件。此外，在小程序 pages 文件夹下新建的每一个 page 都会再包含一个 .json 文件。

1）小程序配置 app.json

app.json 是当前小程序的全局配置，包括小程序的所有页面路径、界面表现、网络超时时间、底部 tab 等。一个简单的 app.json 文件示例如下：

```
{
  "pages":[
    "pages/index/index",
    "pages/logs/logs"
  ],
  "window":{
    "backgroundTextStyle":"light",
    "navigationBarBackgroundColor": "#fff",
    "navigationBarTitleText": "Weixin",
    "navigationBarTextStyle":"black"
  }
}
```

其中，pages 字段用于描述当前小程序所有页面路径，微信小程序开发者工具的模拟器默认显示第一个路径中的页面，切换路径顺序可在其中查看不同页面显示效果（注意：pages/index/index 为小程序默认入口路径，提交审核/发布小程序时需确保其存在）。window 字段定义小程序全局的默认窗口表现，如状态栏、导航条、标题、窗口背景色等。

更多配置信息请参考链接：https://developers.weixin.qq.com/miniprogram/dev/reference/configuration/app.html。

2）工具配置 project.config.json

微信小程序开发者工具在每个项目的根目录都会生成一个 project.config.json 文件，用户针对各自喜好在工具上做的任何配置都会写入这个文件，如界面颜色、编译配置等。当用户重新安装工具或者更换电脑工作时，只需要载入同一个项目的代码包，开发者工具就会自动恢复到开发此项目时的个性化配置，避免用户对此反复操作。

更多配置信息请参考链接：https://developers.weixin.qq.com/miniprogram/dev/devtools/projectconfig.html。

3）sitemap.json 配置

微信现已开放小程序内搜索，开发者可以通过 sitemap.json 配置，或者管理后台页面收录开关来配置其小程序页面是否允许微信索引。当开发者允许微信索引时，微信会通过爬虫的形式，为小程序的页面内容建立索引。当用户的搜索词条触发该索引时，小程序的页面将可能展示在搜索结果中。爬虫访问小程序内页面时，会携带特定的 user-agent：mpcrawler 及场景值：1129。需要注意的是，若小程序爬虫发现的页面数据和真实用户呈现的不一致，那么该页面将不会进入索引中。

具体配置说明如下：

● 页面收录设置：可对整个小程序的索引进行关闭，进入小程序管理后台→选择"功能"→"页面内容接入"→"页面收录开关"；

● sitemap 配置：可对特定页面的索引进行关闭，如以下代码配置 path/to/page 页面不被索引，其余页面允许被索引。

```
{
  "rules": [{
    "action": "disallow",
    "page": "path/to/page"
  }]
}
```

更多配置信息请参考链接：https://developers.weixin.qq.com/miniprogram/dev/framework/sitemap.html#sitemap-%E9%85%8D%E7%BD%AE。

4) JSON 语法

JSON 文件中的内容都是被包裹在一个大括号中，通过 key-value 的方式来表达数据。JSON 的 Key 必须包裹在一个双引号中，值只能是以下几种数据格式，其他任何格式都会触发报错：

(1) 数字：包含浮点数和整数；

(2) 字符串：需要包裹在双引号中；

(3) Bool 值：true 或者 false；

(4) 数组：需要包裹在方括号中；

(5) 对象：需要包裹在大括号中；

(6) Null。

注意：JSON 文件中无法使用注释，试图添加注释将会引发报错。

19.2.2.2 WXML 模板

WXML(WeiXin Markup Language)是框架设计的一套标签语言，结合基础组件、事件系统，可以构建出页面的结构。其较常使用的有数据绑定、列表渲染和条件渲染功能。

1) 数据绑定

WXML 数据绑定功能用于 .wxml 及 .js 文件间传值，例如：

```
<!--wxml-->
<view>{{message}}</view>

// page.js
Page({
  data: {
    message: 'Hello MINA!'
  }
})
```

2）列表渲染 wx：for

WXML 列表渲染功能用于显示数组/样式基本一致的模块，例如：

```
<!--wxml-->
<view wx:for="{{array}}">{{item}}</view>
// page.js
Page({
  data: {
    array: [1, 2, 3, 4, 5]
  }
})
```

3）条件渲染 wx：if

WXML 条件渲染功能用于依据不同条件显示不同数据/模块，例如：

```
<!--wxml-->
<view wx:if="{{view == 'WEBVIEW'}}"> WEBVIEW </view>
<view wx:elif="{{view == 'APP'}}"> APP </view>
<view wx:else="{{view == 'MINA'}}"> MINA </view>
// page.js
Page({
  data: {
    view: 'MINA'
  }
})
```

WXML 标签使用方法与 HTML 基本一致，此处不再赘述，更多标签及其功能请参考链接：https://developers.weixin.qq.com/miniprogram/dev/component/。

更多 WXML 语法相关内容请参考链接：https：//developers.weixin.qq.com/miniprogram/dev/reference/wxml/。

19.2.2.3 WXSS 样式

WXSS（WeiXin Style Sheets）是一套样式语言，用于描述 WXML 的组件样式，决定 WXML 的组件应该怎样显示。为了适应广大的前端开发者，WXSS 具有 CSS 大部分特性。同时为了更适合开发微信小程序，WXSS 在尺寸单位及样式导入上对 CSS 进行了扩充以及修改，详情请参考链接：https：//developers.weixin.qq.com/miniprogram/dev/framework/view/wxss.html。

19.2.2.4 JS 逻辑交互

在微信小程序中，开发者可通过编写 JS 脚本文件来处理用户操作、响应各类事件，例如：

```
<!--wxml-->
<view>{{ msg }}</view>
<button bindtap="clickMe">点击我</button>
// page.js
Page({
  clickMe: function() {
    this.setData({ msg: "Hello World" })
  }
})
```

以上代码实现功能：点击"button"按钮时，将界面上 msg 显示成 "Hello World"。开发者需在 button 上声明一个属性 bindtap 绑定点击事件，并在 JS 文件中声明 clickMe 方法响应该点击操作。

19.3 实验工具

微信官方提供了针对微信小程序开发的微信开发者工具，它集中了开发、调试、预览、上传等功能，使得小程序的开发简单而又高效。下载链接：https：//developers.weixin.qq.com/miniprogram/dev/devtools/download.html。

微信开发者工具主要有三大功能区：模拟器、调试器及操作区。其中，模拟器可模拟微信小程序在客户端的真实表现；调试器可查看页面数据及错误等；而操作区可编辑页面代码，进行页面预览及代码上传等，具体页面如图 19.1 所示。

19.4 实验步骤

本实验将开发一个基于腾讯地图显示用户位置并记录其经纬度坐标变化的简单微信小

第 19 章 位置监控微信小程序开发实验

图 19.1 微信小程序开发者工具页面

程序，其整体开发流程及页面间的跳转逻辑大致如图 19.2 所示。

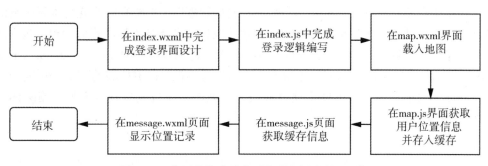

图 19.2 位置监控小程序开发流程图及页面逻辑

在此小程序中，用户在登录页面输入账号密码，若账号密码均正确则跳转至地图页面，否则弹出对应的提示框。在地图页面，用户可查看自身的实时位置，点击地图上对应的位置记录控件，可显示用户自使用小程序开始的位置坐标变化情况，其效果如 19.3 所示。

19.4.1 小程序注册及基本设置

在微信公众平台官网首页(mp.weixin.qq.com)点击右上角的"立即注册"按钮，选择"小程序"，根据提示完成各类信息填写。其中，个人/小型开发团队自主开发类小程序主体一般选择"个人"，其权限内可使用的组件标签及 API 基本可以满足所有的功能需求。

图 19.3　小程序效果

19.4.1.1　设置成员信息

小程序账号注册完成后，可在"管理"→"成员管理"中设置项目成员及体验成员的相关信息。项目成员表示参与小程序开发、运营的成员，可登录小程序管理后台，包括运营者、开发者及数据分析者。其各自权限可参考链接内容：https://kf.qq.com/faq/170302zeQryI170302beuEVn.html。体验成员表示参与小程序内测体验的成员，可使用未审核发布的体验版小程序，但不属于项目成员。管理员及项目成员均可添加、删除体验成员，如图 19.4 所示。

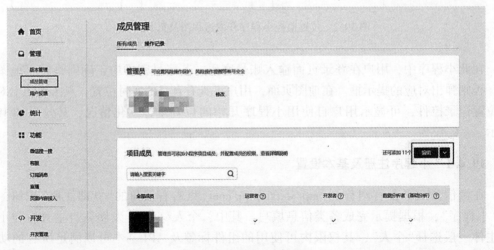

图 19.4　设置成员信息

19.4.1.2 获取 AppID

进入"开发"→"开发管理"→"开发设置"可查看小程序 ID(AppID),如图 19.5 所示,AppID 相当于小程序在其平台的"身份证",在创建小程序项目等多种情况下均需使用。

图 19.5 获取 AppID

19.4.2 创建小程序

启动微信小程序开发者工具,点击"+"号新建一个小程序。选择代码存储的目录(需为空),填入注册小程序时获得的 AppID,勾选"不使用云服务",点击"确定",即可创建一个小程序项目,如图 19.6 所示。

图 19.6 小程序创建

新建的小程序项目中默认包含 index 及 logs 页,可实现微信用户信息调用及显示功能,建议初学者手动删除相关代码,从空白项目开始。

19.4.3 登录页面开发

登录页面包含图片、输入框和按钮。

19.4.3.1 图片插入

首先,在 pages 中新建一个文件夹,用来存放小程序中使用的图片,单击鼠标右键选择该文件夹,选择"在资源管理器中显示",可找到该文件夹在电脑硬盘中的路径,将需使用的图片复制到该路径下。需要注意的是,使用此方法时,图片被包含在代码包中,影响代码包的大小。

微信官方对小程序代码包的大小作了一定的限制(2MB),若代码包过大,会增加用户第一次打开小程序或小程序版本更新后打开小程序的耗时[1]。故小程序中使用的图片尽量压缩至 10KB(图标类)或 40KB(用于展示的图片类)以内。需要展示多张高清图片可选用以下内容中的网络路径方法。

微信小程序中插入图片使用 image 组件,其基本使用方法为:

```
<!--wxm-->
<image src=" "></image>
```

其中,src 填入图片所在路径,一般使用相对路径,例如:当前页面路径为 xxx/pages/index,而图片文件夹创建在 pages 目录下,故使用".."返回上一级目录,最终相对路径为:../images/xxx.png。图 19.7 所示为插入一张蝴蝶图片后模拟器的显示情况。src 亦可使用网络路径,此时开发者需注意处理由于网络原因图片加载失败的情况(如使用图片属性之一 binderror 事件)。

图 19.7 插入图片示例

---

[1] 沈顺天. 微信小程序项目开发实战[M]. 北京:机械工业出版社,2020.

开发者还可通过修改图片 mode、webp、lazy-load 等各种属性值来改变图片加载/显示的模式，或为图片绑定一定事件，各属性及其合法值或图片有关事件详见微信开发文档。

19.4.3.2 输入框设置

输入框使用 input 组件，其基本使用方法为：

```
<!--wxml-->
<input />
```

输入框默认为白色，若背景同色，则难以发现其存在，可通过微信小程序右下角调试器中的 WXML 页，确认其范围，如图 19.8 所示。

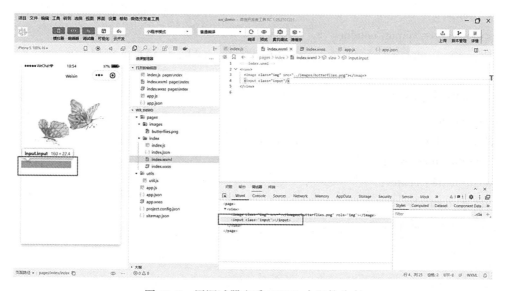

图 19.8　用调试器查看 WXML 中组件分布

为将输入框与背景区分开，可使用 class 属性为其添加样式，具体样式定义在 .wxss 文件中，其代码如下：

```
<!--wxml-->
<input class="input"/>
/**index.wxss**/
.input{
  height: 30rpx;
  width: 50%;
  background-color: lightcyan;
}
```

height 及 width 表示该样式的长和宽，均可用 rpx 或百分比表示。background-color 为背景颜色，可选择开发者工具中提供的带有英文名的颜色，或使用#开头的十六进制数据表示，如#ffffff 表示白色。更多样式相关内容请自行学习，后续 .wxss 文件内容不再详细说明。

为使输入框更具指向性，可使用其 placeholder 属性，添加输入框为空时的占位符，或在输入框前添加文字说明。密码类型的输入框可将其 password 属性设为 true，则输入密码时使用黑色圆点占位。一个基本的登录界面输入框相关代码如下：

```
<!--wxml-->
<view class="inputContainer">
账号：<input class="input" placeholder="请输入账号"/>
  </view>
  <view class="inputContainer">
密码：<input class="input" password="true" placeholder="请输入密码"/>
  </view>
/**index.wxss**/
.inputContainer{
  display: flex;
  flex-direction: row;
  align-items: center;
  justify-content: center;
  margin-top: 20rpx;
}
.input{
  height: 30rpx;
  width: 50%;
  background-color: lightcyan;
}
```

其效果如图 19.9 所示。

19.4.3.3 按钮设置及点击事件

按钮使用 button 组件，其基本使用方法为：

```
<!--wxml-->
<button>xxx</button>
```

xxx 为按钮上的文字，可使用 type 属性设置按钮的颜色，例如：其值为 primary 时，按钮为绿色。

按钮一般用于绑定点击事件，以完成页面间的消息传递或逻辑跳转。此处由于是登录

图 19.9　输入框界面示例

页面,故使用按钮点击判断账号密码是否正确,若正确则进行页面跳转。

首先,需获取输入框中的数据,查看微信开放文档中关于 input 组件的描述可发现,其属性中包含一个名为 bindinput 的事件,键盘输入时触发。通过绑定该事件,可在 e.detail.value 中获得键盘输入值,如图 19.10 所示:

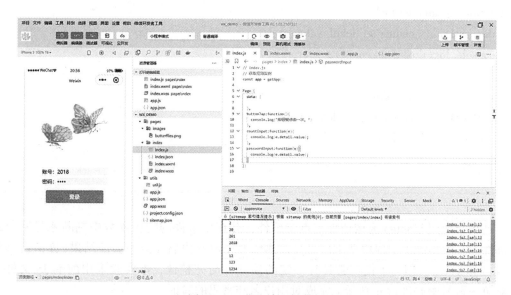

图 19.10　获取输入框数据

```
<! --wxml-->
<input class="input" placeholder="请输入账号" bindinput="countInput"/>
<input class="input" password="true" placeholder="请输入密码" bindinput="passwordInput"/>
```

```
// index.js
countInput: function(e){
  console.log(e.detail.value);
},
passwordInput: function(e){
  console.log(e.detail.value);
}
```

在 .js 的 data 中定义相关变量后，可使用 setData( ) 函数将该值保存，供该页其他事件响应函数使用，data 中的所有变量数值均可在调试器中的 AppData 栏查看，如图 19.11 所示。其代码如下：

```
// index.js
Page({
  data: {
    count: '0',
    password: '0'
  },
  countInput: function(e){
    this.setData({count: e.detail.value});
    console.log(this.data.count);
  },
  passwordInput: function(e){
    this.setData({password: e.detail.value});
    console.log(this.data.password);
  }
})
```

其次，使用 bindtap 为按钮绑定点击事件，并在该事件的响应函数中判断账号密码的正确性。一般情况下，应由前端向后端发送账号密码并由后端返回验证结果(详情可参考 19.4.3.4 小节)。但为了使实验具有一定的独立性与完整性，本实验采用前端 JS 文件直接对单一账号密码进行 if 判断，完成对用户名和密码的验证：

```
<!--index.wxml-->
<view>
  <image class="img" src="../images/butterflies.png"></image>
  <view class="inputContainer">
账号：<input class="input" placeholder="请输入账号" name="count"/>
```

第 19 章　位置监控微信小程序开发实验

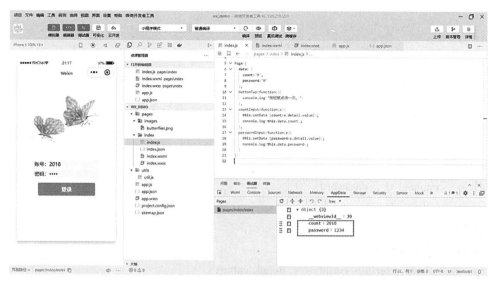

图 19.11　AppData 数据查看

```
    </view>
    <view class = "inputContainer">
密码：<input class = "input" password = "true" placeholder = "请输入密码" name = "password"/>
    </view>
    <button class = "button" type = "primary" bindtap = 'loginSubmit'>登录</button>
</view>

//index. js
const app = getApp( )
Page( {
  data：{
    count：'0',
password：'0'
},
  loginSubmit：function( e ) {
    //若账号密码分别为 2018 及 1234 则登录，跳转至 map 页
    if( e. detail. value. count = = '2018' && e. detail. value. password = = '1234') {
      this. data. count = e. detail. value. count;
      this. data. password = e. detail. value. password;
      wx. navigateTo( {
        url：'../map/map',
```

299

```
        })
    }
})
```

鉴于账号密码这类信息在多个页面均需使用,故可通过全局变量将其保存:

```
// app.js
globalData:{
userInfo:{count:'0',password:'0'}
}
// index.js
countInput:function(e){
    app.globalData.userInfo.count = e.detail.value;
    console.log(app.globalData.userInfo.count);
},
passwordInput:function(e){
    app.globalData.userInfo.password = e.detail.value;
    console.log(app.globalData.userInfo.password);
}
```

19.4.3.4 前后端数据交互

前端向后端发送请求均使用 API wx.request,其中,url 为开发者服务器接口地址,为必填项;data 为前端向后端发送的数据,其格式需要和后端统一;method 为 HTTP 请求方法,默认为 GET;请求成功会触发 success 回调函数,其中的 res.data 包含后端返回的信息。

需要注意的是,微信小程序需要事先设置通信域名,小程序只可以与指定的域名进行网络通信,包括普通 HTTPS 请求(request)、上传文件(uploadFile)、下载文件(downloadFile)和 WebSocket 通信(connectSocket)[①]。服务器域名在"小程序后台"→"开发"→"开发管理"→"开发设置"→"服务器域名"中进行设置。模拟器调试程序可勾选开发者工具右上角"详情"→"本地设置"中的"不校验合法域名、web-view(业务域名)、TLS 版本以及 HTTPS 证书",这样就可以暂时绕过域名问题。

```
// index.js
wx.request({
    url:'',
    data:,
```

---

① 黄菊华. 微信小程序商城开发界面设计实战[M]. 北京:机械工业出版社,2019.

```
        method: 'POST',
        header: { 'content-type': 'application/x-www-form-urlencoded' },
        success: function ( res) {
console. log( res);
        }
    })
```

19.4.4 地图页面开发

19.4.4.1 地图显示

地图显示使用 map 组件,其基本使用方法如下:

```
<! --wxml-->
<map longitude = "114. 355749" latitude = '30. 5281561' scale = '16' show-location = 'true'
style = 'height: 100vh; width: 100%'></map>
```

其中, longitude 及 latitude 为地图显示的中心点处经纬度, scale 为地图初始缩放等级, show-location 为是否显示带有方向的当前定位点, style 则定义了地图的样式。开发者还可通过 markers、polyline 属性向地图中添加标记点及路线。更多 map 组件属性及其合法值请参考链接内容: https://developers.weixin.qq.com/miniprogram/dev/component/map.html。

需要注意的是,在地图页面无法使用<view><image>标签,会被<map>覆盖,若要使用相关功能,可分别使用<cover-view><cover-image>代替,详情可参考完整示例代码。

19.4.4.2 位置获取

位置获取使用 API wx. getLocation,使用前需先在 app. json 文件中进行 permission 设置, permission 中 desc 字段信息为显示给用户,请求其允许的相关信息,可按实际情况自行更改。

在其成功回调函数中,开发者可获取 WGS84 坐标系下(默认)经纬度、高度、位置精确值等信息。需要注意的是,腾讯地图使用原国家测绘地理信息局坐标系 gcj02,故需要在地图上进行坐标显示等操作,可将 type 直接更改为"gcj02"。

此处获取的位置坐标信息需保存下来,以便 message 页面显示,由于此数据量可能较大,故不再使用全局变量,而是通过使用数据缓存 API setStorage 来替代:

```
//app. json
"permission": {
  "scope. userLocation": {
  "desc":"你的位置信息将用于本小程序的位置记录"
  }
}
```

```
<!--js-->
wx.getLocation({
        type:"gcj02",
        success: function(res){
    var mesPoint = [];
    mesPoint.longitude = res.longitude;
    mesPoint.latitude = res.latitude;
      wx.setStorage({
              key:"mesPoint",
              data:mesPoint
          })
        }
})
```

19.4.5 位置信息页面开发

首先，使用 wx.getStorage API 从数据缓存中获取 map 页面保存的位置信息：

```
//message.js
Page({
  data:{
    mesPoint:[]
  },
  onLoad: function(options){
    var that=this;
    wx.getStorage({
      key:'mesPoint',
      success(res){
        that.setData({
          mesPoint:res.data
        })
      }
    });
  }
})
```

由于存储的数据格式一致，故可使用列表渲染(wx:for)的方式将位置信息数据显示出来：

```
//message.wxml
<block wx：for="{{mesPoint}}" wx：key="*this"  wx：for-item="mesPoint">
    <view class="content">
        <view class="cont">经度：{{mesPoint.longitude}}</view>
        <view class="cont">纬度：{{mesPoint.latitude}}</view>
    </view>
</block>
```

19.4.6　真机调试

在小程序开发者工具中完成某种功能代码编写且在模拟器中运行无误后，可在真机上进行调试。点击"真机调试"按钮，可选择二维码真机调试（每次调试需重复扫码）或自动真机调试（每次直接连接开发者手机），调试界面如图 19.12 所示。其使用与模拟器调试一致。Console 页为控制台信息页，可查看控制台输出（.js 中 console.log 输出或错误提示）；Source 页为源文件页，用于显示当前项目的脚本文件；Network 页为网络页，可显示与网络相关的详细信息；Storage 页为数据存储页，可看到项目的数据缓存信息；AppData 页用于显示当前项目使用的数据变量；WXML 页可帮助开发者观察页面结构；Sensor 页可模拟地理位置及移动设备表现，用于调试重力感应。

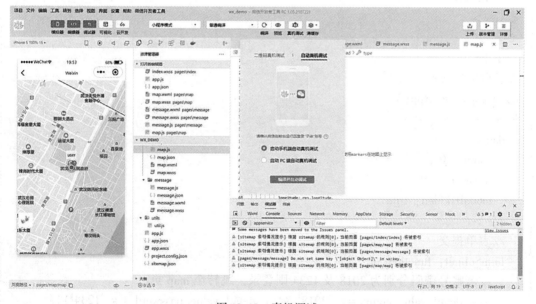

图 19.12　真机调试

19.5 完整示例代码

实验完整代码如下：

```
<!--index.wxml-->
<view>
    <image class="img" src="../images/butterflies.png"></image>
    <form bindsubmit='formSubmit'>
        <view class="inputContainer">
账号：<input class="input" placeholder="请输入账号" name="count"/>
        </view>
        <view class="inputContainer">
密码：<input class="input" password="true" placeholder="请输入密码" name="password"/>
        </view>
        <button class="button" type="primary" form-type='submit'>登录</button>
    </form>
    <modal hidden='{{modalHidden}}' confirm-text='确认' bindconfirm='modalConfirm' no-cancel>
账号或密码错误
    </modal>
</view>

// index.js
//获取应用实例
const app = getApp()
Page({
    data: {
        count: '0',
        password: '0',
        modalHidden: true
    },
    //表单提交
    formSubmit: function(e){
        //若账号密码分别为2018及1234则登录，跳转至map页
        if(e.detail.value.count == '2018' && e.detail.value.password == '1234'){
            this.data.count = e.detail.value.count;
            this.data.password = e.detail.value.password;
```

```
        wx.navigateTo({
          url: '../map/map',
        })
      }
      //否则将modal的隐藏置为false,提示账号/密码错误
      else{
        this.setData({modalHidden:false});
      }
    },
    //点击确定隐藏modal
    modalConfirm:function(){
      this.setData({modalHidden:true});
    }
})
```

```
/** index.wxss **/
.inputContainer{
  display:flex;
  flex-direction:row;
  align-items:center;
  justify-content:center;
  margin-top:20rpx;
}
.input{
  height:30rpx;
  width:50%;
  background-color:lightcyan;
}
.button{
  margin-top:40rpx;
}
```

```
<!--pages/map/map.wxml-->
<map longitude='{{longitude}}' latitude='{{latitude}}' scale='{{scale}}' markers='{{markers}}' show-location='true' style='height:100vh;width:100%'></map>
<cover-view class='controls'>
```

305

```
<cover-image src='../images/butterflies.png' class='img' bindtap='showMessage'></cover-image>
</cover-view>

// pages/map/map.js
Page({
data:{
  longitude:0,
  latitude:0,
  scale:16,
  markers:[],
  mesPoint:[]
},
  onLoad:function(options){
    var that = this;
    wx.getLocation({
      type:"gcj02",
      success:function(res){
        that.setData({
          longitude:res.longitude,
          latitude:res.latitude
        })
      }
    })
  },
  showMessage:function(){
    wx.navigateTo({
      url:'../message/message',
    })
  },
  onReady:function(){
    var that = this;
    function saveMessage(){
      wx.getLocation({  //获取用户当前位置并使用 markers 在地图上显示
        type:"gcj02",
        success:function(res){
          var marker = [];
```

```js
            marker.push({
                id: 1,
                latitude: res.latitude,
                longitude: res.longitude,
                iconPath: "../images/aim.png",
                width: 20,
                height: 20,
                callout: {
                    content: "user",
                    color: "#000000",
                    fontSize: "12px",
                    borderRadius: "2",
                    bgColor: "#FCFCCF",
                    display: "ALWAYS",
                    textAlign: "center",
                    padding: "10rpx"
                }
            })
            that.setData({
                longitude: res.longitude,
                latitude: res.latitude,
                markers: marker
            })
            var t = new Date();
            that.data.mesPoint.push({
                longitude: res.longitude,
                latitude: res.latitude,
                time: t.getHours() + ':' + t.getMinutes() + ':' + t.getSeconds(),
                date: t.getFullYear() + '-' + (t.getMonth() + 1) + '-' + t.getDate()
            });
            wx.setStorage({
                key: "mesPoint",
                data: that.data.mesPoint
            })
        }
    })
}
```

```
    //使用定时器重复位置获取的过程 实现信息更新及保存
this.timer = setInterval(saveMessage, 10000);
  }
})


/* pages/map/map.wxss */
.controls{
  display: flex;
  flex-direction: column;
  margin-left: 10rpx;
  position: relative;
  margin-top: -120px;
}
.img{
  height: 100rpx;
  width: 100rpx;
  border-radius: 5px;
  margin-bottom: 5rpx;
  background-color: #ffffff;
}


<!--pages/message/message.wxml-->
<view class="con">
  <block wx:for="{{mesPoint}}" wx:key="*this" wx:for-item="mesPoint">
    <view class="header">
      <view class="co">{{mesPoint.date}}</view>
      <view class="co">{{mesPoint.time}}</view>
    </view>
    <view class="content">
      <view class="cont">经度: {{mesPoint.longitude}}</view>
      <view class="cont">纬度: {{mesPoint.latitude}}</view>
    </view>
  </block>
</view>


//message.js
Page({
```

```
    data: {
      mesPoint: []
    },
    onLoad: function (options) {
      var that = this;
      wx.getStorage({
        key: 'mesPoint',
        success(res) {
          var ppoint = res.data;
          ppoint.reverse();
          that.setData({
            mesPoint: ppoint
          })
        }
      });
    }
})

/* pages/message/message.wxss */
.con{
  display: flex;
  flex-direction: column;
  align-items: center;
}
.header{
  display: flex;
  justify-content: space-between;
  align-items: center;
  background-color: #17C780;
  border-top-right-radius: 15px;
  border-top-left-radius: 15px;
  width: 90%;
  height: 30px;
  margin-top: 10px;
}
.content{
  background-color: azure;
```

```
    width: 90%;
    height: 50px;
    display: flex;
    flex-direction: column;
    padding-top: 5px;
    padding-bottom: 5px;
    border-bottom-right-radius: 15px;
    border-bottom-left-radius: 15px;
}
.cont{
    margin-left: 5px;
    margin-right: 5px;
}
.co{
    margin-left: 10px;
    font-size: 12px;
    color: #ffffff;
    height: 50rpx;
    width: 40%;
}
```

19.6 思考题

（1）相比原生 App，微信小程序具有哪些优势？
（2）前端数据传递有哪些方式？各有什么优缺点？
（3）什么是后端？其作用是什么？

19.7 推荐资源

（1）本实验完整代码：
链接：https://pan.baidu.com/s/1jAGrKiG8fTJaCH2GFSwbFA，提取码：7r7u。
（2）微信官方文档·小程序：（https://developers.weixin.qq.com/miniprogram/dev/framework/）。

19.8　参考文献

（1）沈顺天．微信小程序项目开发实战[M]．北京：机械工业出版社，2020．
（2）黄菊华．微信小程序商城开发界面设计实战[M]．北京：机械工业出版社，2019．
（3）刘明洋．微信小程序实战入门[M]．北京：人民邮电出版社，2017．

（章迪　王帆）

第 20 章 基于 Flask 的 Web 服务开发实验

20.1 实验目的

掌握利用 Flask 开发 Web 服务，并在云服务器上完成部署的方法。

20.2 实验原理

20.2.1 Web 服务

W3C 组织定义 Web 服务为一个软件系统，被设计于实现跨网络机器间互操作。Web 服务通过用户利用网络调用其 API 进行工作，通过响应远程系统请求达到服务的目的。其相较于桌面端应用，它能够实现最大的资源共享，并且维护和部署成本低。

Web 服务实质为在物理服务器上运行着的服务端程序，等待着客户端（如 Chrome，Firefox 等浏览器，或者应用程序）发送的各种请求，并作出适当的回应。通常服务端程序包含了 Web 服务器程序、Web 应用程序和数据库三部分，Web 服务器程序接收客户端的请求后，由 Web 应用对客户端的请求进行处理，将生成的响应传递给 Web 服务器，再由 Web 服务器返回给客户端，Web 服务工作流程如图 20.1 所示。

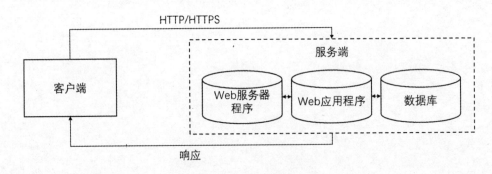

图 20.1　Web 服务工作流程

Web 服务是一项跨编程语言和操作系统的技术。Web 服务发展至今，特别是服务器程序，涉及的知识十分广泛，对程序员要求越来越高。Web 编程语言分为 Web 静态语言和动态语言，Web 静态语言就是通常所见的超文本标记语言 HTML，Web 动态语言如 Java、PHP、Python、JavaScript、ASP 等。本实验使用 Python 作为编程语言。

20.2.2　Web 框架

为了简化 Web 应用程序的开发，使开发者可以专注于编写业务逻辑代码而无需关心应用程序内各模块连接之类的重复性工作，继而产生了 Web 框架。

Web 框架是用于进行 Web 服务开发的一套软件架构，为 Web 应用程序提供了基础的功能。开发人员在 Web 框架的基础上实现自己的业务逻辑，只需要专注于应用的业务逻辑，非业务逻辑的基础功能则由框架提供，从而提升开发效率。本次实验中 Web 服务器程序采用 Tornado，Web 应用程序开发框架使用 Flask。

20.2.3　流行框架对比

在 Python 的 Web 框架中，目前使用较多的有 Django、Flask 和 Tornado，在用户看来，这三种框架各有特色：Django 大而全、Flask 小而精、Tornado 性能高。

Django 是 Python 中最全能的 Web 开发框架，走大而全的方向。

Tornado 全称为 Tornado Web Server，是一个用 Python 语言写成的 Web 服务器程序兼 Web 应用程序框架。Tornado 走的是少而精的方向，注重的是性能优越，它最出名的是异步非阻塞的服务器方式。

Flask 是一个使用 Python 编写的轻量级 Web 应用程序的开发框架，也被称为"微框架"，语法简单，部署很方便。整个框架自带了路径映射、模板引擎（Jinja2）、简单的数据库访问等 Web 框架组件，支持 WSGI（Web Server Gateway Interface）协议——描述了 Web 服务器如何与 Web 应用程序通信的规范。Flask 使用 BSD 授权。Flask 使用简单的核心，可以通过安装第三方库增加其他功能，虽然没有默认使用的数据库、窗体验证工具，然而 Flask 保留了扩增的弹性，可以用 Flask-extension 加入 ORM、窗体验证工具、文件上传、各种开放式身份验证技术等功能。

Tornado 应该运行在类 Unix 平台，在线上部署时为了最佳的性能和扩展性，仅推荐 Linux 和 BSD（因为充分利用 Linux 的 epoll 工具和 BSD 的 kqueue 工具，是 Tornado 不依靠多进程/多线程而达到高性能的原因）。对于 Mac OS X，虽然也是衍生自 BSD 并且支持 kqueue，但是其网络性能通常不佳，因此仅推荐用于开发。对于 Windows，Tornado 官方没有提供类似于 epoll 工具和 kqueue 工具的配置支持，但是也可以运行起来，不过仅推荐在开发中使用。

20.2.4　传输协议

实验采用超文本传输安全协议（Hypertext Transfer Protocol Secure，HTTPS）。传统的超文本传输协议（HTTP 协议）传输的数据都是未加密的，也就是明文，因此，使用 HTTP 协议传输隐私信息非常不安全。将数据利用 SSL（Secure Sockets Layer）协议进行加密后再利用 HTTP 协议进行传输，这就是 HTTPS。HTTP 使用 80 端口通信，而 HTTPS 占用 443 端口通信。

20.2.5 开发基础

20.2.5.1 Python 包管理

在组织项目结构时，程序代码如果完成的功能比较简单，放在一个文件里比较正常。如果随着需求增多，要完成的功能越来越多样化，那么正常的做法都是按照功能模块做好设计，将程序代码分割成多个目录、文件组织，每个文件完成各自的那部分功能。

在 Python 中，一个 .py 文件就是一个 module，即"模块"，模块的名称是文件名去掉末尾的".py"。模块 A 中的变量、函数、类等符号，被模块 B 输入之后，可被模块 B 使用。我们写程序代码的时候，就可以把代码分门别类地放在不同的 .py 文件中，按照各自的层级位置实现各自的功能。

自己写的模块应该避免与 Python 内置模块重名，但不同人编写的模块名称相同怎么办？为解决名称冲突问题，Python 引入按照目录组织模块的方法，创造了 package(包)的概念。包是一个特殊的目录，其下必须含有名为 __init__.py 的文件，否则 Python 会将其当作普通目录而不是包，目录下 __init__.py 文件对应的模块名就是包(目录)名，文件内容可以为空。

20.2.5.2 Flask 蓝图

随着业务代码的增加，将所有代码都放在单个程序文件中是非常不合适的。这不仅会让代码阅读变得更加困难，而且会给后期维护造成麻烦。Flask 蓝图提供了模块化管理程序路由的功能，使得程序包结构清晰且简单易懂。其具有以下特点：

(1)一个项目可以具有多个蓝图(Blueprint)；

(2)Blueprint 可以单独具有自己的模板、静态文件的目录；

(3)在应用初始化时，注册需要使用的 Blueprint。

20.3 实验工具

实验程序在 Windows 平台进行开发(结果程序可以迁移至 Linux 或 Windows 服务器上进行部署)。使用 Visual Studio Code 作为文本编辑器。程序测试可以使用主流浏览器；对于仅有 POST 方法的 API，可以通过自己编写 Python 脚本实现测试。数据库使用 MySQL，可视化管理工具为 MySQL Workbench 8.0CE。开发运行环境见表 20.1。

表 20.1　　　　　　　　　　　　开发运行环境

开发平台	Visual Studio Code(以下简称为 VS Code)
编程语言	Python
运行环境	Windows
数据库	MySQL

20.3.1 安装 VS Code

打开浏览器，输入"code.visualstudio"，进入官网，然后进入 VS Code 的首页，根据自己的操作系统进行下载，VS Code 支持 Windows OS 等系统，Windows 直接下载安装即可。

20.3.2 安装 Python 环境

在 Windows 系统安装 Python 就像我们平时安装软件一样简单，只要下载安装包，然后一直点击"下一步"。截至目前，Python 的最新版本是 3.9，但由于其还存在 Bug，推荐安装 3.8 版本。

打开网址 https://www.python.org/downloads/，选择点击"Download"选项下的 Windows 标签，可以看到很多不同的安装包，如图 20.2 所示。

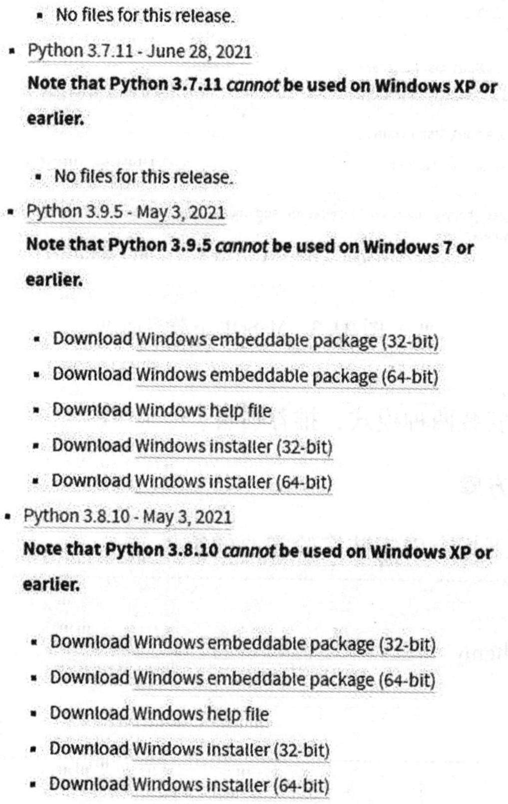

- No files for this release.
- Python 3.7.11 - June 28, 2021
  Note that Python 3.7.11 *cannot* be used on Windows XP or earlier.

- No files for this release.
- Python 3.9.5 - May 3, 2021
  Note that Python 3.9.5 *cannot* be used on Windows 7 or earlier.
  - Download Windows embeddable package (32-bit)
  - Download Windows embeddable package (64-bit)
  - Download Windows help file
  - Download Windows installer (32-bit)
  - Download Windows installer (64-bit)

- Python 3.8.10 - May 3, 2021
  Note that Python 3.8.10 *cannot* be used on Windows XP or earlier.
  - Download Windows embeddable package (32-bit)
  - Download Windows embeddable package (64-bit)
  - Download Windows help file
  - Download Windows installer (32-bit)
  - Download Windows installer (64-bit)

图 20.2　Python 安装包下载页面

选择最近的 3.8 版本下的 windows installer，注意要匹配操作系统位数（64 位电脑兼容 32 位程序）。

安装 Python 时，注意一定要勾选"Add Python 3.8 to PATH"，这样可以将 Python 命令工具所在目录添加到系统 Path 环境变量中，以后开发程序或者运行 Python 命令会非常方便。

其他保持默认即可,然后点击"Install Now"即可完成安装。

20.3.3 安装 MySQL

对于没有安装过 MySQL 的机器,可以通过以下连接,安装数据库及其管理工具:https://dev.mysql.com/downloads/windows/installer/8.0.html。MySQL 下载界面如图 20.3 所示。

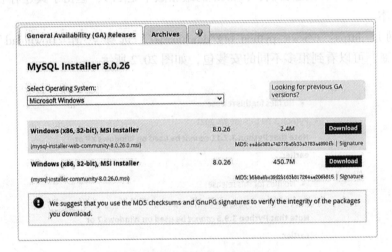

图 20.3　MySQL 下载界面

有在线安装和离线安装两种模式,推荐后者。

20.3.4 安装第三方库

在命令行中执行以下指令以安装实验需要的组件:

```
pip install flask
pip install flask_sqlalchemy
pip install pymysql
pip install tornado
```

20.4　实验步骤

本实验将在 Windows 平台上开发一个 Web 应用程序,结合 MySQL 数据库,完成用户的验证登录功能,可以响应用户位置信息保存和查询的请求。最后,将其部署在 Web 服务器上。开发流程如图 20.4 所示。

第 20 章 基于 Flask 的 Web 服务开发实验

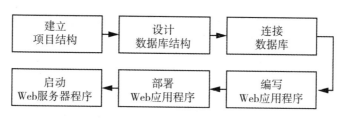

图 20.4 Web 服务开发流程

20.4.1 Web 服务项目构建

首先建立应用程序的目录结构,方便项目的后续编写。

20.4.1.1 建立目录结构

(1)新建一个文件夹名称为 flaskapp,所有编写在该文件夹下完成。

(2)打开 VS Code,在左上角文件选项卡下选择"打开文件夹",找到我们新建的 flaskapp 文件夹,并打开。

(3)在 flaskapp 的子目录下新建文件夹 database、login 和 position,以便在不同文件夹下完成不同的功能。

(4)在每一个文件夹中新建_init_.py 文件,使得该文件夹被识别为 Python 包。

20.4.1.2 建立简单 Web 应用程序

(1)在 flaskapp 的目录新建文件 flaskapp.py,输入以下代码,以导入 Flask 类,这个类的实例将会是我们的 WSGI 应用程序。request 变量包含了客户端发送给服务器的数据交互内容。

```
from flask import Flask, request
```

(2)接下来,我们创建一个该类的实例 App,第一个参数是应用模块或者包的名称。本例中使用单一的模块(flaskapp 文件夹不是一个 package 包),故使用 __name__ 作为第一个参数。

```
app = Flask(__name__)
```

(3)然后,定义函数 index(),它返回一段 html 文本。app.route('/') 返回一个装饰器,装饰器为函数 index()绑定对应的 URL,当用户在浏览器访问这个 URL 的时候,就会触发这个函数,获取返回值。

```
@app.route('/', methods=['GET'])
def index():
    if request.method == 'GET':
        return "Hellow Flask"
```

317

(4)以下代码用于确保服务器只有在该脚本被 Python 解释器直接执行的时候才会运行,而不是作为模块导入的时候。

if name == "main":

(5)最后,我们通过 run() 函数使应用运行在本地服务器上,此时没有给出任何参数,将使用默认端口 5000。我们也可以为 run() 命令设置不同的参数。如:设定 app.run 的 host 为 0.0.0.0,表示监听本机每一个可用的网络接口,包括所有公网 IP;设定 app.run 的函数参数 port 为 80,表示监听本机端口 80。

(6)Flask 框架内部已经有了一个 WSGI 服务器程序可以用来接受请求,但是其自带的服务器程序在处理并发等情况时性能不足。只建议在测试时使用。

```
if __name__ == '__main__':
    try:
        app.run()
    except:
        pass
```

(7)运行该程序,在浏览器中输入 localhost:5000,浏览器显示如图 20.5 所示:

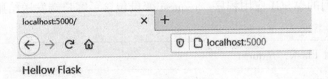

图 20.5 浏览器显示结果

其中,localhost 代表本地 IP 地址,等价于 127.0.0.1。

(8)虽然 run() 方法适用于启动本地的开发服务器,但是在每次修改代码后都要手动重启它。如果启用了 debug 调试支持,服务器会在代码修改后自动重新载入,并在发生错误时提供一个相当有用的调试器。有两种途径来启用调试模式。一种是直接在应用对象上设置:

```
app.debug = True
app.run()
```

另一种是作为 run 方法的一个参数传入:

```
app.run(debug=True)
```

以上两种方法的效果完全相同。

20.4.2 数据库创建和连接

首先根据需求设计数据库的结构；然后建立应用程序与数据库的连接，完成测试。

20.4.2.1 新建数据库

（1）打开 MySQL Workbench 桌面软件，如图 20.6 所示。

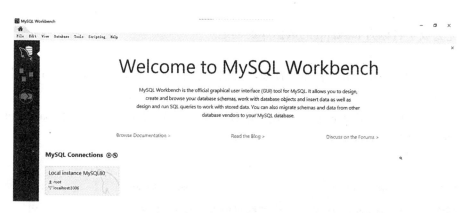

图 20.6　MySQL Workbench

（2）点击 MySQL Connections 下方的方框，打开数据库的界面，如图 20.7 所示。

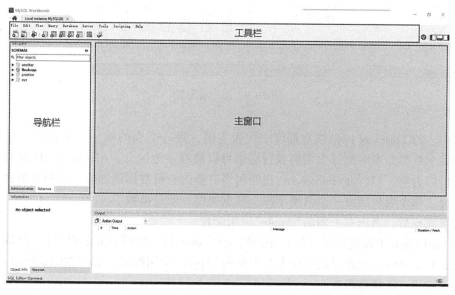

图 20.7　主界面

（3）在左侧导航栏中，鼠标右键点击任意部分，选择"Create Schema"，按照图 20.8 进行配置。

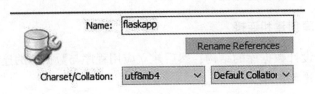

图 20.8 配置信息

至此完成了名称为 flaskapp 的数据库的创建。

20.4.2.2 新建表

(1)根据需要,添加用户表和位置表。方法为:右键点击新建的 flaskapp 数据库,选择"Create Table"。

(2)在用户表中设定以下字段:用户的编号(id),名称(name),密码(password)。如图 20.9 进行配置。

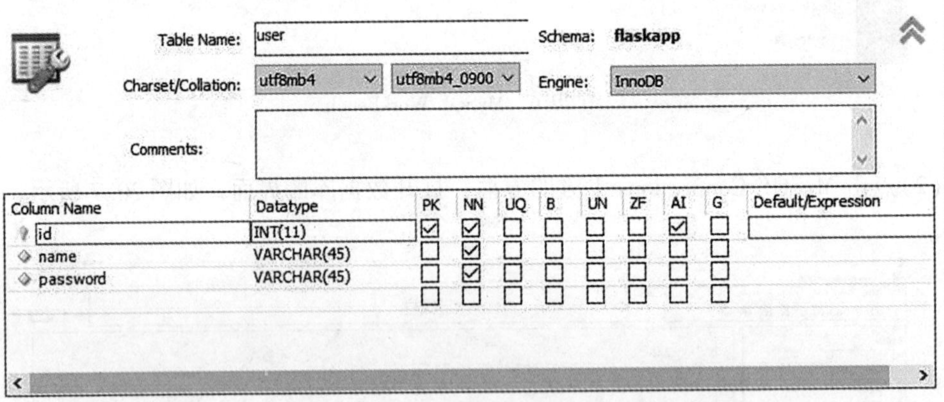

图 20.9 用户表配置

其中,PK(primary key)在数据库中代表主键,是一个表的唯一主属性列。在数据库设计中要求数据库表中的每个实例或行必须可以被唯一地区分;NN(not null)说明该字段的值不可以为空;AI(auto increment)说明每当有新的一行数据添加时,该列数值会自动添加、填充。每个表只能有一个自增字段,数据类型一般是整数。

配置完成后,点击右下角的"Apply"应用配置。

(3)在位置表中设定以下字段:用户的编号(userid),时间(time)以及位置(latitude \ longtitude \ height)。配置完成后点击右下角的"Apply"应用配置,如图 20.10 所示。

20.4.2.3 连接数据库

连接数据库要引用第三方扩展库 flask-sqlalchemy 中的 SQL-Alchemy,并进行必要的初始化配置才可以。在 Python3.0 以上的版本中,要连接 MySQL 数据库需要使用到 pyMySQL 模块。

(1)在 flaskapp.py 中添加以下代码:

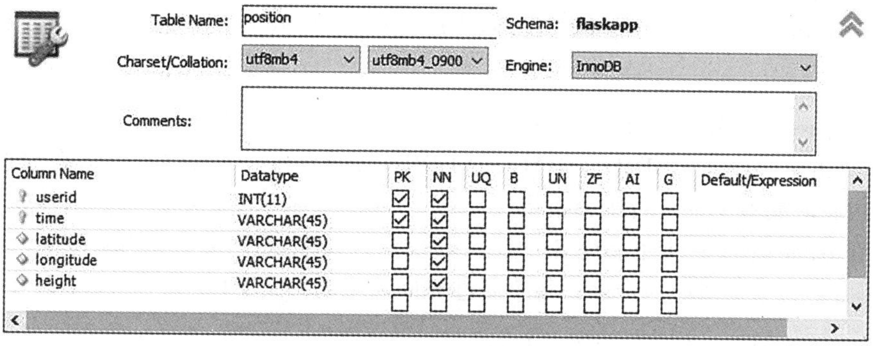

图 20.10　位置表配置

```
from flask import Flask
from flask_sqlalchemy import SQLALchemy
import pymysql
app = Flask(__name__)
app.config['SQLALCHEMY_DATABASE_URI'] = format
app.config['SQLALCHEMY_TRACK_MODIFICATIONS'] = False
db = SQLAlchemy()
db.init_app(app)
```

其中，SQLALCHEMY_DATABASE_URI 右端 format 的标准格式为：

DIALECT+DRIVER：//USERNAME：PASSWORD@HOST：PORT/DATEBASE

表 20.2 说明了各个字段的含义：

表 20.2　　　　　　　　　　　　　格式说明

字段	含义
DIALECT	访问的数据库
DRIVER	数据库驱动
USERNAME	登录账号
PASSWORD	登录密码
HOST	主机地址
PORT	端口号
DATEBASE	使用的数据库

因此在本实验中 format 具体内容为：

'mysql+pymysql://root:password@localhost:3306/flaskapp'

其中，password 为自己设置的密码。

app.config['SQLALCHEMY_TRACK_MODIFICATIONS']表示动态追踪修改设置，必须设置为 False 或者 True，否则会报错。

（2）在 database 文件夹下新建 database.py 文件，按照数据库各个表的结构，编写对应的类（class）。每个类对应一个表，每个属性对应表中的一个字段。

```
from flask_sqlalchemy import SQLAlchemy
db = SQLAlchemy()

class User(db.Model):
    __tablename__ = 'user'
    id = db.Column(db.Integer, primary_key=True, nullable=False, autoincrement=True)
    name = db.Column(db.String(45), nullable=False)
    password = db.Column(db.String(45), nullable=False)

class Position(db.Model):
    __tablename__ = 'position'
    userid = db.Column(db.Integer, primary_key=True, nullable=False)
    time = db.Column(db.String(45), primary_key=True, nullable=False)
    latitude = db.Column(db.String(45), nullable=False)
    longitude = db.Column(db.String(45), nullable=False)
    height = db.Column(db.String(45), nullable=False)
```

其中，__tablename__ 应赋予对应表格的名字。表 20.3 是 Flask-SQLAlchemy 常用数据类型与 Python 中数据类型的对应关系，表 20.4 给出了 Flask-SQLAlchemy 存储类型的参数含义。

表 20.3　　　　　　　　　　Flask-SQLAlchemy 常用数据格式

Flask-SQLAlchemy 数据类型	Python 数据类型	描述
Integer	int	通常为 32 位
Float	float	浮点数
String	str	可变长度字符串

续表

Flask-SQLAlchemy 数据类型	Python 数据类型	描述
Text	str	适合大量文本
Boolean	bool	布尔值
Date	datetime.date	日期类型
Time	datetime.time	时间类型
Datetime	datetime.datetime	日期时间类型
Interval	datetime.timedata	时间间隔
Enum	str	字符列表
LargeBinary	str	二进制

表 20.4　　　　　　　　　　　　　　**Flask-SQLAlchemy 存储类型**

存储类型	描述
primary_key	如果设置为 True，该列为表的主键
unique	如果设置为 True，该列不允许有相同值
index	如果设置为 True，该列创建索引，查询效率提高
nullable	如果设置为 True，该列允许为空
autoincrement	如果设置为 True，该列自增
default	定义该列的默认值

20.4.2.4　数据库连接测试

(1) 在 flaskapp.py 文件中引入新建的数据库模型 User。

```
from database.database import User
```

(2) 改写函数 index( )，其功能为查询用户 id 为 1 的用户并返回其用户名称，此函数用于测试是否能成功地连接到数据库。

```
@app.route('/', methods = ['GET'])
def index():
    if request.method == 'GET':
        user: User = db.session.query(User).filter(User.id == 1).one()
        return user.name
```

(3) 在数据库中添加一条数据，在 MySQL Workbench 中手动输入数据即可。数据添加结果如图 20.11 所示。

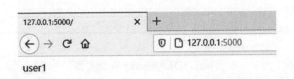

图 20.11　数据添加结果

（4）运行 flaskapp.py，若能正确显示用户名（如图 20.12 所示），则表明数据库连接正常；否则，可以尝试着重启 Visual Studio Code 和 MySQL Workbench。

图 20.12　浏览器显示结果

20.4.3　Web 应用程序实现

20.4.3.1　用户登录

设计一个接口，实现密码账户登录。首先要构建一个蓝图，然后为接口绑定相应的 URL。

（1）在 login 文件夹下新建文件 login.py。在文件中添加以下代码：

```
from flask import Blueprint
from flask import request
log = Blueprint('/login', __name__, url_prefix='/login')
```

Blueprint 第 1 个参数 '/login' 是蓝图的名称，当然也可以取其他名称；第 2 个参数表示该蓝图所在的模块名，由于该蓝图的实现文件是 login.py，因此可以直接写为 'login'，这里使用了 python 的系统关键字 __name__，更为灵活，编译时会自动将之替换为 'login'；url_prefix 默认是 '/'，这里指定为 '/login'，这意味着客户端要使用某项功能时，其 url 的构成为：ip 地址+/login+函数 url。

（2）在 __init__.py 文件中引入生成的蓝图对象 log：

```
from. login import log
```

（3）将 log 注册在 flaskapp.py 的 Flask 对象中：

```
from login import log
app.register_blueprint(log)
```

(4) 创建实现密码账户登录功能的函数:

```
@log.route('/normal', methods=['POST'])
def login_n():
```

本函数可供客户端调用,其中 '/normal' 为函数绑定的 URL,完整地调用地址为 'http://127.0.0.1:5000/login/normal'; methods=['POST'] 说明该接口只可以通过 POST 方法调用。

表单中的信息应该包括用户名称和密码:

```
name = request.form.get('name')
password = request.form.get('password')
```

根据 name 与 password 在数据中查询用户(用户的密码最好进行加密传输):

```
user = db.session.query(User).filter(
        User.name == name, User.password == password).first()
```

如果 user 存在,返回用户登录成功的状态;否则,登录失败,返回用户登录失败的状态,代码如下:

```
if user:
    return '账户名与密码正确', 200, {"ContentType": "text/plain"}
else:
    return '账户名或密码错误', 201, {"ContentType": "text/plain"}
```

(5) 使用 Python 编写一个 POST 方式发送表单的脚本,代码如下:

```
import requests
url = 'http://127.0.0.1:5000/login/normal'
data = {
    'name': 'user1',
    'password': '123456'
}
response = requests.post(url=url, data=data)
print(response)
```

账户与密码正确时，控制台打印结果为"<Response[200]>"；账户或密码错误时，控制台打印结果"<Response[201]>"。

20.4.3.2 位置保存与获取

设计两个接口，分别实现保存用户位置和查询用户位置的功能。

(1)在 position 文件夹下新建文件 position.py。在文件中添加以下代码，以创建对应的蓝图对象：

```
from flask import Blueprint
from flask import request
pos = Blueprint('/position', __name__, url_prefix='/position')
```

(2)在 __init__.py 文件中引入生成的 pos 蓝图对象，并将 pos 注册在 flaskapp.py 的 Flask 对象中：

```
from position import pos
app.register_blueprint(pos)
```

(3)在 positon.py 文件中创建函数，以接收来自客户端 POST 方法的上传位置信息的请求：

```
@pos.route('/update', methods=['POST'])
def update():
```

从表单中读取我们需要的信息，包括用户名和经纬度、高程：

```
name = request.form.get('name')
latitude = request.form.get('latitude')
longitude = request.form.get('longitude')
height = request.form.get('height')
```

利用用户名字查询用户的 id。需要特别注意的是，由于查询结果为元组类型，所以，需要将第一个元素取出来。

```
userid = db.session.query(User.id).filter(User.name == name).first()[0]
```

如果查询到用户的 id，则与时间、其他位置信息一起构造一个 Position 对象，利用 db.session.add 和 db.session.commit 方法，将其提交给数据库；如果没有查询到用户的 id 则返回失败状态。代码如下：

```
    if userid：
        info = Position(
            userid=userid,
            time=datetime.now(),
            latitude=latitude,
            longitude=longitude,
            height=height
        )
        db.session.add(info)
        db.session.commit()
        return "添加成功", 200, {"ContentType"："text/plain"}
    else：
        return "信息错误", 201, {"ContentType"："text/plain"}
```

(4)使用 Python 脚本进行测试，代码如下：

```
import requests
url = 'http：//127.0.0.1：5000/position/update'
data = {
    'name'：'user1',
    'latitude'：'30.000',
    'longitude'：'114.000',
    'height'：'3.000'
}
response = requests.post(url=url, data=data)
print(response)
```

(5)测试结果在数据库中成功添加了一条消息，如图 20.13 所示。

userid	time	latitude	longitude	height
1	2021-08-03 17:57:26.201438	30.000	114.000	3.000
NULL	NULL	NULL	NULL	NULL

图 20.13　数据添加成功

(6)在 positon.py 文件中创建函数，以接收来自客户端 GET 方法的获取位置信息的请求。这里使用了动态地址的方法，使用 name 参数向服务器传递用户名称信息。例如：当请求的地址为"127.0.0.1：5000/position/download/user1"时，Flask 会将'user1'解析为

327

'name'形参的值传递给 download 函数,其值的类型为字符串。

```
@pos.route('/download/<name>', methods=['GET'])
def download(name=None):
```

利用用户名字查询用户的 id。如果查询到用户的 id,则查询其全部位置信息返回给客户端,由于 Position 类型不可以被解析,所以我们需要手动将其转换为某一格式,在这里将其拼装为字典类型;如果没有查询到用户的 id,则返回失败状态。

```
userid = db.session.query(User.id).filter(User.name == name).first()[0]
info = {}
if userid:
    positions = db.session.query(Position).filter(
        Position.userid == userid).all()
    for one in positions:
        info[one.time] = {
            'latitude': one.latitude,
            'longitude': one.longitude,
            'height': one.height
        }
    return info
else:
    return "信息错误", 201, {"ContentType": "text/plain"}
```

(7)通过运行用于测试 update 方法的 Python 脚本,我们向数据库中写入多条 user1 的位置信息记录。随后,在浏览器中输入"127.0.0.1:5000/position/download/user1"查询数据添加的结果。图 20.14 显示了从数据库中获取到的结果。

20.4.4　Web 应用程序部署

Flask 框架实现的简单的 WSGI 服务器一般用于服务器调试,生产环境下建议用其他 WSGI 服务器,如 Tornado。

(1)首先在 flaskapp.py 的同一目录下新建文件 start.py,然后输入以下代码。因为 HTTPS 协议是由 SSL+HTTP 协议构建的可进行加密传输、身份认证的网络协议,所以需要先创建一个 SSL 对象,两个参数分别为文件的地址。

```
import ssl
import os
cert = os.path.dirname(__file__) + slash + "certificate" + slash
file = os.listdir(cert)
```

图 20.14　浏览器显示结果

```
ssl_ctx = ssl.create_default_context(ssl.Purpose.CLIENT_AUTH)
ssl_ctx.load_cert_chain(cert+file[0], cert+file[1])
```

os 用于查找文件路径，os.path.dirname(__file__) + slash + "certificate" +slash 是指当前程序所在目录下的 certificate 子目录。file = os.listdir(cert)是指 cert 目录下的文件列表，ssl_ctx.load_cert_chain(cert+file[0]，cert+file[1])即使用文件路径去构建 ssl 对象。

（2）在 Tornado 中，我们可以通过 wsgi 模块下的 WSGIContainer 类运行其他 WSGI 应用的，例如 Flask、Bottle、Django 应用。

```
from tornado.wsgi import WSGIContainer
from tornado.httpserver import HTTPServer
from tornado.ioloop import IOLoop
from tornado.options import options
from flaskapp import app
http_sever = HTTPServer(WSGIContainer(app), ssl_options=ssl_ctx)
```

（3）创建一个 HTTPS 服务器实例 http_server，因为服务器要服务于刚刚建立的应用程序,将接收到的客户端请求通过应用程序中的路由映射表引导到对应的 handler 中,所以在构建 http_server 对象的时候需要传入应用程序对象 app 和 ssl。要托管的应用以参数的形式传到 WSGIContainer 类中。

(4)接下来,定义这个服务器监听的端口,将服务器绑定到 443 端口。

```
http_server.listen(443)
```

(5)至此,完成了将 Web 应用程序部署在 Tornado 服务器上。

20.4.5 Web 服务器程序启动

20.4.5.1 启动 Tornado 服务器

(1)在 start.py 输入以下代码:

```
IOLoop.instance().start()
```

IOLoop 是 Tornado 的核心 I/O 循环调度模块,也是 Tornado 高性能的基石。每个 Tornado 进程都会初始化一个全局唯一的 IOLoop 实例,在 IOLoop 中通过静态方法 instance() 进行封装,获取 IOLoop 实例直接调用此方法即可启动 IOLoop 实例。

(2)运行 statrt.py 即可启动服务器。

20.4.5.2 Web 服务器测试

(1)由于读者可能不具备服务器硬件环境或证书文件,可以将 start.py 中的代码全部修改为如下内容:

```
from tornado.wsgi import WSGIContainer
from tornado.httpserver import HTTPServer
from tornado.ioloop import IOLoop
from tornado.options import options
from flaskapp import app

http_sever = HTTPServer(WSGIContainer(app))
http_server.listen(80)

IOLoop.instance().start()
```

(2)在浏览器中输入 127.0.0.1(HTTP 协议默认 80 端口),并转至页面。这样就可以得到与之前直接运行 flaskapp.py 一致的内容。浏览器显示结果如图 20.15 所示。

(3)说明服务器程序启动成功。

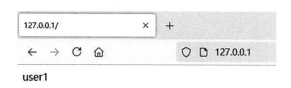

图 20.15　浏览器显示结果

20.5　思考题

(1) 如何对数据传输进行加密处理？
(2) 如何提高 Web 应用的容错能力？
(3) 如何使用 Flask 的 JinJa2 渲染页面？
(4) 如何使用类的方法，将 Positions 格式化输出？

20.6　推荐资源

(1) 本实验完整代码可从下述网址下载：https：//pan.baidu.com/s/1DutrUdk51TkTSy9YizH7Fw，提取码：z3i0。
(2) Flask 中文网(https：//flask.net.cn/)。
(3) 慕课教程(https：//www.imooc.com/wiki/)。

20.7　参考文献

(1) 钱游. Python Flask Web 开发入门与项目实战[M]. 北京：机械工业出版社，2019.
(2) 刘长龙. Python 高效开发实战：Django、tornado、flask、twisted[M]. 第 2 版. 北京：电子工业出版社，2019.
(3) 张学建. Flask Web 开发入门、进阶与实战[M]. 北京：机械工业出版社，2021.

（章迪　王雅鹏）